U0174887

高等学校电子信息类教材

计算机组成原理及应用

丁 男 马洪连 主编
马艳华 王 健 王宇新 夏卫国 编著

電子工業出版社
Publishing House of Electronics Industry
北京•BEIJING

内 容 简 介

本书在参考和借鉴国内外相关优秀教材的基础上，结合主流微型计算机技术的发展趋势，系统地介绍计算机各功能子系统的逻辑组成结构和工作原理，主要内容包括计算机系统引论、计算机中数据信息的表示和运算、存储系统、指令系统、中央处理单元、总线、输入/输出系统。

本书在内容的组织上力求概念清楚准确、语言通俗易懂、实例深入浅出。本书通过具体的实例以及大量典型的思考题和习题来加深读者对理论知识的理解，并给出了部分思考题和习题的参考答案，可供读者检验学习效果。

本书可作为高等学校计算机科学与技术、软件工程、网络工程、物联网工程、信息技术等相关专业“计算机组成原理”课程的配套教材，也可作为相关专业研究生入学考试、计算机领域工程技术人员的参考用书。

本书配有教学课件以及部分思考题和习题的参考答案，读者可登录华信教育资源网（www.hxedu.com.cn）免费注册后下载。

图书在版编目（CIP）数据

计算机组成原理及应用 / 丁男，马洪连主编. —北京：电子工业出版社，2020.9
高等学校电子信息类教材
ISBN 978-7-121-39681-6

Ⅰ. ①计…　Ⅱ. ①丁…　②马…　Ⅲ. ①计算机组成原理－高等学校－教材　Ⅳ. ①TP301

中国版本图书馆 CIP 数据核字（2020）第 184130 号

责任编辑：田宏峰
印　　刷：三河市君旺印务有限公司
装　　订：三河市君旺印务有限公司
出版发行：电子工业出版社
　　　　　北京市海淀区万寿路 173 信箱　邮编：100036
开　　本：787×1 092　1/16　印张：16　字数：406 千字
版　　次：2020 年 9 月第 1 版
印　　次：2020 年 9 月第 1 次印刷
定　　价：69.00 元

凡所购买电子工业出版社图书有缺损问题，请向购买书店调换。若书店售缺，请与本社发行部联系，联系及邮购电话：（010）88254888，88258888。

质量投诉请发邮件至 zlts@phei.com.cn，盗版侵权举报请发邮件至 dbqq@phei.com.cn。

本书咨询联系方式：（010）88254457，tianhf@phei.com.cn。

FOREWORD 前言

自 1946 年第一台现代电子计算机诞生以来，经过 70 多年的发展，应用领域从最初的军事科研应用扩展到社会的各个领域，对人类的生产活动和社会活动产生了极其重要的影响，并以强大的生命力飞速发展，形成了规模巨大的计算机产业，带动了全球范围的技术进步。目前，计算机已经遍及学校和企事业单位，进入了寻常百姓家，成为信息社会中必不可少的工具。

我国的高等学校普遍开设了计算机专业，“计算机组成原理”是计算机专业的核心课程之一，该课程主要讲授计算机硬件的组成以及各组成部件的工作原理。与计算机专业紧密相关的专业，如自动化专业、电子信息工程专业、网络工程、物联网工程、信息安全专业，也纷纷开设了“计算机组成原理”课程。

本书是根据高等学校计算机科学与技术专业核心专业基础课程“计算机组成原理”的知识体系，以及教育部考试中心颁发的“全国计算机学科专业基础综合考试大纲”要求来编写的。本书结合主流的微型计算机技术，详细介绍计算机各功能子系统的逻辑组成结构和工作原理。全书共 7 章，具体如下：

第 1 章是计算机系统引论。本章主要介绍计算机的发展历程、分类及应用，计算机组成与层次结构，计算机的工作过程，以及计算机的性能指标等。

第 2 章是计算机中数据信息的表示和运算。本章主要介绍数制与编码、定点数的表示与运算、浮点数的表示与运算、运算部件的组成等。

第 3 章是存储系统。本章在介绍存储器的性能、分类以及存储系统层次结构的基础上，详细介绍了主存储器、高速缓冲存储器、存储器性能的改进技术、虚拟存储器、辅助存储器等。

第 4 章是指令系统。指令系统是计算机硬件的语言系统，指令格式与功能不仅直接影响到机器的硬件结构，而且也影响到系统软件。本章在简要介绍指令系统的基础上，详细介绍了指令格式、寻址方式、指令的功能与类型，给出了指令格式示例以及简要介绍了指令系统的发展。

第 5 章是中央处理单元。中央处理单元也称为中央处理器，简称 CPU，是计算机的核心部件之一。本章的内容是全书的重点和难点，主要包括 CPU 的功能与基本结构、指令的执行过程、控制器的组成和实现方式、指令流水线技术、处理器中的新技术等。

第 6 章是总线。总线（Bus）是 CPU、内存、输入/输出设备之间传输信息的公用通道，可分为数据总线、地址总线和控制总线。本章在简要介绍总线基本知识的基础上，详细介绍了总线信息接口和总线仲裁。

第 7 章是输入/输出系统。输入/输出（I/O）系统是计算机系统中的主机与外部进行通信的系统，是计算机系统的重要组成部分。本章在简要介绍 I/O 系统和外部设备（外设）的基础上，详细介绍了输入/输出接口以及输入/输出信息传输控制方式。

近年来，计算机组成与系统结构发生了较大的变化，一些技术有了较大的发展。为了反映技术的进步，拓宽计算机领域知识的覆盖面，并更加合理地构建计算机组成的知识框架，本书适当增加了一些内容，例如，在中央处理单元中增加了并行处理技术和多核技术，在输入/输出系统中增加了液晶显示器（LCD）和 3D 打印机等。

本书的特点是：知识结构合理，内容全面，深度适宜；内容取材新颖，与技术发展保持同步；注重实践能力的培养以及学生的计算思维和创新意识的提高；精选例题和习题，形式多样，实用性强。

本书可作为高等学校计算机科学与技术、软件工程、网络工程、物联网工程、信息技术等相关专业的“计算机组成原理”课程的配套教材，也可作为相关专业研究生入学考试、计算机领域工程技术人员的参考用书。

本书在编写过程中参考了国内外相关的优秀教材，得到了大连理工大学教务处、电子工业出版社的支持。在此，谨向书后所列参考文献的作者以及给予我们支持和帮助的同行表示诚挚的谢意。

由于作者经验和水平有限，书中难免会出现疏漏或不当之处，敬请广大读者批评指正，作者的 E-Mail 为 dingnan@dlut.edu.cn。

作　者

2020 年 8 月

CONTENTS 目录

第1章
计算机系统引论

本章主要介绍计算机的发展历程、分类及应用，计算机的硬件、软件组成及其系统层次结构，计算机的工作过程，以及计算机性能指标等内容。

1.1 计算机概述

计算机的诞生和发展是20世纪最伟大的科技成就之一。回顾20世纪的科技发展史，人们会深刻地体会到计算机的诞生和广泛应用给我们的工作、生活所带来的巨大变化。与其他机器设备一样，计算机首先是一个工具，是一种以电子器件为基础、不需要人的直接干预、能够对各种数字化信息进行快速算术和逻辑运算的工具。计算机同样是一个由硬件、软件组成的复杂的自动化设备。

1.1.1 计算机发展历程和发展趋势

计算机作为人类社会和科学研究活动的重要计算工具，经历了漫长的发展历程。纵观人类生产活动的历史，计算工具的发展伴随人类生产活动的发展而发展。远古时代人类生产活动的发展非常漫长，计算工具的发展也经历了漫长的萌芽和孕育过程。随着生产技术的发展，计算工具也出现了各种形式，同时形成了一定的计算理论。在生产过程中，计算工具的形态逐步得到了完善，计算理论也随之成熟定型。

从存在的形态和使用的方法来看，计算工具可以分为物理存在和逻辑存在，二者缺一不可。计算工具的物理存在是指在进行计算时使用的实物，如计算尺、算盘等，而逻辑存在则是指在计算过程中使用的操作方法、计算技巧、计算规程等。从计算机的角度来看，计算工具的物理存在就是计算机的硬件，逻辑存在就是计算机的软件。硬件是计算机的物质基础，没有硬件计算机将不复存在；软件的作用是发挥计算机功能，没有软件计算机就无法使用。

1. 古代计算阶段

人类早期的生产活动主要是原始的打猎和采集活动，这时的生产活动需要对劳动成果进行统计，以便进行原始的按劳分配。在这个时期，对计算的要求比较简单，而东、西方人类先祖采用了不同的方式作为计算工具的发展起点。

珠算盘萌芽于汉代，定型于南北朝，它利用进位计数制，通过拨动算珠进行运算。使用珠算盘必须记住一套口诀，口诀相当于珠算盘的“软件”。珠算盘本身还可以存储数字，使用起来很方便，它帮助中国古代数学家取得了不少重大的科技成果，在人类计算工具史上具有重要的地位。

15 世纪以后，随着天文、航海的发展，计算工作日趋繁重，迫切需要探求新的计算方法并改进计算工具。1630 年，英国数学家威廉·奥特雷德（William Oughtred）在使用当时流行的对数刻度尺进行乘法运算时，突然萌生了一个念头，这个念头促成了“机械化”计算尺的诞生。直到 20 世纪五六十年代，计算尺仍然是工科大学生常用的一种计算工具。

凝聚着许多科学家和能工巧匠智慧的早期计算工具，在不同的历史阶段发挥过巨大的作用，但也将随着科技发展而逐渐消亡，最终完成它们的历史使命。

2．现代计算机的发展阶段

现代计算工具的典型特征在于它的计算理论和架构模型。计算理论包括二进制计算方法、布尔代数理论，架构模型则是指冯·诺依曼计算机模型。世界上公认的第一台现代电子数字计算机是 1946 年诞生于美国宾夕法尼亚大学的埃尼阿克（ENIAC），它占地面积达 170 m^2，重达 30 t，可在 1 s 内进行 5000 次加法运算和 500 次乘法运算，这比当时最快的继电器计算机要快 1000 多倍。

从第一台电子数字计算机的诞生开始，依照组成计算机硬件的元器件来划分，可以把计算机的发展大致分为四个阶段，也可以用“代”来表示。

第一代电子数字计算机是电子管计算机，其存在时间是 20 世纪 40 年代中期到 50 年代末期。其特点是：硬件以电子管为基础，外部设备有磁鼓、卡片机、纸带穿孔机等；在程序设计方面，以手动编写机器码程序为主。

第二代电子数字计算机是晶体管计算机，诞生于 20 世纪 60 年代。晶体管的出现拉开了计算机飞速发展的序幕，世界上第一台晶体管计算机是贝尔实验室为美国空军研制的。1962 年，我国自行设计、自行制造的第一台晶体管计算机，其运算速度可达 10 万次/秒以上。

第三代电子数字计算机是集成电路计算机，鼎盛时期是 20 世纪 60 年代中期到 70 年代初期。集成电路计算机使用集成电路、大容量的内存（内部存储器）和外存（外部存储器）、分时技术及其他新技术，其运算速度达到几百万次/秒到几千万次/秒。

第四代电子数字计算机是微型计算机，从 20 世纪 70 年代初开始，大规模和超大规模集成电路（VLSI）技术逐渐成熟，因此在计算机中普遍采用大规模和超大规模集成电路作为核心逻辑部件，使计算机的体积、功耗和成本等更进一步降低，微型计算机也随之出现。

除此之外，半导体存储器的集成度越来越高，容量也越来越大，还发展出了并行技术和多机系统，出现了精简指令集计算机（RISC），软件系统工程化、理论化，以及程序设计自动化也得到了充分发展。软盘、硬盘、光盘存储器及 U 盘等辅助存储器也相继出现，各种新颖的输入/输出设备不断推陈出新，软件产业也高速发展，各类应用软件层出不穷，计算机与通信技术相结合的典范——计算机网络也得到了迅猛发展，多媒体技术也在这个阶段异军突起。微型计算机在社会上的应用和普及范围进一步扩大，几乎所有领域都能看到微型计算机的存在。

自集成电路出现以来，人们在制造工艺上进行了深入的研究与开发，制造能力越来越强。这导致计算机的性能越来越高，计算能力越来越强，为计算机从结构上进行改进提供了的可行性。

3. 计算机的发展趋势

现代电子数字计算机经历了四个发展阶段，核心器件从最初的电子管、晶体管，发展到了集成电路和超大规模集成电路，功能和性能越来越强大，应用范围也越来越广。随着科技的发展，计算机也继续向前发展。从总体上看，计算机正朝着高速、巨型化、微型化、多媒体化、智能化、网络化和虚拟化等方向发展。

虚拟化是计算机层次结构概念的延伸与发展，代表计算机的发展方向。虚拟化通过共享有限的资源，可为用户提供更好的服务。用户可以在感觉不到具体计算部件、存储部件甚至计算机程序存在的情况下，享受计算机的服务。2008 年，Google 公司和 IBM 公司提出的云计算（Cloud Computing）就是这方面的例子。

网络化技术和虚拟化技术的发展，推动着计算机朝着融合 3C（Computer、Communication、Consumer，3C）技术的掌上计算机和可穿戴计算机发展，进入“风（iPhone）起云（云计算）涌”的移动互联网（Mobile-Internet，MI）时代。用户借助智能手机就能够完成原先需要使用计算机才能完成的事情。例如，Apple 公司推出的智能手机 iPhone 就结合了照相机、个人数码助理（PDA）、媒体播放器、无线通信和无线上网的功能。而平板电脑 iPad 的功能介于 iPhone 和笔记本电脑之间，具有浏览互联网、收发电子邮件、阅读电子书、播放音频或视频等功能。新一代 iPhone 的功能更加强大，基本上包含了平板电脑的全部功能。

另外，目前处于研制阶段的采用光器件的光子计算机和采用生物器件的生物计算机是新一代计算机。这些计算机在本质上已经超越了电子计算机的含义。生物计算机的存储能力巨大，处理速度极快，能量消耗极低，具有模拟人脑的能力。光子计算机利用光子代替电子，利用光互连代替导线互连，以光器件代替电子器件，以光运算代替电子运算，理论上比传统的电子计算机具有更高的运算速度、更低的功耗以及更高的可靠性。

1.1.2 计算机的分类及应用领域

本节将介绍计算机的分类以及计算机的应用领域。

1. 计算机的分类

计算机发展到今天，已是种类繁多并表现出各自不同的特点，因此可以从不同的角度对计算机进行分类。

按计算机的不同用途，计算机分为通用计算机和专用计算机。通用计算机广泛适用于一般科学计算、学术研究、工程设计和数据处理等，具有功能多、配置全、用途广、通用性强等特点，市场上销售的计算机多属于通用计算机。专用计算机是为适应某种特殊需要而设计的计算机，通常增强了某些特定功能，忽略一些次要功能，所以专用计算机能高速、高效地解决特定问题，具有功能单一、使用面窄甚至专机专用等特点。嵌入式计算机系统就是典型的专用计算机，如飞机的自动驾驶仪和坦克上的武器控制计算机。

按计算机的运算速度的快慢、存储容量的大小、功能的强弱，以及软/硬件的配套规模等，计算机又可分为巨型机、大中型机、小型机、微机、工作站与服务器等。

（1）巨型机。巨型机（Giant Computer）又称为超级计算机（Super Computer），是指运

算速度超过 1 亿次/秒的高性能计算机，它是目前功能最强、运算速度最快、软/硬件配套最齐备、价格最贵的计算机，主要用于满足诸如军事、天文、气象、原子和核反应等尖端科学领域发展的迫切需要，是人类进一步探索新兴科学领域，如宇宙工程、生物生命工程等的工具，也是为了让计算机具有像人脑一样高度发达的学习和推理等复杂功能。尤其是在信息爆炸性增长的时代，大量数据的采集、存储和处理是必要的，这也会促进未来的计算机朝巨型机的方向发展。

超级计算机主要由高速运算部件和大容量主存等部件构成，一般还需半导体快速扩充存储器和海量存储子系统（磁盘存储器）的支持。超级计算机的主机一般不直接管理低速 I/O 设备，而是通过 I/O 接口连接前端机（如小型机等），由前端机处理 I/O 设备。此外，输入/输出的另一种途径是通过网络，连网用户借助其终端机（微机、小型机等）与超级计算机交互，输入/输出均由用户终端机来完成，这种方式可大大提高超级计算机的利用率。

为了提高系统性能，现代的超级计算机在体系结构、硬件、软件、工艺和电路等方面采取多种支持并行处理的技术。例如，一般都采用多处理器结构，且处理器除了支持传统的标量数据外，还增加了向量或数组类型数据；在硬件方面大多采用流水线、多功能部件、阵列结构或多处理器、向量寄存器、标量运算、并行存储器等多种先进技术。

我国的超级计算机研制开始于 20 世纪 60 年代，由国防科技大学慈云桂教授主持研发的国内首台超级计算机“银河-I”于 1983 年 12 月 22 日诞生，使我国成为继美国、日本之后第三个成功研制高性能计算机的国家。我国现阶段有代表性的超级计算机包括国防科技大学研制的“银河”“天河”系列，中国科学院研制的“曙光”系列，国家并行计算机工程技术中心研制的“神威”系列。无论拥有的数量还是运算速度，我国在世界上都处于领先地位。例如，“神威 • 太湖之光”（Sunway Taihu Light）超级计算机中的处理器有 10649600 余个，峰值运算速度可达 125436 TFlop/s。

（2）大中型机。大中型机（Large-Scale Computer and Medium-Scale Computer）也有很高的运算速度和很大的存储容量，并允许相当多的用户同时使用。当然，它在量级上不及巨型计算机，结构上也较巨型机简单些，价格相对巨型机更便宜，因此使用的范围较巨型机普遍，主要用于事务处理、商业处理、信息管理、大型数据库和数据通信。

大中型机通常像一个家族一样形成系列，如 IBM370 系列、DEC 公司的 VAX8000 系列、日本富士通公司的 M-780 系列。同一系列的不同型号的计算机可以执行同一个软件，称为软件兼容。

（3）小型机。小型机（Minicomputer）具有体积小、价格低、性价比高等优点，但其规模和运算速度比大中型机差。小型机适合中小企业、事业单位，主要用于工业控制、数据采集、分析计算、企业管理和科学计算等，也可作为巨型机或大中型机的辅助机。典型的小型机是美国 DEC 公司的 PDP 系列计算机、IBM 公司的 AS/400 系列计算机，我国的 DJS-130 计算机等。

（4）微机。微型计算机（Microcomputer）简称微机，是当今使用最普及、产量最大的一类计算机，具有体积小、功耗低、成本少、灵活性大等优点，性价比明显优于其他类型的计算机，因而得到了广泛应用。按结构和性能的不同，微机可以分为个人计算机（PC）、笔记本电脑、工作站和服务器等。

微机和与其他类型计算机的主要区别在于，微机广泛采用了集成度相当高的电子元器件和独特的总线（Bus）结构。除此之外，微机具有轻便、小巧、价格低、操作和使用方便等特点，其应用范围最广，且发展也最快，已经成为大众化的信息处理和数字娱乐工具。

不同类型的计算机往往都有系列机，系列机是指基本指令系统相同、基本体系结构相同的一系列不同型号的计算机。系列机的概念是指先设计好一种体系结构，然后按这种体系结构设计它的系统软件，按器件状况和硬件技术研究这种系统结构的各种实现方法。系列机可根据速度、价格等不同要求，分别提供不同速度、不同配置的各档机器。系列机必须保证用户看到的机器属性是一致的。

例如，IBM370 系列机有 370、115、125、135、145、158、168 等从低速到高速的多种型号，它们具有相同的体系结构，但采用了不同的组成和实现技术，有不同的性价比。IBM370 系列机有相同的指令系统，但在低档机上指令的分析和执行是顺序进行的，而在高档机上采用了重叠、流水线和其他并行处理方式。从程序设计者来看，各档机器都具有相同的 32 位字长，但从低档机到高档机，其数据通路的宽度分别为 8 位、16 位、32 位，甚至 64 位。

系列机具有相同的机器属性，因此按这个属性编制的机器语言程序以及编译程序能通用于各档机器。各档机器是软件兼容的，即同一个软件可以不加修改地运行于体系结构相同的各档机器中，可获得相同的结果，差别是运行时间不同。系列机能够较好地解决软件要求环境稳定和硬件、器件技术迅速发展之间的矛盾，达到了软件兼容的目的。但是，系列机为了保证软件的兼容性，要求不能改变体系结构，这无疑又成为妨碍系列机体系结构发展的重要因素之一。

系列机的软件兼容是指同一个软件（目标程序）可以不加修改地运行于体系结构相同的各档机器中，而且所得的结果一致。软件兼容有向上兼容和向下兼容两个含义：向上兼容是指低档机器的目标程序（机器语言级）不加修改就可以运行于高档机器；向下兼容指的是高档机器的目标程序（机器语言级）不加修改就可以运行于低档机器中。

2. 计算机的应用领域

计算机的应用领域已渗透到社会的各行各业，正在改变着传统的工作、学习和生活方式，推动着社会的发展。计算机的主要应用领域包括科学计算、数据处理、计算机辅助技术、过程控制、人工智能、网络应用等方面。

（1）科学计算。科学计算是指利用计算机来完成科学研究和工程技术中数学问题的计算。利用计算机的高速计算、大存储容量和连续运算的能力，可以实现人工无法解决的各种科学计算问题。例如，在建筑设计中为了确定构件尺寸，可通过弹性力学导出一系列复杂方程，长期以来由于计算方法跟不上而一直无法求解，而计算机不但能求解这类方程，而且引起了弹性理论的一次突破，出现了有限元法。

（2）数据处理。数据处理是指对各种数据进行收集、存储、整理、分类、统计、加工、利用、传播等一系列活动的统称。据统计，80%以上的计算机主要用于数据处理。数据处理的工作量大、涉及面广，决定了计算机应用的主导方向。目前，数据处理已广泛地应用于办公自动化、企事业计算机辅助管理与决策、情报检索、图书管理、电影电视动画设计、会计电算化等多个行业。信息处理正在形成独立的产业，多媒体技术使信息展现在人们面前的不仅有数字和文字，还有声情并茂的声音和图像信息。

（3）计算机辅助技术。计算机辅助技术包括计算机辅助设计、计算机辅助制造和计算机辅助教学等。

① 计算机辅助设计（Computer Aided Design，CAD）是指利用计算机辅助设计人员进行

工程或产品的设计，以实现最佳设计效果的一种技术。CAD 技术已广泛地应用于飞机、汽车、机械、电子、建筑和轻工等领域。例如，在电子系统设计过程中，利用 CAD 技术进行体系结构模拟、逻辑模拟、插件划分、自动布线等，可以大大提高设计工作的自动化程度。又如，在建筑设计过程中，可以利用 CAD 技术进行力学计算、结构计算、绘制建筑图纸等，这样不但可以提高设计速度，而且可以大大提高设计质量。

② 计算机辅助制造（Computer Aided Manufacturing，CAM）是指利用计算机进行生产设备的管理、控制和操作的过程。例如，在产品的制造过程中，可利用计算机控制机器的运行，处理生产过程中所需的数据，控制和处理材料的流动以及对产品进行检测等。使用 CAM 技术可以提高产品质量、降低成本、缩短生产周期、提高生产率和改善劳动条件。将 CAD 技术和 CAM 技术集成在一起，可实现设计生产自动化，这种技术称为计算机集成制造系统（CIMS）。利用 CIMS 可真正做到无人化工厂（或车间）。

③ 计算机辅助教学（Computer Aided Instruction，CAI）是指利用计算机制作课件来进行教学。课件可以用制作工具或高级语言来开发，能够引导学生循序渐进地学习，使学生轻松自如地学到所需的知识。CAI 的主要特色是交互教育、个别指导和因人施教。

（4）过程控制。过程控制是指利用计算机及时采集检测数据，按最优值迅速地对控制对象进行自动调节或自动控制。利用计算机进行过程控制，不仅可以提高控制的自动化水平，还可以提高控制的及时性和准确性，从而改善劳动条件，提高产品质量及合格率。计算机过程控制已在机械、冶金、石油、化工、纺织、水电、航天、交通等领域得到了广泛的应用。

（5）人工智能（或智能模拟）。人工智能是指利用计算机模拟人类的智能活动，如感知、判断、理解、学习、问题求解和图像识别等。现在人工智能的研究已取得了不少成果，有些已开始走向实用。

（6）网络应用。计算机技术与现代通信技术的结合构成了计算机网络。计算机网络的建立，不仅解决了一个单位、一个地区、一个国家中计算机与计算机之间的通信，各种软、硬件资源的共享，也大大促进了国际间的文字、图像、视频和声音等各类数据的传输与处理。

1.1.3 计算机的特点

计算机采用数字化的信息表示方法和存储程序工作方式，能自动对各种数字化信息进行算术和逻辑运算，并能进行广泛的信息处理。计算机的特点主要表现在以下几方面：

（1）能够自动执行程序。输入程序后，只要符合运行条件，计算机便能自动从起始地址读取、解释并执行程序。这也是计算机区别于其他计算工具的本质特点。

（2）运算速度快。目前，计算机硬件是由高速电子线路组成的，工作速度极快。一个复杂的数学计算或大量的数据处理可能需要若干人工作很长一段时间才能完成，用计算机来处理很快就可以得到结果，不仅极大地提高了人们的工作效率，也大大增强了人们处理问题的能力，使许多复杂问题得到了解决。随着更高速的器件的诞生，以及体系结构的进一步优化，计算机的运算速度将得到更大的提高。

（3）运算精度高。计算机采用数字代码表示数据，数字代码的位数越多，数据的表示精度就越高。考虑到硬件成本等因素，计算机通常对数据的基本位数有一定限制，但可以通过软件实现多位数据的运算，可获得更高的运算精度。

（4）存储能力强。计算机依靠存储器来存储大量的程序和数据，这是保证计算机能自动连续工作的先决条件。程序和数据是由二进制代码组成的，只要具有两种稳定状态的物理介质就能存储二进制代码。在计算机中，主存利用触发器或电容电荷来存储信息，外存利用磁化状态或其他介质状态来存储信息。因而，计算机具有很强的存储能力，存储的程序和数据越多，计算机的处理能力就越强。

（5）通用性强。通常，能够被数字化的信息都能被计算机处理，所以计算机的应用领域极其广泛。又由于计算机中的数字逻辑部件也是处理数字信号的逻辑基础，因此计算机既能实现算术运算，又能实现逻辑运算；既能进行数值计算，又能对各类非数值信息进行处理，如信息检索、图像处理、语音处理、逻辑判断等。计算机具有的通用性使它能应用到各行各业，并渗透到人们的工作、学习、生活等方面。

1.2　计算机系统组成部分与层次结构

完整的计算机系统是由硬件（Hardware）系统和软件（Software）系统两大部分（两类资源）组成的。计算机的硬件系统是计算机系统中看得见、摸得着的物理设备，是一种高度复杂的、由多种电子线路及精密机械装置等构成的、能自动并且高速完成数据计算与处理的装置。计算机的软件系统是由计算机系统中程序和相关数据组成的，包括完成计算机资源管理、方便用户使用的系统软件（一般由厂家提供），以及完成用户预期任务的应用软件等（一般由用户设计）。硬件与软件二者相互依存，分工协作，缺一不可。硬件是计算机软件运行的物质基础，软件则为硬件完成预期任务提供支持。计算机系统的组成部分如图 1-1 所示。

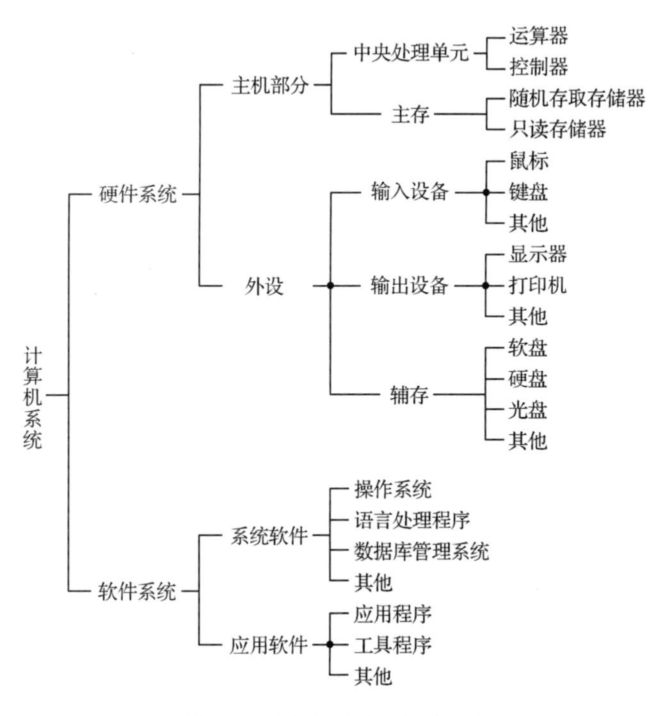

图 1-1　计算机系统的组成部分

1.2.1 计算机系统的组成部分

1. 计算机系统的硬件系统

早期的计算机系统普遍采用冯•诺依曼体系结构模型，如图 1-2 所示，其硬件系统由运算器、控制器、存储器、输入设备和输出设备五个功能部件组成。运算器用来完成数据的暂存、变换、逻辑运算和算术运算功能。控制器用来指挥控制计算机系统各部件协同运行，保证指令按照预定次序、步骤执行，并且能够处理紧急事件。存储器用来存储计算机运行过程中所要执行的指令代码和所需的数据。输入设备的主要功能是向计算机系统输入用户操作指令、程序和数据。输出设备的主要功能是把计算机系统的运算结果输出给用户。输入设备和输出设备用于完成计算机系统和用户的交流任务。

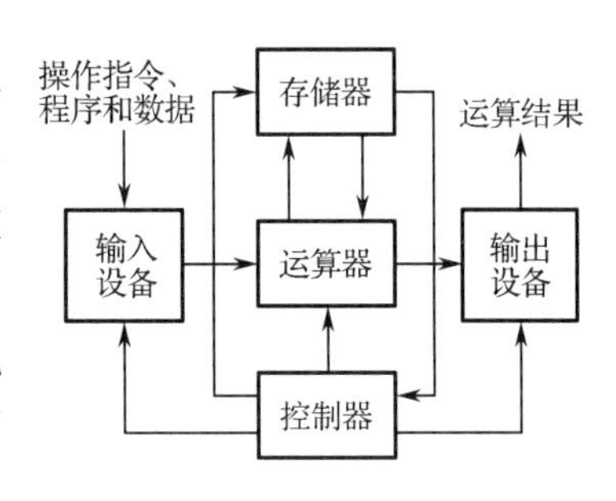

图 1-2 冯•诺依曼体系结构模型

冯•诺依曼体系结构属于典型的单指令流单数据流系统，其结构特征主要体现在以下六个方面：

（1）计算机内部以运算器为中心，输入/输出设备与存储器之间的数据传输都要经过运算器。同时，各部分的操作及其相互之间的联系都要由控制器来控制。

（2）采用程序存储原理，将程序和数据事先存储在存储器中，运行时预定顺序取出指令并逐条执行。存储器按地址访问，它是一个顺序、线性编址的一维空间，每个单元的位数是固定的。

（3）指令在存储器中是按其执行顺序依次存储的，由指令计数器指明要执行的指令在存储器中的地址。一般情况下，每执行完一条指令，指令计数器会自动增加一个固定值，也可以根据运算结果改变指令计数器的值来变更其执行顺序。

（4）指令由操作码和地址码两部分组成。操作码指明本指令的操作类型，地址码指明本指令在存储器中的地址。操作数的数据类型由操作码指明，操作数本身不能判定出它是何种数据类型。例如，无法确定操作数是定点数、浮点数、十进制数、双精度数、逻辑数，还是字符串等。

（5）数据以二进制编码，并采用二进制数进行运算。

（6）软件与硬件完全分开，硬件结构采用固定性逻辑，依靠不同的软件来适应不同的应用需要。

随着计算机技术的发展，计算机系统的体系结构已发生了许多重大变化。在当前流行的计算机系统体系结构中，更常用的方案是围绕着存储器来设计的，如图 1-3 所示。这种方案使输入/输出操作尽可能地绕过运算器，直接在输入/输出设备和存储器之间完成，以提高系统的整体运行性能。

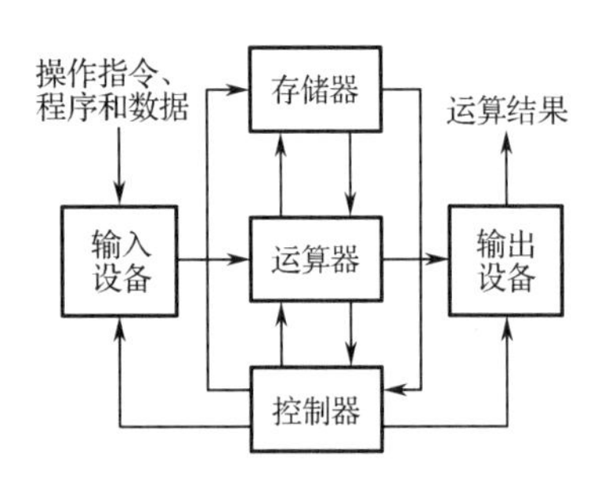

图 1-3 以存储器为中心的体系结构

运算器和控制器已组合成一个整体，称为中央处理单元（Central Processing Unit，CPU）。存储器采用多层次存储系统，包含主存、高速缓冲存储器（Cache）和外存三个层次。下面以目前常见的计算机硬件系统组成为例，讨论各部件应该具有哪些功能，以及这些部件通过什么方式相互连接构成计算机硬件系统。计算机硬件系统的简化结构模型如图 1-4 所示，图中包含 CPU、存储器、输入/输出（I/O）设备和 I/O 接口等部件，各部件之间通过系统总线相连接。

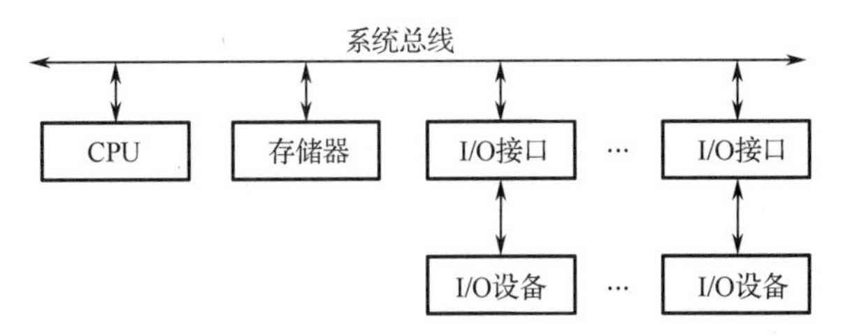

图 1-4 计算机硬件系统的简化结构模型

（1）CPU。CPU 是计算机硬件系统的核心部件，在计算机系统或其他应用大规模集成电路技术的系统中，CPU 被集成在一块芯片上，构成处理器。CPU 的主要功能是读取并执行指令，在执行指令的过程中，它向系统中的各部件发出各种控制信息，收集各部件的状态信息，与各部件交换数据信息。

CPU 由运算器、寄存器组和控制器组成，它们通过 CPU 内部的总线相互交换信息。运算器用来完成算术运算（如定点数运算、浮点数运算）和逻辑运算。寄存器组用来存储数据信息和控制信息。控制器用来提供整个计算机系统工作所需的各种微命令，这些微命令可以通过组合逻辑电路产生，也可以通过执行微程序产生，分别称为组合逻辑（硬连线）控制方式和微程序控制方式。

（2）存储器。存储器用来存储信息，包括程序、数据、文档等。如果存储器的存储容量越大、存取速度越快，那么计算机系统的处理能力就越强，工作速度就越高。但是一个存储器很难同时满足大容量、高速度的要求，因此常将存储器分为主存、外存和 Cache 三级存储体系。

主存用来存储 CPU 需要使用的程序和数据。主存的每个存储单元都有固定的地址，CPU 可以按地址直接访问主存。主存的存取速度很快，但目前因技术条件的限制其容量有限，一般仅为几 GB。主存通常用半导体材料构成。此外，通常将 CPU 和主存合称为主机或主板，因主存位于主机之内，故主存又常被称为内存。

外存位于主机之外，用来存储大量的需要联机存储，但 CPU 暂不使用的程序和数据。在使用这些程序和数据时，CPU 并不直接按地址访问外存，而是按文件名将它们从外存调入主存。外存的容量很大，但存取速度比主存慢，如磁盘存储器、光盘存储器和 U 盘等都是常用的外存。

高速缓冲存储器（Cache）是为了提高 CPU 的访问速度，在 CPU 和主存之间设置的存取速度很快的存储器，容量较小，用来存储 CPU 正在使用的程序和数据。Cache 的地址总是主存某一区间的地址映像，工作时 CPU 首先访问 Cache，如果未找到所需的内容，再访问主存。在现代计算机中，Cache 由高速的半导体存储器构成，一般在 CPU 内部和外部集成了两级 Cache，高端芯片（如多核处理器）甚至集成了第三级 Cache。

（3）输入/输出设备。输入设备可以将各种形式的外部信息转换为计算机系统能够识别的代码后输入计算机系统，常见的输入设备有键盘、鼠标和触摸屏等。输出设备可以将计算机系统的运算结果转换为人们所能识别的形式输出，常见的输出设备有显示器、打印机等。

从信息传输的角度来看，输入设备和输出设备都与主机之间传输数据，只是传输方向不同，因此常将输入设备和输出设备合称为输入/输出（Input/Output，I/O）设备。I/O 设备在逻辑划分上位于主机之外，习惯上又称为外围设备或外部设备，简称外设。磁盘存储器、光盘存储器等外存既可看成存储系统的一部分，也可看成具有存储能力的 I/O 设备。

（4）总线。总线是一组能分时为多个部件共享的信息传输线。现代计算机普遍采用总线结构，用系统总线将 CPU、存储器和 I/O 设备连接起来，各部件通过总线交换信息。注意，在计算机内部任意时刻只能允许一个部件或设备通过总线发送信息，否则会引起信息的碰撞；但允许多个部件同时从总线上接收信息。

根据系统总线上传输的信息类型，系统总线可分为地址总线、数据总线和控制总线。地址总线用来传输 CPU 或外设发向主存的地址码。数据总线用来传输 CPU、主存以及外设之间需要交换的数据。控制总线用来传输控制信号，如时钟信号、CPU 发向主存或外设的读/写命令和外设发向 CPU 的请求信号等。

（5）I/O 接口。计算机通常采用确定的总线标准，每种总线标准都规定了其地址总线和数据总线的位数、控制信号线的种类和数量等。但计算机系统连接的各种外设并不是标准的，在种类与数量上是多种多样的。因此，为了将标准的系统总线与各具特色的 I/O 设备连接起来，需要在系统总线与 I/O 设备之间设置一些接口部件，这些接口部件具有缓冲、转换、连接等功能，这些部件统称为 I/O 接口。

计算机的各种操作都可以归结为信息的传输，信息在计算机中沿着什么途径传输将直接影响计算机硬件系统的结构。通常将信息在计算机中的传输途径称为数据通路，计算机硬件系统结构的核心是数据通路结构。不同类型的计算机，如微机、小型机和大中型机，其功能和侧重点不同，因而它们的数据通路结构是有区别的。

2. 计算机系统的软件系统

计算机系统本身的资源分为两类，即硬件资源和软件资源。软件资源主要完成的任务有：①解决计算机自身资源管理问题；②完成计算机语言和机器语言转换问题；③完成用户的一般任务。通常将完成计算机自身资源管理的软件和语言翻译软件称为系统软件，而将完成用户一般任务的软件称为应用软件。系统软件包括管理计算机系统资源的操作系统、各类语言解释和翻译软件、数据库管理系统、网络软件以及一些系统服务程序。应用软件包括按用户任务需求编制的各种程序，如 QQ、Word 等都是应用软件。

计算机的语言分为三个级别：机器语言、汇编语言和高级语言。使用机器语言编写的程序可以被计算机的硬件直接识别和运行。但由于机器语言编写的程序是二进制代码，难以记忆，故很少使用机器语言。汇编语言是对机器语言进行的符号化处理，并增加了一些为方便程序设计的扩展功能。汇编语言的优点是指令便于记忆、理解和使用，但是采用汇编语言编写的程序须经过汇编软件将一条汇编语句转换为对应的机器语言后，才能被计算机的硬件识别和执行。另外，汇编语言中增加了对诸如程序结构特性、子程序参数变换等方面的支持，可方便编程。高级语言又称为算法语言，侧重于描述解决实际问题所用的算法，是为了方便程序设计人员编写解决问题方案和过程的程序。使用高级语言编写的程序通常需要经过编译软件编译成机器语言程序，或者先编译成汇编语言程序之后，再经过汇编软件得到机器语言程序，才能够在计算机上执行。也可以由一个称为解释执行程序的软件对高级语言程序的每条语句进行逐条解释，并控制高级语言程序的执行过程。

计算机的软件通常分为系统软件和应用软件两大类。系统软件也称为系统程序，主要用来管理整个计算机系统，使系统更高效地运行。例如，操作系统、编译程序、文件系统等都是系统软件。应用软件也称为应用程序，它是用户根据任务需要所编写的各种程序。

1.2.2 计算机系统的层次结构

人们在编程的过程中，在遇到一个较大的任务时通常可以采用“分而治之”的策略，即先将问题分成若干个模块，把问题小型化，然后单独解决各个模块。每个模块完成一个特定的工作，只需要知道模块的接口和使用方法即可，不必知道模块的细节。计算机系统的设计者在解决计算机底层硬件与上层应用之间的衔接时也采用了类似的思路。

通过抽象原则，可以将计算机系统看成是由若干层次构成的，而每一层就是一个具备特定功能的假想机器，通常也称为虚拟机（Virtual Machine）。每层虚拟机执行它自己的指令集，在必要时可以调用低层的虚拟机来完成任务。目前被普遍接受的现代计算机层次结构如表 1-1 所示。

表 1-1 现代计算机层次结构

层次序号	层次名称	工作内容
第五层	高级语言层	C++、Java、FORTRAN 等
第四层	汇编语言层	汇编代码
第三层	操作系统软件层	操作系统、库代码
第二层	指令系统层	指令架构
第一层	微体系结构层	微程序控制器和硬连线控制器
第零层	数字逻辑层	电路、逻辑门等

第五层是高级语言层，是由各种高级语言组成的，如 C、C++、FORTRAN、LISP、Pascal 等。使用这些语言编写的程序必须翻译或解释成计算机硬件能够理解的机器语言程序才能被执行，编译程序时先翻译成汇编语言程序再汇编成机器语言程序。

第四层是汇编语言层，包含一些汇编语言。汇编语言程序到机器语言程序的翻译是一对一的，也就是说，一条汇编语言指令直接对应一条机器语言指令。

第三层是操作系统软件层，该层是用来处理计算机操作系统指令的，主要负责多道程序、内存保护、进程同步和其他一些重要功能。通常，汇编语言到机器语言的翻译可不加修改地通过这一层。

第二层是指令系统层，该层是由能被特定体系结构的计算机系统识别的机器语言组成的。在硬连线控制器的计算机上，使用机器语言编写的程序可以不经过解释或编译直接被逻辑器件执行。

第一层是微体系结构层，该层是控制器，用来保证指令的正常译码、执行以及将数据在正确的时刻送到正确的地址。控制器逐次解释上一层传递给它的机器指令，并根据解释结果控制相应的动作。

第零层是数字逻辑层，该层包含了构成计算机系统的物理器件，如逻辑门和连接电路等。

人们通常把没有配备软件的硬件系统称为裸机，这是计算机系统的根基或内核，它的设计目标主要是方便硬件实现和降低成本，因此提供的功能相对较弱，只能执行由机器语言编写的程序。但人们期望能开发出功能更强、更接近人类的思维方式和使用习惯的计算机，这是通过在裸机上配备适当的软件来实现的。每加一层软件就会构成新的“虚拟机”，功能更强大，使用也更加方便。例如，配备操作系统后，就可以通过操作系统的命令或者界面上的图标方便地操作这个新的“虚拟机”；配备汇编语言后，用户就可以用它来编写用户程序，实现用户预期的功能；配备高级语言后，用户就可以使用高级语言更方便、更高效地编写用户程序，解决规模更为庞大、逻辑关系更为复杂的问题。

计算机系统是一个整体，既包含硬件，也包含软件。软件和硬件在逻辑功能上是等效的，某些操作既可由软件实现，也可由硬件实现。软、硬件之间没有固定的界线，主要有实际的需要及系统的性价比决定。随着组成计算机硬件的器件的发展，计算机硬件系统的性能不断提高，成本不断下降。同时，随着应用不断发展，软件成本在计算机系统中所占的比例逐步上升，这样就造成了软、硬件之间的界线推移，即某些本来由软件完成的工作现在由硬件来完成（即软件硬化），同时也提高了计算机的运算速度。

体系结构是计算机系统的抽象和定义，计算机组成是计算机体系结构的逻辑实现，计算机实现是计算机组成的物理实现。它们各自有不同的内容，但又有紧密的关系。

例如，指令系统功能的确定属于计算机体系结构，而指令的实现，如取指、取操作数（取数）、运算、存结果等具体操作及其时序属于计算机组成，而实现这些指令功能的具体电路、器件设计及装配技术等属于计算机实现。又如，是否需要乘、除法指令属于计算机体系结构；而乘、除法指令是用专门的乘法器、除法器来实现，还是用加法器累加配上右移或左移操作来实现，则属于计算机组成；乘法器、除法器或加法器的物理实现，如器件选择及所用的组装技术等，则属于计算机实现。

由此可见，具有相同体系结构（如指令系统相同）的计算机可以因为速度要求的不同等因素而采用不相同的组成方式。例如，取指、译码、取数、运算、存结果可以顺序执行，也可以采用时间上重叠的流水线技术来提高执行速度。又如，乘法指令既可以采用专门的乘法器来实现，也可以采用加法器通过累加、右移来实现，这取决于机器要求的速度、程序中乘法指令出现的频率及所采用的乘法算法等因素。如果出现频率高、要求速度快，可采用乘法器；如果出现频率低，则用后一种方法，对整体运算速度下降影响不大，却可显著降低成本。

同样，同一种计算机组成可以采用多种不同的计算机实现。例如，主存既可用 TTL 芯片，也可用 MOS 芯片；既可用 LSI 工艺芯片，也可用 VLSI 工艺芯片。这取决于器件的技术和性价比。

总而言之，计算机体系结构、计算机组成和计算机实现之间的关系应符合下列原则：

（1）计算机体系结构设计不应对计算机组成、计算机实现造成过多不合理的限制。

（2）计算机组成设计应在计算机体系结构的指导下，以目前的计算机实现技术为基础。

（3）计算机实现应在计算机组成的逻辑结构指导下，以目前的器件技术为基础，以优化性价比为目标。

计算机系统是一个非常复杂的系统，它由硬件系统和软件系统两大部分组成，读者必须清楚地认识到硬件系统和软件系统在计算机系统中的地位与作用，以及它们相互之间的依存关系。硬件系统是指计算机的实体部分，是由看得见摸得着的各种电子元器件及各类光、电、机设备等实物组成的，如主机、外设等。软件系统是由人们事先编写的具有特殊功能的程序组成的，通常把这些程序存储在 RAM、ROM、磁盘存储器、光盘存储器等存储器中。

硬件必须依靠软件来发挥其自身的各种功能并提高自身的工作效率，软件甚至还能使硬件发挥类似人脑思维的功能。倘若计算机系统失去了软件，则其硬件将一筹莫展，犹如人类失去了大脑。而软件必须依托硬件的支撑才能实现其功能，一旦失去了硬件，犹如人类失去了躯体，软件也将毫无意义。计算机系统的软、硬件是互依互存、互相发展的，缺一不可。

计算机中的很多操作既可以由软件来实现，也可以由硬件来实现。例如，指令的执行可以由硬件完成，同样也可以由软件来完成。计算机系统的软件和硬件可以相互转化，软件和硬件相互转化的典型实例是固件，固件是将程序固定在只读存储器（ROM）中组成的部件，固件本身是一种具有软件特性的硬件，既具有硬件的快速性，又具有软件的灵活性。

1.3　计算机的工作过程

为了使计算机按预定的要求工作，首先要编写程序。程序是一个特定的指令序列，它告诉计算机要做哪些事，按什么步骤去做。指令是一组二进制代码，用于表示计算机所能完成的基本操作。将编写好的程序存储在主存中，由控制器控制逐条取出指令并执行。下面通过一个例子来说明计算机的工作过程。

例如，计算 $a+b-c$ 的结果。假设 a、b、c 为已知的三个数（操作数），分别存储在主存的 5～7 号单元中，将结果存储在主存的 8 号单元中。如果采用单累加寄存器结构的运算器，完成上述计算至少需要 5 条指令，这 5 条指令依次存储在主存的 0～4 号单元中，参加运算的数也必须存储在主存指定的单元中，主存中有关单元的内容如图 1-5（a）所示。运算器的简单框图如图 1-5（b）所示，参加运算的两个操作数一个来自累加寄存器，另一个来自主存，结果存储在累加寄存器中。图 1-5（b）所示的存储器数据寄存器用来暂存从主存中读取的数据或写入主存的数据，它本身不属于运算器的范畴。

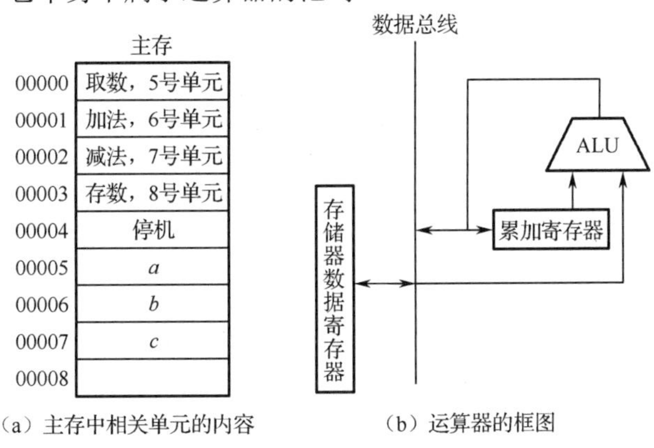

图 1-5　计算机工作过程示例

计算机的控制器将控制指令逐条执行，最终得到正确的结果。步骤如下：

（1）执行取数指令，从主存 5 号单元取出操作数 a，送入累加寄存器中。

（2）执行加法指令，将累加寄存器中的操作数 a 与从主存 6 号单元取出的操作数 b 一起送到 ALU 中相加，$a+b$ 存储在累加寄存器中。

（3）执行减法指令，将累加寄存器中的 $a+b$ 与从主存 7 号单元取出的操作数 c 一起送到 ALU 中相减，$a+b-c$ 的结果存储在累加寄存器中。

（4）执行存数指令，把累加寄存器中的 $a+b-c$ 存储在主存 8 号单元中。

（5）执行停机指令，计算机停止工作。

计算机的工作过程其实就是不断从主存中逐条取出指令，然后送至控制器，经分析后由控制器发出各种操作命令，指挥各部件完成各种操作，直至程序中全部指令执行结束。执行指令的过程可分为：取指、译码、取数、运算、存结果（存数）。在取指阶段，计算机是根据程序计数器（PC）的值来取指的。

对于采用冯•诺依曼体系结构的计算机而言，存储程序工作方式是一种控制流驱动方式，即按照指令的执行序列依次取指，再根据指令所含的控制信息调用数据进行处理。这里的控制流也称为指令流。指令流是指在程序执行过程中，各条指令逐步发出的控制信息，它们始终驱动计算机工作。而依次被处理的数据信息称为数据流，它们是被驱动的对象。

1.4 计算机的主要性能指标

从不同的方面看计算机，能够得到计算机不同方面的特点。对这些特点进行综合可以帮助读者对计算机有一个全面的认识，这些特点也构成了计算机的性能指标。

1. 计算机的运算速度

计算机的运算速度与许多因素有关，如 CPU 的主频、执行什么样的操作以及主存本身的速度等。另外，对计算机运算速度的衡量有多种不同的方法。

（1）CPU 的主频。CPU 的主频 f 是指 CPU 的工作频率，通常所说的某款 CPU 是多少 GHz 就是指 CPU 的主频，CPU 的时钟周期是主频的倒数（$T=1/f$），也是 CPU 中最小的时间单位。如果 CPU 的主频为 8 MHz，则其时钟周期为 $1/8\times10^{-6}$ s=0.125 μs（即每秒有 8 M 个时钟周期）。CPU 主频=外频×倍频系数，提高两者中的任何一项指标都可以提高 CPU 的主频。

CPU 主频的高低是决定计算机运算速度的重要因素，在其他因素不变的情况下，CPU 的主频越高，计算机的运算速度越快。但是，程序执行的速度除了与 CPU 的主频有关，还与存储器和 I/O 设备的存取速度、总线的传输速率、Cache 的设计策略等都有很大的关系。因此，计算机的运算速度不是只由 CPU 的主频决定的。

（2）平均每条指令的时钟周期数（Cycles Per Instruction，CPI）。CPI=程序所需总的时钟周期数÷程序包含的指令条数。

（3）平均每秒执行的指令条数（Instructions Per Second，IPS）。在实际应用中通常采用 MIPS（Million Instructions Per Second），即 CPU 在每秒执行百万条指令条数。

$$\text{MIPS}=（执行指令条数/10^6）\div 程序执行时间$$

如果某计算机每秒可以执行 800 万条指令，则记为 8MIPS。

MFLOPS 是指 CPU 在每秒执行百万次浮点数操作（Million Floating-point Operations Per Second），常用来衡量计算机浮点数操作的性能。

$$\text{MFLOPS}=（执行浮点数指令条数/10^6）\div 程序执行时间$$

（5）CPU 执行时间：表示 CPU 执行一个程序所占用的 CPU 时间。

CPU 执行时间=CPU 时钟周期数×CPU 时钟周期=指令条数×CPI×时钟周期

（6）根据不同类型指令在计算过程中出现的频繁程度，乘上不同加权的系数，即可求得计算机的运算速度，这里的运算速度是平均运算速度。

2. 计算机的空间性能

衡量一台计算机空间性能的指标如下：

（1）机器字长。机器字长是指 CPU 参加一次定点数运算的操作数的位数，如 8 位、16 位、32 位或 64 位。机器字长是由运算器、寄存器的位数决定的。机器字长影响着计算的精度、硬件的成本，甚至对指令系统功能也有影响。

机器字长越长，操作数的位数越多，运算精度也就越高，但相应部件的位数也会增多，硬件成本随之增加。另外，某些信息（如字符类信息）只需要用 8 位二进制代码来表示，因此，为了较好地协调运算精度与硬件成本的制约关系，针对不同需求，大多数计算机允许采用变字长运算，即允许硬件进行以字节为单位的运算，以及基本字长（如 16 位）运算、双字长（如 32 位）运算和 64 位字长运算，甚至可以通过软件来实现更长的字长运算。

不同的计算机，字的长度可以不相同。例如，在 Intel 80x86 系列中，一个字有 16 位；在 IBM 303x 系列中，一个字有 32 位。但对于系列机来说，在同一系列机器的字的长度应该是固定的。

（2）数据通路宽度和数据传输速率。数据总线一次所能并行传输信息的位数，称为数据通路宽度，它影响着信息的传输能力，从而影响计算机的有效处理速度。这里所说的数据通路宽度是指外部数据总线宽度，它与 CPU 内部的数据总线宽度（内部寄存器的大小）有可能不同。有些 CPU 的内部数据总线宽度和外数据总线宽度相等，如 Intel 8086、80286、80486 等；有些 CPU 的外部数据总线宽度小于内部数据总线宽度，如 8088、80386SX 等；也有些 CPU 的外部数据总线宽度大于内部数据总线宽度，如 Pentium 处理器等。所有的 Pentium 处理器都有 64 位外部数据总线和 32 位内部寄存器，这一结构看起来似乎有问题，其实这是因为 Pentium 处理器有两条 32 位流水线，它就像两个合在一起的 32 位芯片，64 位数据总线可以高效地满足多个寄存器的需要。

数据传输速率是指单位时间内信道的数据传输量，它的基本单位是 b/s 或者 B/s（b 表示位，B 表示字节）。数据传输速率与数据通路宽度、最大的工作频率有关，简化的计算规则为：

数据传输速率=数据的传输量/相应的数据传输时间=数据通路宽度×工作频率

例如，若 PCI 总线宽度是 32 位（4 个字节），工作频率为 33.33 MHz，则总线的数据传输速率（总线带宽）约为 133 MB/s。在计算机中，数据传输速率分为内部数据传输速率和外部数据传输速率。内部数据传输速率是指主板部件间的数据传输速率，外部数据传输速率通常是指从硬盘的 Cache 中向外输出数据的速率。

（3）存储器容量。存储器通常是以字节为单位来表示存储容量的，这样的计算机称为字节编址的计算机。也有一些计算机是以字为单位编址的，它们用字数乘以字长来表示存储容量。在表示存储器容量大小时，经常用到 K、M、G、T、P 等单位词头，它们与通常意义上的 k、M、G、T、P 等单位词头有些差异，如表 1-2 所示。

例如，存储器容量 1024 B 称为 1 KB，1024 KB 称为 1 MB，1024 MB 称为 1 GB……，计算机的存储器容量越大，存储的信息就越多，处理问题的能力就越强。

表 1-2　通常意义上的单位词头与存储器容量单位词头

单 位 词 头	通 常 意 义	存储器容量
K（Kilo）	10^3（通常用 k 来表示）	2^{10}=1024
M（Mega）	10^6	2^{20}=1048576
G（Giga）	10^9	2^{30}=1073741842
T（Tera）	10^{12}	2^{40}=1099511617776
P（Peta）	10^{15}	2^{50}=1125899906842624

3. 计算机性能的定义

吞吐量和响应时间是衡量一个计算机系统性能的两个基本指标。吞吐量指在单位时间内信息流入、处理和流出的速率，它取决于 CPU 能够多快地取指，数据能够多快地从主存取出或存入主存，以及所得结果能够多快地从主存送到输出设备。这些因素都与主存紧密相关，因此吞吐量主要取决于主存的存取周期。在某些场合下，吞吐量也称为带宽。响应时间是指从提交作业到该作业得到 CPU 响应所经历的时间。响应时间越短，通常吞吐量就越大。

另外，还可以利用计算机系统的利用率来衡量计算机综合性能指标。利用率是给定时间内计算机系统被实际使用时间所占的比率，用百分比表示。计算机的其他性能指标这里就不再一一列举了。

例 1.1　假设某个频繁使用的程序 P 在计算机 M1 上运行需要 10 s，M1 的时钟频率为 2 GHz。设计人员想开发一台与 M1 具有相同体系结构的计算机 M2，采用新技术可使 M2 的时钟频率增加，但同时也会使 CPI 增加。假定程序 P 在 M2 上的时钟周期数是在 M1 上的 1.5 倍，则 M2 的时钟频率至少达到多少才能使程序 P 在 M2 上的运行时间缩短为 6 s？

解：程序 P 在 M1 上的时钟周期数为 CPU 运行时间×时钟频率=10 s×2 GHz=2×10^{10}。因此，程序 P 在 M2 上的时钟周期数为 1.5×2×1010=3×10^{10}。要使程序 P 在 M2 上的运行时间缩短到 6 s，则 M2 的时钟频率至少应为程序所含时钟周期数÷CPU 运行时间，即 3×10^{10}÷6 s=5 GHz。

由此可见，M2 的时钟频率是 M1 的 2.5 倍，但 M2 的运行程序的速度却只是 M1 的 1.67 倍。上述例子说明，时钟频率的提高可能会对 CPU 的结构带来影响，从而降低其他性能指标。因此，虽然提高时钟频率会加快 CPU 运行程序的速度，但不能保证运行程序的速度有相同倍数的提高。

例 1.2　某计算机有甲、乙、丙三类指令，它们的 CPI 分别为 1、2、5。编译器使用不同的优化编译技术对某应用程序进行编译，得到两个功能相同但指令序列不同的目标代码 A 和 B。已知 A 中甲类指令有 5 条，乙类指令有 3 条，丙类指令有 1 条；B 中甲类指令有 3 条，乙类指令有 2 条，丙类指令有 2 条。问在理想情况下，哪个目标代码运行的时间短？

解：A 的运行时间=甲类指令条数×$CPI_{甲}$+乙类指令条数×$CPI_{乙}$+丙类指令条数×$CPI_{丙}$=5×1+3×2+1×5=16 个时钟周期。

B 的运行时间=甲类指令条数×$CPI_{甲}$+乙类指令条数×$CPI_{乙}$+丙类指令条数×$CPI_{丙}$=3×1+2×2+2×5=17 个时钟周期。

所以，A 的运行时间短。

思考题和习题 1

一、名词概念

中央处理单元（CPU）、总线、系统软件、应用软件、系列机、固件、机器字长、主频、CPI、MIPS、MFLOPS、数据传输速率

二、单项选择题

（1）冯·诺依曼体系结构计算机工作方式的基本特点是________。

（A）多指令流单数据流　　（B）按地址访问并顺序执行指令

（C）堆栈操作　　（D）存储器按内部选择地址

（2）现代计算机的发展经历了四代，但从体系结构来看，至今为止绝大多数计算机仍是________的计算机。

（A）实时处理　　（B）智能化　　（C）并行　　（D）冯·诺依曼体系结构

（3）下列________不是冯·诺依曼体系结构计算机的最根本特征。

（A）以运算器为中心

（B）指令并行执行

（C）存储器按地址访问

（D）数据以二进制编码，并采用二进制数进行运算

（4）计算机的外设是指________。

（A）除了 CPU 和内存以外的设备　　（B）外存储器

（C）远程通信设备　　（D）输入/输出设备

（5）完整的计算机系统包括________。

（A）运算器、存储器、控制器　　（B）外设和主机

（C）主机和实用程序　　（D）配套的硬件系统和软件系统

（6）至今为止，计算机的所有信息仍以二进制的形式表示，其原因是________。

（A）节约元件　　（B）运算速度快

（C）由物理器件的性能决定　　（D）信息处理方便

（7）计算机硬件能直接执行的语言是________。

（A）符号语言　　（B）高级语言　　（C）机器语言　　（D）汇编语言

（8）下列说法中不正确的是________。

（A）部分由软件实现的操作也可以由硬件来完成

（B）在计算机系统的多层次结构中，汇编语言级和高级语言级是软件级，其他三级都是硬件级

（C）在计算机系统中，硬件是计算机系统的基础，软件是计算机系统的灵魂

（D）面向高级语言的机器是可以实现的

（9）邮局对信件自动分拣，使用的计算机技术是________。

（A）机器翻译　　（B）模式识别　　（C）机器证明　　（D）自然语言理解

（10）下列程序中，属于系统程序的是________。

（A）科学计算程序　　（B）自动控制程序

（C）企事业管理程序　　（D）操作系统

（11）关于 CPU 的主频、CPI、MIPS、MFLOPS，说法正确的是________。

（A）CPU 的主频是指 CPU 执行指令的频率，CPI 是指执行一条指令平均使用的频率

（B）CPI 是指执行一条指令平均使用 CPU 时钟周期数，MIPS 描述的是一条 CPU 指令

（C）MIPS 是描述 CPU 执行指令的频率，MFLOPS 是计算机系统的浮点数指令

（D）CPU 的主频是指 CPU 的时钟频率，CPI 是平均每条指令执行所需 CPU 时钟周期数

（12）程序 P 在计算机 M 上的执行时间为 20 s，编译优化后，P 执行的指令数减少到原来的 70%，而 CPI 增加到原来的 1.2 倍，则 P 在 M 上的执行时间是________s。

（A）8.4　　（B）11.7　　（C）14.0　　（D）16.8

（13）某 CPU 的主频为 1.2 GHz，其指令分为 4 类，它们在基准程序中所占比例及 CPI 如下所示。

指令类型	所占比例	CPI	指令类型	所占比例	CPI
A	50%	2	C	10%	4
B	20%	3	D	20%	5

该计算机的 MIPS 是________。

（A）100　　（B）200　　（C）400　　（D）600

（14）冯・诺依曼体系结构计算机中指令和数据均以二进制形式存储在存储器中，CPU 区分它们的依据是________。

（A）指令操作码的译码结果　　（B）指令和数据的寻址方式

（C）指令周期的不同阶段　　（D）指令和数据所在的存储单元

（15）计算机硬件能够直接运行的是________。

① 机器语言程序

② 汇编语言程序

③ 硬件描述语言程序

（A）①　　（B）①和②　　（C）①和③　　（D）①、②和③

（16）假设基准程序 A 在某计算机上的运行时间为 100 s，其中 90 s 为 CPU 的运行时间，其余为 I/O 的运行时间。若 CPU 速度提高了 50%，I/O 的运行时间不变，则运行基准程序 A 所消费的时间是________s。

（A）55　　（B）60　　（C）65　　（D）70

（17）将高级语言程序转换为机器语言级目标代码文件的程序是________。

（A）汇编程序　　（B）链接程序　　（C）编译程序　　（D）解释程序

（18）在下列选项中，能减少程序运行时间的措施是________。

①提高 CPU 的主频

②优化数据通路结构

③对程序进行编译优化

（A）①和②　　（B）①和③　　（C）②和③　　（D）①、②和③

三、综合题

（1）简述现代计算机的发展历程和发展趋势。

（2）简述冯·诺依曼体系结构计算机的主要特征。

（3）电子数字计算机的主要特点有哪些？

（4）机器语言、汇编语言、高级语言有何区别？

（5）简述计算机系统的层次结构。

（6）什么是硬件？什么是软件？两者谁更重要？为什么？

（7）CPU 的时钟频率越高，计算机的运算速度就越快吗？

（8）简述计算机的工作过程。

（9）假设计算机 M 的指令集中包含 A、B、C 三类指令，其 CPI 分别为 1、2、4。某个程序 P 在计算机 M 上被编译成两个不同的目标代码 P1 和 P2，P1 包含 A、B、C 三类指令的条数分别为 8、2、2，P2 包含 A、B、C 三类指令的条数分别为 2、5、3。请问：

① 哪个目标代码指令条数少？

② 哪个目标代码运行速度快？

③ 这两个目标代码的 CPI 分别是多少？

（10）某计算机有 I1、I2、I3 和 I4 四条指令，其 CPI 分别为 1、3、4 和 5。某程序先被编译成目标代码 A，A 包含这四条指令的条数分别是 3、6、9 和 2。采用优化编译后，该程序得到的目标代码为 B，B 包含这四条指令的条数分别是 10、5、5 和 2。请问：

① 哪个目标代码包含的指令条数少？

② 哪个目标代码的运行时间短？

③ 目标代码 A 和 B 的 CPI 分别是多少？

第 2 章

计算机中数据信息的表示和运算

本章要求读者能掌握进位计数制、码制及其相互转换，以及字符信息在机器中的表示；理解校验码的原理及应用，定点数、浮点数的表示原理，算术逻辑单元的基本功能及组成结构；掌握定点数和浮点数的运算、溢出与判断方法。

2.1 数制与编码

计算机内部是以二进制代码的形式来表示程序、数据和信息的，存储它们的地址通常使用十六进制代码的形式来表示，而人们日常习惯采用十进制数，这样就需要一个适当的数值模式来进行相互转换，即要确定该数值所选用的进位计数制。

计算机中采用多位二进制代码的组合来表示所处理的数字、字母和符号等信息，统称为二进制信息的编码。为了解决在计算机上输入、处理和显示汉字的问题，又设计了汉字编码。

2.1.1 进位计数制及其转换

1. 进位计数制

每种进位计数制都有一个基本特征数，称为基数。基数表示了进位计数制所具有的数字符号个数及进位的规律。下面就以常用的十进制、二进制和十六进制为例，分别进行介绍。

（1）十进制（Decimal）计数制。十进制的基数是 10，包含有 10 个不同的数字，即 0，1，2，3，…，9。其运算规则是“逢十进一”或“借一当十”。十进制数通常采用下标 10 或者大写字母 D 来表示，有时也可省略不写。在并列形式的十进制数中处在不同位置的数值具有不同的意义，或者说有不同的权值。例如，一个并列形式的十进制数 123.45，其多项式形式为：

$$123.45=1\times10^{2}+2\times10^{1}+3\times10^{0}+4\times10^{-1}+5\times10^{-2}$$

等号左边为并列表示法，等号右边为多项式表示法。显然在多项式中，包含有系数项和各自的权值。

（2）二进制（Binary）计数制。二进制的基数是 2，包含 0 和 1 两个数字，其运算规则是“逢二进一”或“借一当二”。二进制数通常采用下标 2 或者大写字母 B 来表示。任何一个并列形式的二进制数 N 都可以用其多项式来表示。例如：

$$(1101.01)_2=1\times2^3+1\times2^2+0\times2^1+1\times2^0+0\times2^{-1}+1\times2^{-2}$$

（3）十六进制（Hexadecimal）计数制。十六进制的基数为 16，包含有 16 个数字，即 0～9、A～F。其中 A、B、C、D、E、F 分别代表十进制数的 10、11、12、13、14、15。十六进制的运算规则是“逢十六进一”或者“借一当十六”。十六进制数通常采用下标 16 或者大写字母 H 来表示。并行形式的十六进制数的各位的权值为 16^i。例如：

$$(2C7.1F)_{16}=2\times16^2+12\times16^1+7\times16^0+1\times16^{-1}+15\times16^{-2}$$

2．进位计数制之间的相互转换

对于同一个数可以采用不同的进位计数制来表示，其形式也有所不同。例如：

$$(11)_{10}=(1011)_2=(B)_{16}$$

（1）R 进制数转换成十进制数。R 进制数转换成十进制数的方法是将其并列形式的数写成其多项式表示形式，经计算后就可得到其对应的十进制数，这种方法也称为按权展开法。

例 2.1　写出$(1101.01)_2$、$(10D)_{16}$对应的十进制数。

解：

$$(1101.01)_2=1\times2^3+1\times2^2+0\times2^1+1\times2^0+0\times2^{-1}+1\times2^{-2}=8+4+0+1+0+0.25=13.25$$

$$(10D)_{16}=1\times16^2+13\times16^0=256+0+13=269$$

（2）十进制数转换成二进制数。十进制数到二进制数的转换一般可分为两个部分，即整数部分的转换和小数部分的转换。

① 整数部分的转换。转换方法之一是采用除 2 取余法。具体过程是将给定的十进制整数除以 2，取其余数作为二进制整数最低位的系数 d_0，然后继续将整数部分除以 2，所得余数作为二进制整数次低位的系数 d_1，一直重复下去，直到整数部分为 0 为止，最后可得到二进制整数部分。

例 2.2　将$(327)_{10}$转换成二进制数。

解：因为

除数	被除数/商	余数	各项系数
2	327		
2	163	1	d_0
2	81	1	d_1
2	40	1	d_2
2	20	0	d_3
2	10	0	d_4
2	5	0	d_5
2	2	1	d_6
2	1	0	d_7
	0	1	d_8

所以

$$(327)_{10}=d_8d_7d_6d_5d_4d_3d_2d_1d_0=(101000111)_2$$

此方法可扩展为除 R 取余法，如将 R 设为 16，则可将十进制整数转变为十六进制整数。

还有一种转换方法称为减权定位法。二进制数的多项式中每一项都有各自的系数和权值，根据这一对应关系，可采用减权定位法来进行转换。其过程是：首先将十进制数依次与二进制高位权值进行比较，若够减则对应位的系数为 1，不够减则该位系数为 0；然后将余数与次位权值比较，如此进行直到余数为 0 为止。

例 2.3　采用减权定位法将$(327)_{10}$转换成二进制数。

解：因为 $512(2^9)>327>256(2^8)$，所以从权值 256 的对应值开始比较，具体过程如下：

减权比较	系数项 d_i	位的权值
327−256=71	1	2^8
71<128	0	2^7
71−64=7	1	2^6
7<32	0	2^5
7<16	0	2^4
7<8	0	2^3
7−4=3	1	2^2
3−2=1	1	2^1
1−1=0	1	2^0

所以

$$(327)_{10}=(101000111)_2$$

② 小数部分的转换：小数部分的转换采用乘 2 取整数的表示法，其具体过程是将十进制小数乘以 2，取其整数部分作为二进制小数的小数点后的第 1 位系数，再将乘积的小数部分继续乘以 2，取所得积的整数部分作为小数后的第二位系数。依次重复做下去，直到乘积为 1 为止，就可以得到二进制小数部分。

例 2.4　将$(0.8125)_{10}$转换成二进制小数。

解：转换过程如下。

	整数部分	系数部分
$2\times0.8125=1.625$	1	$d_{-1}=1$
$2\times0.625=1.25$	1	$d_{-2}=1$
$2\times0.25=0.5$	0	$d_{-3}=0$
$2\times0.5=1.0$	1	$d_{-4}=1$

所以

$$(0.8125)_{10}=d_0d_{-1}d_{-2}d_{-3}d_{-4}=(0.1101)_2$$

在计算中可以按照所需要的小数点位数，取其结果位近似值。此方法可以扩展为乘 R 取整法，如将 R 变为 16，则可将十进制小数直接转换为十六进制小数。当然，小数部分的转换也可以采取减权定位方法来实现。

（3）二进制数与十六进制数的转换。

① 二进制数转换成十六进制数：4 位二进制数可表示 1 个十六进制数。转换的具体过程是：从小数点开始，分别向左、向右，每 4 位二进制数用一个十六进制数来表示。若小数点左侧位数不是 4 的倍数，则最高位用 0 扩充；若小数点右侧位数不是 4 的倍数，则最低位用 0 扩充。例如：

$$(110110111\,.\,01101)_2=(0001\ 1011\ 0111\,.\,0110\ 1000)_2=(1B7.68)_{16}$$

② 十六进制数转换成二进制数。转换的具体过程是，将每个十六进制数用 4 位二进制数来表示，转化后将最左侧或者最右侧的 0 省去。例如：

$$(7AC.DE)_{16}=(0111\ 1010\ 1100\ .\ 1101\ 1110)_2=(111\ 1010\ 1100\ .\ 1101\ 111)_2$$

以上方法也适用于二进制数与八进制数之间的相互转换。

2.1.2 数值数据的编码与表示

1. 无符号数的表示

当一个编码的所有二进制位都用来表示数值而没有表示符号的位时，该编码表示的就是无符号数，此时数的符号默认为正，无符号整数就是正整数或非负整数。例如，可用无符号整数进行地址运算或用来表示指针。通常把无符号整数简单地说成无符号数。

由于无符号数省略了符号位，所以在字长相同的情况下，它能表示的最大数比有符号数所能表示的最大数大，n 位无符号数可表示的范围为 $0\sim2^n-1$。例如，8 位无符号数的形式为 0000 0000B～1111 1111B，对应的数的范围为 $0\sim2^8-1$，即最大数为 255；而 8 位有符号数的最大数是 127。16 位无符号二进制数表示的范围是 $0\sim2^{16}-1$，32 位无符号二进制数表示的范围是 $0\sim2^{32}-1$。由此可见，在计算机中，对于同样的位数，采用无符号数或有符号数时，所表示的范围是不同的。

2. 有符号数的编码与表示

在日常生活中，人们习惯采用正号或负号加上绝对值的方法来表示一个数，这种表示形式称为该数的真值。例如，十进制真值、二进制真值等。计算机中所能表示的数或其他信息都是数字化的，因此也可用二进制数表示符号。例如，可用 0 或 1 来表示正号或负号，该符号位一般放在数的最高位。这种在计算机中使用的连同符号位一起数字化的数值，称为该数的机器数。在计算机中，往往会根据运算方式的需要，采用不同的机器数表示方法，通常使用的有原码、补码、反码和移码四种表示法。下面将详细介绍这四种表示法。

（1）原码表示法。原码表示法是一种比较直观的机器数表示法，其最高位是符号位，使用 0 表示正号，使用 1 表示负号，数值的有效值部分采用二进制的绝对值表示。

在表示纯小数时，设 $X=X_0X_{-1}X_{-2}\cdots X_{-(n-1)}$，共 n 位字长，数值的有效值有 $n-1$ 位。小数原码表示法的定义为：

$$[X]_{原}=\begin{cases}X, & 1-2^{-(n-1)}\geqslant X\geqslant 0\\ 1-X=1+|X|, & 0\geqslant X\geqslant 1-2^{-(n-1)}\end{cases}$$

例如，$X_1=+0.10111$，$X_2=-0.10111$，当计算机的字长 $n=8$ 位时，其原码为：

$$[X_1]_{原}=0.1011100,\qquad [X_2]_{原}=1+|0.1011100|=1.1011100$$

式中，最高位是符号位。

在表示纯整数时，设 $X=X_{n-1}X_{n-2}\cdots X_1X_0$，共 n 位字长，整数原码表示法的定义为：

$$[X]_{原}=\begin{cases}X, & 2^{n-1}-1\geqslant X\geqslant 0\\ 2^{n-1}-X=2^{n-2}+|X|, & 0\geqslant X\geqslant -(2^{n-1}-1)\end{cases}$$

例如，$X_1=+00011011$，$X_2=-00011011$，当计算机的字长 $n=8$ 位时，其原码为：

$$[X_1]_{原}=00011011，[X_2]_{原}=2^{8-1}+|00011011|=10011011$$

根据原码表示法的定义，对于真值零的原码有+0和−0两种表示形式，即：

$$[+0]_{原}=000\cdots000, \qquad [-0]_{原}=100\cdots000$$

式中，最高位为符号位。

如果用 n 位二进制数表示小数（含符号位），则所能表示的最大数为$+[1-2^{-(n-1)}]$，最小数为$-[1-2^{-(n-1)}]$。如果用 n 位二进制数表示整数（含符号位），则所能表示的最大数为 $2^{n-1}-1$，最小数为$-[2^{(n-1)}-1]$。由于真值零占用了两个编码，因此 n 位二进制数只能表示 2^n-1 个原码。

原码表示法的优点是数的真值与它的原码表示之间对应关系简单、直观，转换容易，但用原码进行加、减法运算时符号位要单独处理。

（2）补码表示法。由于二进制补码在做加、减法运算时比较方便，所以在计算机中被广泛采用。在介绍补码表示法之前，先介绍模的概念，模（也称模数）是计量器具的容量。在计算机中，机器数表示数据的字长是固定的。对于 n 位数来说，模 M 的大小是：n 位数全为 1 后并在最末位加 1，即其模为 M。如果某个数有 n 位二进制整数（含 1 位符号位），则它的模为 2^n；如果是 n 位小数（含 1 位符号位），则它的模为 2。例如，某台计算机的字长为 8 位，则它所能表示的二进制整数为 00000000～11111111，共 256 个数，2^8 就是其模。在计算机中，若数值或运算结果大于或等于模，则说明该数值已超过了所能表示的范围，模自然丢掉。

补码的最高位是符号位，用 0 表示正号，用 1 表示负号。假设某数 X 加符号位共有 n 位，在表示纯小数时，补码表示形式的定义为：

$$[X]_{补}=\begin{cases} X, & 0 \leqslant X \leqslant 1-2^{-(n-1)} \\ 2+X=2-|X|, & -1 \leqslant X < 0 \end{cases}$$

例如，$X_1=+0.11011$，$X_2=-0.11011$，设字长 $n=8$ 位，其补码分别为：

$$[X_1]_{补}=0.1101100，[X_2]_{补}=2-|0.1101100|=1.0010100$$

式中，最高位为符号位。在计算机中小数点是隐含的，不能直接表示出来。在负数小数补码中，2 是含有一位符号位时定点小数的模。

在表示整数时，补码表示形式的定义为：

$$[X]_{补}=\begin{cases} X, & 0 \leqslant X \leqslant 2^{(n-1)}-1 \\ 2^n+X=2^n-|X|, & -2^{(n-1)} \leqslant X < 0 \end{cases}$$

上述定义中，真值零的补码是唯一的，即$[+0]_{补}=[-0]_{补}=0\cdots0$。

例如，$X_1=11011$，$X_2=-11011$，字长 $n=8$ 位，其补码分别为：

$$[X_1]_{补}=00011011，[X_2]_{补}=2^8-|0011011|=11100101$$

如果用 n 位二进制补码表示纯小数（其中含最高位符号位），则表示的最大数为 $1-2^{-(n-1)}$，最小数是−1；如果用 n 位二进制补码表示纯整数（其中含最高位符号位），则表示的最大数为 $2^{(n-1)}-1$，最小数是$-2^{(n-1)}$。

将原码转换为补码的方法是：如果 X 为正数，则$[X]_{补}=[X]_{原}$；如果 X 为负数，可按上述定义进行转换。但是习惯上常采用如下方法，即将$[X]_{原}$除符号位以外的各位均求反码后，再在其最末位加 1，就可得到其补码形式$[X]_{补}$。

例如：$[X]_{原}=01011000$，则$[X]_{补}=01011000$；$[X]_{原}=11011000$，则$[X]_{补}=10101000$。

将补码转换为原码的方法与将原码转换为补码的方法相同。另外，在补码表示法中，由于 0 只占用 1 个编码，所以补码表示法可比原码表示法多表示一个数。例如，负小数采用补码表示法时可以表示−1，在负整数采用补码表示法时可以表示$-2^{(n-1)}$。补码非常适合在计算机中做加、减法运算，其符号位可以直接参加运算。

（3）反码表示法。对于正数来说，其反码与原码、补码的表示形式相同；对于负数来说，其反码的符号位与原码、补码的符号位相同，只需将原码的数值位按位取反就可得到其反码。例如，X_1=0.11011，X_2=−0.11011，字长 n=8，则其反码为：

$$[X_1]_{反}=0.1101100，[X_2]_{反}=1.0010011$$

在反码中，正零和负零的表示不是唯一的，即：

$$[+0]_{反}=000\cdots000，[-0]_{反}=111\cdots111$$

n 位反码表示的数的范围同 n 位原码一样，只能表示 2^n-1 个数，其最高位同样为符号位，用 0 表示正号，用 1 表示负号。

（4）移码表示法。移码也称为增码，常以整数形式应用在计算机中浮点数的阶码中。若整数 X 有 n 位（含符号位），则其移码表示形式的定义为：

$$[X]_{移}=2^{n-1}+[X]_{补}，-2^{n-1}\leqslant X\leqslant 2^{n-1}-1$$

由上式可以看出，移码的符号位与补码的符号位相反，用 1 表示正号，用 0 表示负号。然而，数值部分的变化则与补码的变化规律相同。

码制表示法小结：

① $[X]_{原}$、$[X]_{补}$和$[X]_{反}$的符号位都用 0 表示正号，用 1 表示负号，而$[X]_{移}$的符号位则相反。

② 若 X 为正数；则有$[X]_{原}=[X]_{补}=[X]_{反}$；若 X 为负数，则$[X]_{原}\neq[X]_{补}\neq[X]_{反}$。

③ $[X]_{补}$和$[X]_{移}$对于 0 有唯一的编码，而$[X]_{原}$和$[X]_{反}$有两种不同的编码形式，所以在具有同样字长的计算机中，用补码和移码表示数的范围要比用原码和反码表示数的范围多一个数。

④ 移码与补码的形式相同，只是其符号位表示相反。

例如，计算机的字长为 8 位，其机器数整数形式的编码对照表如表 2-1 所示。

表 2-1　机器数整数形式的编码对照表

十进制数	真　值	$[X]_{原}$	$[X]_{反}$	$[X]_{补}$	$[X]_{移}$
+127	+1111111	01111111	01111111	01111111	11111111
+126	+1111110	01111110	01111110	01111110	11111110
…	…	…	…	…	…
+2	+0000010	00000010	00000010	00000010	10000010
+1	+0000001	00000001	00000001	00000001	10000001
+0	+0000000	00000000	00000000	00000000	10000000
−0	−0000000	10000000	11111111	00000000	10000000
−1	−0000001	10000001	11111110	11111111	01111111
−2	−0000010	10000010	11111101	11111110	01111110
…	…	…	…	…	…
−126	−1111110	11111110	10000001	10000010	00000010
−127	−1111111	11111111	10000000	10000001	00000001
−128	−10000000	—	—	10000000	00000000

3．十进制数的表示

在使用计算机来处理数据时，在计算机外部（如键盘输入、屏幕显示或打印输出）看到的数据基本上都采用十进制形式。因此，需要计算机能够表示和处理十进制数据，以便直接进行十进制数的输入/输出或者直接用十进制数进行计算。在计算机内部，可以采用数字 0～9 对应的 ASCII 码字符来表示十进制数，也可以采用二进制编码来表示十进制数（BCD 码）。

（1）用 ASCII 码字符表示十进制数。为方便十进制数输入/输出（如打印或显示），可以把十进制数看成字符串，直接用 ASCII 码字符来表示，0～9 分别对应 30H～39H。ASCII 码字符集如表 2-2 所示。在这种表示方式下，1 位十进制数对应 8 位二进制数，1 个十进制数在计算机内部需占用多个连续字节，因此，在存取 1 个十进制数时，必须说明该十进制数在内存的起始地址和占用的字节个数。

表 2-2　ASCII 码字符集

高 3 位（b_6、b_5、b_4） 低 4 位					000	001	010	011	100	101	110	111
b_3	b_2	b_1	b_0	十六进制数	0	1	2	3	4	5	6	7
0	0	0	0	0	NUL，空白	DEL，数据链转义	间隔	0	@	P	、	p
0	0	0	1	1	SOH，标题开始	DC1，设备控制 1	!	1	A	Q	a	q
0	0	1	0	2	STX，正文开始	DC2，设备控制 2	"	2	B	R	b	r
0	0	1	1	3	ETX，正文结束	DC3，设备控制 3	#	3	C	S	c	s
0	1	0	0	4	EOT，传输结束	DC4，设备控制 4	$	4	D	T	d	t
0	1	0	1	5	ENQ，询问	NAK，否认	%	5	E	U	e	u
0	1	1	0	6	ACK，承认	SYN，同步空转	&	6	F	V	f	v
0	1	1	1	7	BEL，警告	ETB，组传输结束	’	7	G	W	g	w
1	0	0	0	8	BS，退格	CAN，作废	(	8	H	X	h	x
1	0	0	1	9	HT，横向制表	EM，媒体结束	)	9	I	Y	i	y
1	0	1	0	A	LF，换行	SUB，取代	*	:	J	Z	j	z
1	0	1	1	B	VT，纵向制表	ESC，转义	+	;	K	[	k	{
1	1	0	0	C	FF，换页	FS，文卷分隔	,	<	L	\	l	|
1	1	0	1	D	CR，回车	GS，组分隔	−	=	M	]	m	}
1	1	1	0	E	SO，移出	RS，记录分隔	.	>	N	^	n	~
1	1	1	1	F	SI，移入	US，单元分隔	/	?	O	–	o	DEL

根据十进制数符号位的表示方式，用 ASCII 码字符表示十进制数的方式可以分为前分隔数字串和后嵌入数字串两种。前分隔数字串方式是：将符号位单独用一个字节来表示，位于数字串之前，正号用字符“+”的 ASCII 码（2BH）表示；负号用字符“-”的 ASCII 码（2DH）表示。例如，十进制数+236 可表示为 00101011 00110010 00110011 00110110B（28 32 33 36H），在内存中占用 4 个字节。后嵌入数字串方式为：符号位不单独用一个字节来表示，而是嵌入到最低一位数字的 ASCII 码字符中，正数最低一位的编码不变；负数最低一位的编码的高 4 位由原来的 0011 变为 0111。例如，十进制数-236 可表示为 00110010 00110011 01110110B（32 33 76H），在内存中占用 3 个字节。

用 ASCII 码字符来表示十进制数，虽然可以方便十进制数的输入/输出，但由于这种表示形式中包含了非数值信息（高 4 位编码），所以对十进制数的运算很不方便。如果要对这种表示形式的十进制数进行计算，则必须先将其转换为二进制数或用 BCD 码来表示十进制数。

（2）BCD（Binary Coded Decimal）码。BCD 码采用二进制编码的形式来表示十进制数，在计算机内部有专门的逻辑线路进行 BCD 码的编码运算，通常采用 4 位二进制数来表示 1 位十进制数。

十进制数的每位取值可以是 0～9 这 10 个数之一，这样十进制数的每位必须至少由 4 位二进制数来表示。而 4 位二进制数可以组合成 16 种状态，去掉 10 种状态后还有 6 种冗余状态，所以从 16 种状态中选取 10 种状态来表示十进制数位 0～9 的方法很多，可以产生多种 BCD 码。

① 有权 BCD 码。有权 BCD 码是指表示十进制数每位的 4 位二进制数（称为基 2 码）都有一个确定的权值。最常用的一种编码就是 8421 码，它选取 4 位二进制数按计数顺序的前 10 个代码与十进制中数字相对应，每位的权值从左到右分别为 8、4、2、1，因此称为 8421 BCD 码。另外，有权 BCD 码还有 2421 BCD、5421 BCD 等形式编码。

② 无权 BCD 码。无权 BCD 码是指表示十进制数每位的 4 位基 2 码没有确定的权值。在无权 BCD 码中，用得较多的是余 3 码。余 3 码是在 8421 BCD 码的基础上形成的，即在对应的 8421 BCD 的基础上加 3 所得。例如，4 的余 3 编码为 0100+11=0111，它属于无权 BCD 码。另外，无权 BCD 码还有循环码，这里不再列举。

一个十进制数用多个对应的 BCD 码组合表示，每位的数字对应 4 位 BCD 码，两位数字占 1 字节。符号位可用 1 位二进制数表示，1 表示负数，0 表示正数；也可用 4 位二进制数表示，并放在数字串最后，通常用 1100 表示正号，用 1101 表示负号。例如，Pentium 处理器中的十进制数占 80 位，第一个字节中的最高位为符号位，后面的 9 个字节可表示 18 位十进制数。

2.1.3 非数值数据的编码与表示

在计算机中，如指令、数值型数据、字符、声音、图像等各种信息，都是用数字来表示的。在物理机制上，数字信号是一种在时间上或空间上断续的（离散的）信号，它的单个信号是使用二值逻辑形式来表示的，仅有 0 和 1 两种状态值。依靠彼此离散的多位数字信号的不同组合可以表示不同的信息。另外，在计算机中，还经常采用一组数字代码来表示字符、字母，采用若干位（点）的组合表示图像，采用数字信号表示声音，以及采用数字代码表示命令与状态等。采用数字化的方法来表示信息，抗干扰能力强、可靠性高，在物理上容易实现，并且可很方便地存储。

1. 字符与字符串的表示

字母、数字、标点符号及一些特殊符号统称为字符，所有字符的集合称为字符集。字符集有多种，每种字符集的编码方法也有多种。国际上普遍采用的是 ASCII 码（American Standard Code For Information Interchange，美国信息交换标准代码），它已被国际标准化组织（ISO）批准为 ISO 646 国际标准。

ASCII 码共有 128 个代码，其中 95 个代码（包括大/小写各 26 个英文字母、0～9 共 10 个数字符、标点符号等）对应着计算机终端能输入并可以显示的 95 个字符，打印机也可打印这 95 个字符。其余 33 个代码作为控制码，控制计算机某些外设的工作特性或者表示计算机的某些运行状态。

计算机用 1 字节表示一个 ASCII 码，其最高位（b_7）为 0，其他 7 位表示 128 个代码。当对 ASCII 码进行奇偶校验时，也可以用最高位（b_7）作为校验位。

当使用键盘直接输入所需要的字母时，计算机会自动转换成指定的代码。例如，在键盘上输入 A、B、C 时，存入存储器中的就是其 ASCII 码，分别为 1000001、1000010、1000011。在采用 ASCII 码时，一个字符占据 1 个字节。

在计算机处理字符的过程中，计算机屏幕上出现的是一个有限的连续字符序列，称为字符串。在计算机的存储器中，按字符串字符的次序存储对应的 ASCII 码。当要从存储器中读取字符串时，计算机又自动将 ASCII 码转换成对应的字符并显示在屏幕上，或者通过打印机打印出来。字符串的表示通常有以下 3 种方法：

（1）在字符串的最前端预留一个单元，用来存储字符串的长度。

（2）为每个字符串分配一个伴随变量，用来表示字符串的长度。

（3）在字符串的最后存储一个特殊标记，用来表示字符串结束。

例如，C 语言采用的是第 3 种方法，在字符串的末尾还添加一个字符串结束符 NUL（其值为 0，用"\0"表示），因此在 C 语言中，字符串的长度等于其中的字符个数加 1。

通常，存储字符串是从字符串头（最高位）开始存储在连续的地址单元中的。例如，在 C 语言中，分配给字符串"China"的地址为 A、A+1、A+2、A+3、A+4、A+5。注意，字符串中的空格、回车也属于字符。

目前，在一些计算机中广泛使用的字符集是 EBCDIC（Extend Binary Coded Decimal Interchange Code）。EBCDIC 采用 8 位二进制数来表示一个字符，该字符集共有 256 种不同的编码，可表示 256 个字符。EBCDIC 与 ASCII 码有一定的对应关系，有关细节不再说明。

2. 汉字在计算机内的表示和处理

中文的基本组成单位是汉字，目前使用汉字的总数超过 6 万个。由于汉字的数量大、字形复杂、同音字多、异体字多，这给汉字在计算机内的存储和处理带来了一系列问题。汉字信息处理的难点在于汉字在计算机内的编码、汉字的输入和汉字的输出。

（1）汉字在计算机内的编码。为了满足计算机处理汉字的需要，我国在 1981 年颁布了《通用汉字字符集（基本集）及其交换码标准》（简称国标码）。该标准列出了常用的 6763 个汉字字符和 682 个非汉字字符，并为每个字符规定了标准代码，以便这些字符在不同计算机系统之间进行信息交换使用。国标码由三部分组成：第一部分是各种符号、数字、字母（包括拉丁字母、俄文、日文假名、希腊字母等）和汉语拼音等，共682个；第二部分为一级常用汉字，共3755个，它们是按拼音排序的；第三部分是二级常用汉字，共3008个，它们是按部首排序的。由于1个字节最多只能表示256种不同的字符，因而汉字的编码必须使用2个字节来表示，国标码就是使用2个字节来表示一个汉字的。

	1位 2位 … 94位
1区～9区	字母、数字和符号等
10区～15区	空白
16区～55区	一级汉字3755个
56区～87区	二级汉字3008个
88区～94区	空白

图2-1　区位码字符集的结构

可将国标码字符集中的字符和汉字，按其固定的排列位置来构成一个二维平面图。将二维平面图的位置划分为94行、94列来进行编码的形式称为区位码，其中行号是区号，列号是位号。区号是1～94，区内的编号也是1～94。区位码字符集的结构如图2-1所示，1区～9区为图形字符区，包括字母、数字和符号等。

在区位码字符集中，每个汉字或字符都有各自的位置，因此都各有一个唯一的位置编码。该位置编码就是字符所在的区号及位号的二进制代码，也称为区位号，国标码中的每个汉字或字符都可以使用区位码来表示。如果将每个汉字或字符的区号和位号分别加20H之后，就可以将它们转换成相应的国标码。例如，“大”字的区位号是$(2083)_{10}$，即区号是20（对应的二进制数为10100B），位号是83（对应的二进制数为1010011B），将其转换成国标码（即区号和位号分别加上20H）的形式是00110100B和01110011B。在计算机中，为了处理与存储的方便，国标码或区位码都需要用2个字节才能表示一个汉字。注意，每个字节的最高位均为0。

在计算机中，有时是将双字节的汉字与单字节的西文字符（ASCII码）混在一起处理的，如果没有特殊的标识，则双字节的汉字就会与单字节的西文字符混淆不清，无法识别。为了解决这个问题，采用的方法是将表示汉字编码的每个字节最高位（b_7）都规定为1。这种新的双字节汉字编码，就称为汉字的机内码。目前，计算机中的机内码一般都采用这种方式。区位码、国标码与机内码的转换关系如下：

国标码=区位码+2020H

机内码=国标码+8080H=区位码+A0A0H

例如，“大”字的机内码分别是10110100B、11110011B或B4F3H。

随着亚洲地区计算机应用的普及与深入，汉字字符集及其编码还在发展。ISO/IEC 10646提出了一种包括全世界现代书面语言文字所使用的所有字符的标准编码，每个字符用4个字节（称为UCS-4）或2个字节（称为UCS-2）来编码。我国与日本、韩国联合制定了统一的中日韩统一表意文字字符集（CJK编码），共收集了2万多个汉字及符号，采用2个字节（即UCS-2）来编码。美国微软公司在Windows操作系统（中文版）中也采用了中西文统一编码，其中收集了中国、日本、韩国三国常用的约2万个文字，称为Unicode（2个字节的编码），它与ISO/IEC 10646的UCS-2编码一致。

汉字的输入码与机内码、交换码是不同范畴的概念，不能把它们混淆起来。使用不同的输入码输入同一个汉字时，在计算机内部得到的机内码是一样的。

（2）汉字的输入。目前，广泛使用的汉字输入方法是利用键盘输入汉字。由于汉字字数较多，无法使每个汉字与键盘上的按键一一对应，因此必须用一个或几个按键来表示汉字，这种表示方法称为汉字的输入码。

汉字输入码方法主要分成如下三类：其一是数字编码，这是用一串数字来表示汉字的编码方法，如国标码、区位码等，难以记忆、不易推广；其二是字音编码，这是一种基于汉语拼音的编码方法，简单易学，适用于非专业人员，缺点是同音字引起的重码多；其三是字形编码，这是一种将汉字的字形分解归类后给出的编码方法，重码少、输入速度快，如五笔输入法就是这类编码。使用不同的输入码输入计算机中的同一汉字，在计算机内部的机内码都是相同的。

（3）汉字的输出。经过计算机处理后的汉字，如果需要显示或打印出来，就必须把机内码转换成人们可以阅读的形式。这样就要求必须把每一个汉字的字形编码都预先存储在存储器中。一套汉字的所有字符点阵形状描述信息集合在一起就构成了字形库，简称字库。不同的字体（如宋体、楷体、黑体等）对应着不同的字库。在输出每一个汉字时，计算机都要首先到字库中去找它的描述信息，然后输出字形编码。

在计算机中，汉字的字形主要有点阵字形和轮廓字形。前者通过一组排成方阵（16×16 或 32×32 甚至更大）的二进制数来表示一个汉字，通常使用 1 来表示对应的位置处是黑点，0 表示对应的位置处是空白。在显示器上显示或打印机上输出的汉字和字符一般都采用点阵字形。图 2-2 所示为用 16×16 点阵字形显示汉字“次”。

	字节	数据	字节	数据
□□□□□□□□■□□□□□□□	0	00H	1	80H
□□□□□□□□■□□□□□□□	2	00H	3	80H
□□■□□□□□■□□□□□□□	4	20H	6	80H
□□□■□□□□■□□□□□□□	6	10H	7	80H
□□□■□□□■■■■■■■■□	8	11H	9	FEH
□□□□□■□■□□□□□□■□	10	05H	11	02H
□□□□■□□■□■□□□■□□	12	09H	13	44H
□□□□■□■□□■□□■□□□	14	0AH	15	48H
□□□■□□□□□■□□□□□□	16	10H	17	40H
□□□■□□□□□■□□□□□□	18	10H	19	40H
□■■□□□□□■□■□□□□□	20	60H	21	A0H
□□■□□□□□■□■□□□□□	22	20H	23	A0H
□□■□□□□■□□□■□□□□	24	21H	25	10H
□□■□□□□■□□□□■□□□	26	21H	27	08H
□□■□□□■□□□□□□■□□	28	22H	29	04H
□□□□■■□□□□□□□□■■	30	0CH	31	03H

图 2-2　用 16×16 点阵字形显示汉字“次”

当采用 16×16 点阵字形时，每个汉字由 32 个字节来表示，它是最简单的汉字点阵字形。若要获得更美观的字形，则需要采用 24×24、32×32、48×48 等点阵字形来表示。一个实用的汉字系统大约占上百万个存储单元。目前，计算机将字库存储在硬盘中，在每次使用时将字库自动装载到内存中，用这种方法建立的字库称为软字库。

轮廓字形比较复杂，它把汉字和字母、符号中笔画的轮廓用一组直线和曲线来勾画，记下每一条直线和曲线的数学描述（端点的坐标）。轮廓字形的精度高，字形大小可以任意变化，但输出之前必须通过复杂的处理转换成点阵形式。Windows 操作系统中使用的 True Type 字库采用的就是典型的轮廓字形。

通常，汉字输出形式有打印和显示两种形式。汉字输出的过程为：输入码首先经处理转换程序转换为机内码，然后通过机内码搜索字库，找到其点阵字形后输出汉字。汉字输出过程如图 2-3 所示。

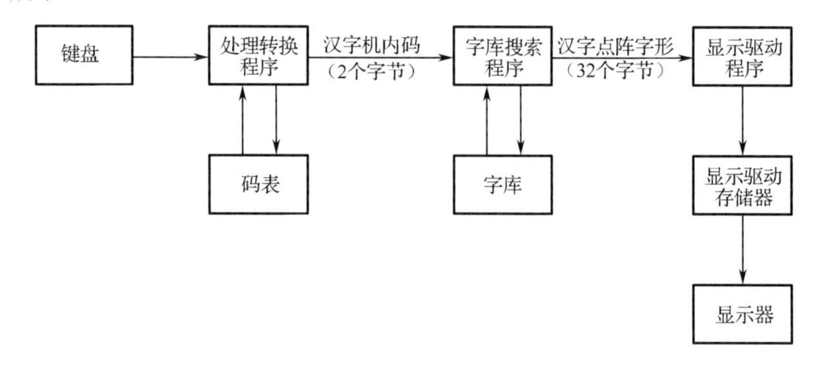

图 2-3　汉字输出过程

3．图形图像在计算机中的表示形式

近年来，计算机除了对数值和文字处理的能力有了大幅度提高，还大大扩展了它在图形图像方面的处理能力，进一步拓宽了它的应用范围。

图形图像是信息的一种重要媒体，与文字、声音等其他媒体相比，图形图像具有直观明了、含义丰富等优点。目前，图形图像在计算机中有两种数字化表示方法，一种称为几何图形或矢量图形，简称图形（Graphic）；另一种称为点阵图像或位图图像（Image）。

图形图像在计算机中的两种表示方法各有优缺点，它们既能互相补充、互相依存，在一定条件下还能互相转换，在计算机应用中起着非常重要的作用。

2.1.4　数据的宽度与存储

1．数据的宽度和单位

在计算机中，任何信息都被表示成二进制代码的形式。二进制代码中的每一位（0 或 1）是组成二进制信息的最小单位，称为位（bit，简称 b）。位是计算机中处理、存储和传输信息的最小单位。每个西文字符都需要用 8 位来表示，而每个汉字至少需要用 16 位来表示。在计算机存储器中，二进制信息的计量单位是字节（Byte，简称 B），也称为位组，1 个字节等于 8 位。

计算机在处理二进制信息时使用的单位除了位和字节，还经常使用字（word）作为单位。必须注意，不同的计算机，字的长度和组成不完全相同，有的由 2 个字节组成，有的由 4 个或 8 个字节组成。

在衡量计算机性能时，一个很重要的性能参数就是字长。CPU 内部数据通路是指 CPU 内部的数据流经的路径以及路径上的部件（主要是 CPU 内部进行数据运算、存储和传输的部件），这些部件的宽度要一致，才能相互匹配。因此，字长等于 CPU 内部用于数据运算的运算器位数或通用寄存器宽度。

请注意，字和字长的概念是不同的。字是用来表示被处理信息的单位，用来度量各种数据类型的宽度。在设计计算机系统时，设计者必须考虑计算机将提供哪些数据类型，每种数据类型提供几种宽度的数据，这时就要给出一个基本的字的宽度。例如，Intel x86 把一个字定义为 16 位，因此，在所提供的数据类型中，就有单字宽度的无符号数和有符号整数（16 位）、双字宽度的无符号数和有符号整数（32 位）等。而字长是指进行数据运算、存储和传输的部件的宽度，它反映的是计算机处理信息的一种能力。字的宽度和字长可以一样，也可不一样。例如，在 Intel x86 中，从 80386 开始就至少都是 32 位了，即字长至少为 32 位，但字的宽度都定义为 16 位，32 位称为双字。

2. 数据的存储和排列顺序

任何信息在计算机中经过二进制编码后，得到的都是一串 0 或 1 序列，每 8 位构成 1 个字节，不同的数据类型具有不同的字节宽度。在计算机中存储数据时，数据从低位到高位可以按从左到右排列，也可以按从右到左排列，所以用最左位和最右位表示数据中的数位时会发生歧义，通常用最低有效位（Least Significant Bit，LSB）和最高有效位（Most Significant Bit，MSB）来分别表示数的最低位和最高位。对于有符号数，最高位是符号位，所以 MSB 就是符号位。这样，不论从左往右排，还是从右往左排，只要明确 MSB 和 LSB，就可以明确数的符号和数值。例如，十进制数 5 在 32 位机器上用 int 类型表示时的 0 或 1 序列为 0000 0000 0000 0000 0000 0000 0000 0101，其中最前面的一位 0 是符号位，即 MSB=0，最后面的 1 是数的最低有效位，即 LSB=1。

如果以字节为一个排列的基本单位，那么 LSB 表示最低有效字节，MSB 表示最高有效字节。现代计算机大都采用字节编址方式，即对存储空间的存储单元进行编址时，每个地址中存储 1 个字节。计算机中许多类型的数据是由多个字节组成的，例如，int 和 float 型数据占用 4 个字节，double 型数据占用 8 个字节等，而程序中对每个数据只给定一个地址。在采用字节编址方式的计算机中，假定 int 型变量 *i* 的地址为 0800H，*i* 的机器数为 01 23 45 67H，这 4 个字节 01H、23H、45H、67H 应该各有一个内存地址。那么，地址 0800H 对应 4 个字节中的哪个字节地址呢？这就是字节排列顺序问题。

为了便于硬件的实现，一般要求多字节数据在存储器中采用对准边界的方式，该方式也称为地址对齐（Align），不合要求的则用空字节（无操作）填充。图 2-4 所示为在字长为 32 位的计算机中数据按对准边界方式的存储示例。

<table>
<tr><th colspan="4">存储器</th><th>地址（十进制）</th></tr>
<tr><td colspan="4">字（地址0）</td><td>0</td></tr>
<tr><td colspan="4">字（地址4）</td><td>4</td></tr>
<tr><td colspan="2">半字（地址10）</td><td colspan="2">半字（地址 8）</td><td>8</td></tr>
<tr><td>字节（地址15）</td><td>字节（地址14）</td><td colspan="2">半字（地址12）</td><td>12</td></tr>
<tr><td>字节（地址19）</td><td>字节（地址18）</td><td>字节（地址17）</td><td>字节（地址16）</td><td>16</td></tr>
<tr><td colspan="2">半字（地址22）</td><td>字节（地址21）</td><td>字节（地址20）</td><td>20</td></tr>
<tr><td colspan="4">双字1（地址24）</td><td>24</td></tr>
<tr><td colspan="4">双字1</td><td>28</td></tr>
<tr><td colspan="4">双字2（地址32）</td><td>32</td></tr>
<tr><td colspan="4">双字2</td><td>36</td></tr>
</table>

图 2-4　在字长为 32 位的计算机中数据按对准边界方式的存储示例

从图 2-4 中可以看出，存储器的字长为 32 位。在访问存储器中的数据时，可按字、半字、字节或双字的方式进行。在对准边界的 32 位字长的计算机中，字地址应为 4 的整数倍，半字地址为 2 的整数倍，双字地址为 8 的整数倍。也就是说，用二进制数表示地址时，半字地址的最低位恒为 0，字地址的最低两位恒为 0，双字地址的最低 3 位恒为 0。当存储的数据不能满足该要求时，则填充一个或多个空字节。

在计算机中，多字节数据都被存储在连续的字节序列中。根据数据中各字节在连续字节序列中的排列顺序的不同，可有两种排列方式：大端（Big Endian）和小端（Little Endian）。例如，存储十六进制数 01 23 45 67H 时，两种方式的排列如图 2-5 所示。

		0800H	0801H	0802H	0803H	
大端方式	…	01H	23H	45H	67H	…

		0800H	0801H	0802H	0803H	
小端方式	…	67H	45H	23H	01H	…

图 2-5　大端方式和小端方式的排列（以存储十六进制数 01 23 45 67H 为例）

大端方式将数据的最高有效字节 MSB 存储在低地址单元中，将最低有效字节 LSB 存储在高地址单元中，即数据的地址就是 MSB 所在的地址。IBM 360/370、68000、MIPS 等都采用大端方式。

小端方式将数据的最高有效字节 MSB 存储在高地址单元中，将最低有效字节 LSB 存储在低地址单元中，即数据的地址就是 LSB 所在的地址。Intel x86、DEC VAX 等都采用小端方式。

有些处理器，如 ARM 和 PowerPC，能够以任意一种方式运行，只要在芯片加电启动时选择大端方式或小端方式即可。每个计算机内部的数据排列顺序都是一致的，但在不同计算机之间进行通信时可能会发生问题。在排列顺序不同的计算机之间进行数据通信时，需要进行顺序转换，网络应用程序员必须遵守字节顺序的有关规则，以确保发送端将其内部的字节顺序转换为网络标准，而接收端则将网络标准转换为其内部的字节顺序。

此外，像音频、视频和图像等文件格式或处理程序也都涉及字节顺序问题，如 GIF、PC Paintbrush、Microsoft RTF 等采用小端方式，Adobe Photoshop、JPEG、MacPaint 等采用大端方式。

了解字节顺序的好处是可以调试底层机器级代码时清楚每个数据的字节顺序，以便将一个机器数正确转换为真值。

2.1.5　数据校验码的编码与译码

在计算机中，要求数据的存取、传输过程中的正确性。一方面可以通过硬件电路的可靠性来保证这一点；另一方面还可以对传输的数据进行校验，以便发现和纠正数据在存取、传输过程中产生的错误。

目前的校验方法基本上都基于冗余校验的思想，即在有效数据之外，再扩充几位（冗余位）作为检验位，按照某种规则将数据位和校验位组合为新的码字后再进行存取和传输。如果所约定的规则未被破坏，表明数据没有错误；否则就表明数据发生了错误。检查有无错误的功能称为检错功能；根据被破坏后的某些特征判断出是哪一位出错，再进行修正，这种功能称为纠错功能。

为了判断各种校验码的检错、纠错能力，提出了码距的概念。在实际中，常将若干位二进制数组成的一个字称为码字，将包含若干种码字的集合称为码制。在一种码制中将其中任意两个码字逐位进行比较，这两个码字各对应的位中数值不同的位数就可看成这两个码字之间的“距离”。在一种码制中任意两个码字之间的“距离”可能不同，将一种码制中各码字间的最小距离定义为这种码制的码距。

例如，在8421 BCD码制中，码字6（0110）和码字7（0111）的“距离”为1，因为这两个码字之间只有1位数字不同；而码字8（1000）和码字7（0111）的“距离”为4。根据码距的定义可知，8421 BCD码制的码距为1。

在实际中，码距为1的码制是无法检错和纠错的。例如，当8421 BCD码制中的一个码字为0111时，就无法判断该码字的值是7，还是6的最低位出错（0变成1）后的值。在码字中加入校验位之后就会使码制中总的位数增多，这样其码距加大了，也就同时增加了码制的检错和纠错能力。下面，介绍计算机中常用的奇偶校验码、循环冗余校验码和海明校验码三种编码方法。

1. 奇偶校验码

奇偶校验码是一种开销最小，并且能发现数据中1位数据出错或奇数位数据出错的情况，常用于存储器的读/写检查，或ASCII码字符传输过程中的检查。奇偶校验码的实现原理是：在每个码字中增加一个冗余位，使码距由1增加到2：如果码字中有奇数个位发生了错误，则这个码字就将成为非法码字。增加的冗余位称为奇偶校验位，实现的具体方法是：使每个码字（包括校验位）中1的个数为奇数或偶数，前者称为奇校验，后者称为偶校验。

（1）奇偶校验码的编码方法。设有效数据代码为 $D_7D_6D_5D_4D_3D_2D_1D_0$，校验位为 P，则奇校验位的定义为：

$$P_{奇}=\overline{D_7 \oplus D_6 \oplus D_5 \oplus D_4 \oplus D_3 \oplus D_2 \oplus D_1 \oplus D_0}$$

偶校验位的定义为：

$$P_{偶}=D_7 \oplus D_6 \oplus D_5 \oplus D_4 \oplus D_3 \oplus D_2 \oplus D_1 \oplus D_0$$

（2）奇偶校验码的译码方法。奇偶校验码的译码方法如下：

奇校验的译码：

$$P_{奇校}=\overline{D_7 \oplus D_6 \oplus D_5 \oplus D_4 \oplus D_3 \oplus D_2 \oplus D_1 \oplus D_0 P_{奇}}$$

偶校验的译码为：

$$P_{偶校}=D_7 \oplus D_6 \oplus D_5 \oplus D_4 \oplus D_3 \oplus D_2 \oplus D_1 \oplus D_0 \oplus P_{偶}$$

若 $P_{奇校}$和 $P_{偶校}$为0，则表示没有错误；若 $P_{奇校}$和 $P_{偶校}$为1，则表示有错误。奇偶校验码只能发现1位数据出错或奇数位数据出错，但不能确定是哪一位数据出错，因此无纠错能力，也不能发现偶数位数据出错。由于在计算机通信中，2位数据出错的概率要远远低于1位出错的概率，因而奇偶校验码仍是一种增加设备不多、成本低廉的检错方法。

例 2.5 求下列数据代码的奇校验编码和偶校验编码（设校验位放在最低位）。

① 11001110；② 10101010；③ 00000000；④ 11111111。

解：

① 奇校验编码为110011100，偶校验编码为110011101。

② 奇校验编码为 101010101，偶校验编码为 101010100。

③ 奇校验编码为 000000001，偶校验编码为 000000000。

④ 奇校验编码为 111111111，偶校验编码为 111111110。

（3）奇偶校验码的编码与译码电路。为了快速地进行奇（偶）校验编码的写入与读出后的奇（偶）校验译码，通常采用并行奇偶统计方法，其逻辑电路可由若干异或门构成，如图 2-6 所示。这种塔形结构同时给出了奇形成、奇校错、偶形成、偶校错。如果选择偶校验，则可取消奇形成、奇校错两个信号。现以偶校验为例说明编码和译码过程。

① 编码电路。编码是指在写入时配置校验位，当将 8 位代码 D_7～D_0 写入主存时，将它们送往偶校验逻辑电路。

若 D_7～D_0 中有偶数个 1，则 $D_7 \oplus D_6 \oplus D_5 \oplus D_4 \oplus D_3 \oplus D_2 \oplus D_1 \oplus D_0=0$，即偶形成=0。

若 D_7～D_0 中有奇数个 1，则 $D_7 \oplus D_6 \oplus D_5 \oplus D_4 \oplus D_3 \oplus D_2 \oplus D_1 \oplus D_0=1$，即偶形成=1。

将 D_7～D_0 和偶形成一同写入主存。

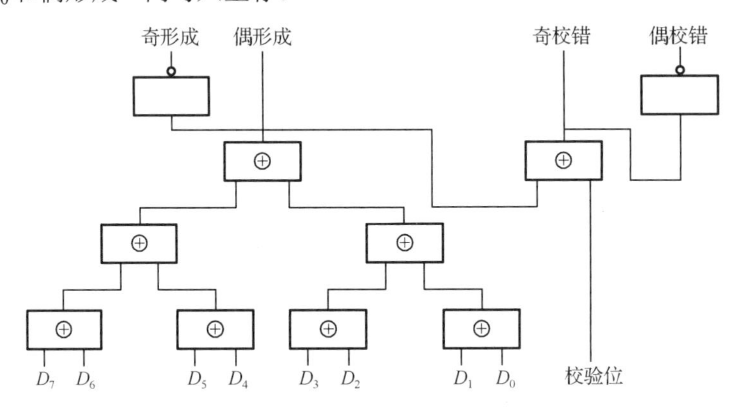

图 2-6　奇偶校验逻辑电路

② 译码电路。译码是指在读出时进行校验，将读出的 8 位代码与 1 位校验位同时送入偶校验逻辑电路，若偶校错为 0 则表明数据正确，若偶校错为 1 则表明数据有错。因此，偶校错就是检错信息。

奇偶校验是一种编码校验，在主存中是以字节（字）为单位进行的，基本上依靠硬件实现。除此之外，还可通过软件实现累加和校验，即在写入一个数据块或程序段时，边写入边累加，最后将累加和也写入主存。如果需要写入后复查，或者在调用该数据块或程序段前先检查数据是否出错，则可以通过检查累加和实现校验。在运行程序的过程中，数据可能被修改，累加和关系也将被更改，因此，累加和校验只能应用于有限场合。

2．循环冗余校验码

目前，循环冗余校验（Cyclic Redundancy Check，CRC）码是在磁表面存储器和串行通信中应用最广泛的一种校验方法。由于这种校验方法需要增加的冗余位较多，因此其码距较大，不仅能够检测传输数据的对错，还具备一定的纠错能力。

（1）CRC 码的编码方法。待编码的数据既可以是一串代码、表示数值大小的数字、字符编码，也可以是其他性质的代码。定义待编码的数据为 $C(x)$（也称为被除数），将约定的生成多项式 $G(x)$作为除数，所产生的余数 $R(x)$相当于冗余校验位，这样，所得到的校验位数要比除数少 1 位。

CRC 码的编码方式是在 k 位数据位之后增加 r 位校验位，其编码格式如图 2-7 所示。

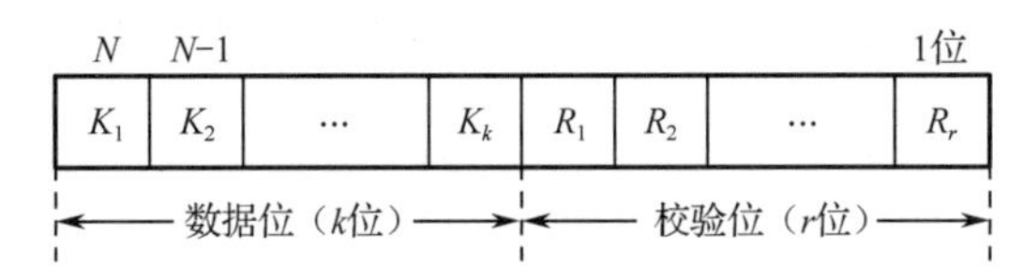

图 2-7　CRC 码的编码格式

注意，在编码过程中的算术运算都是按位运算（也称为模 2 运算）的，不用考虑进位和借位关系，其逻辑上用异或门实现，即：

$$0\pm0=0，0\pm1=1，1\pm0=1，1\pm1=0$$

CRC 码的编码过程如下：

① 将表达式 $C(x)$左移 r 位（即 $C(x)\times2^r$），目的是空出 r 位，以便填入后面求得的 r 位余数。

② 选取一个 r+1 位的生成多项式 $G(x)$作为除数，对 $C(x).2^r$ 进行模 2 除（位运算除法），这样会产生 r 位余数，其中，$Q(x)$为商的整数，$R(x)$为余数。

$$C(x)\cdot2^r/G(x)=Q(x)+R(x)/G(x)$$

③ 将上式两边同乘以生成多项式 $G(x)$，可得：

$$C(x)\cdot2^r=Q(x)\cdot G(x)+R(x)$$

再将上式等号两端同减去 $R(x)$，可得：

$$C(x)\cdot2^r-R(x)=Q(x)\cdot G(x)$$

④ CRC 码中采用的是按位运算，加法运算和减法运算的结果相同，可将上式写成：

$$C(x)\cdot2^r+R(x)=Q(x)\cdot G(x)$$

上式左边就是 CRC 码的编码，其中 $R(x)$就是新增加的校验位（r 位），等式右边是 $G(x)$的倍数。

例 2.6　已知生成多项式为 $G(x)$=1011，待编码的数据 $C(x)$为 1001，求 $C(x)$的 CRC 码。

解：按 CRC 码的编码规则，需要增加的冗余位为 r 位，即生成多项式 $G(x)$的位数减 1 位，故需将 $C(x)$左移 3 位。

$$C(x)\times2^r=1001\times2^3=1001000$$

在 $C(x)\times2^r$ 除以 $G(x)$的过程中，不考虑借位关系，只要被除数与除数高位相同且位数也相同，商就为 1。模 2 除法的运算过程如图 2-8 所示。

```
          1010
     ┌─────────
1011 │ 1001000
       1011
       ────
        1000
        1011
        ────
         110 -------- 无法除尽，得余数
```

图 2-8　模 2 除法的运算过程

得到的余数 $R(x)$=110，于是：

$$C(x)\cdot2^r+R(x)=1001000+110=1001110$$

即 CRC 码为 1001110。

（2）CRC 码的译码与纠错。将收到的 CRC 码用约定的生成多项式 $G(x)$去除，如果码字无误则余数为全 0，如果某一位出错则余数不会为全 0。不同的出错位对应的余数也不同，余数代码与出错位序号之间有唯一的对应关系，因此可通过余数推测出错位，反之亦然。

（7,4）码的出错模式（$G(x)$= 1011）如表 2-3 所示，即余数与出错位之间存在严格的对应

关系。更换不同待测码字可以证明，出错模式只与码制和生成多项式有关，与码字无关，对于具有 7 位 CRC 码、4 位生成多项式的（7,4）码，表 2-3 具有通用性，可作为（7,4）码的出错判断依据。当然，对于其他码制或选用其他生成多项式，出错模式可能不同。

表 2-3 （7,4）码的出错模式（$G(x)$= 1011）

	D_7	D_6	D_5	D_4	D_3	D_2	D_1	余 数	出 错 位
正确的码字	1	1	0	0	0	1	0	0 0 0	无
只有 1 位出错的码字	1	1	0	0	0	1	$\underline{1}$	0 0 1	7
	1	1	0	0	0	$\underline{0}$	0	0 1 0	6
	1	1	0	0	$\underline{1}$	1	0	1 0 0	5
	1	1	0	$\underline{1}$	0	1	0	0 1 1	4
	1	1	$\underline{1}$	0	0	1	0	1 1 0	3
	1	$\underline{0}$	0	0	0	1	0	1 1 1	2
	$\underline{0}$	1	0	0	0	1	0	1 0 1	1

表 2-3 中列举了正确的码字和只有 1 位出错的码字，第一种是正确的码字，除以 1011 后所得的余数为 000；对于只有 1 位出错的码字，对应余数不为全 0，且与出错位一一对应。深入研究可发现一个有实用价值的规律：如果只有 1 位出错，则除以 $G(x)$后能得到一个不为全 0 的余数；如果对该余数低位补 0 后继续除以 $G(x)$，再次得到的余数将按表 2-3 中的顺序依次出现。

例如，假设 D_i 位出错（从 0 变成了 1），此时计算得到的余数是 001。若在 001 之后补 0，继续除以 $G(x)$，又得到余数 010（对应到 D_2 出错）。继续进行下去，后续余数将依次为 100、011、110、111、101。经过 7 次循环操作后，所得的余数会再次成为 001，意味着余数已经循环出现。这就是循环冗余校验中“循环”一词的由来。

（3）生成多项式的选取。并不是任何一个多项式都可以作为生成多项式，从检错和纠错的要求出发，生成多项式应能满足下列要求：

① 任何一位发生错误时，都应该使余数不为 0。

② 不同的位发生错误时，应当使余数各不相同。

③ 余数继续进行模 2 除法，应使余数循环。

对使用者来说，可从有关资料上查到不同码制的可选生成多项式。计算机和通信系统中广泛使用了一些标准的生成多项式，典型的有国际电信联盟（ITU）推荐的 CRC-4（$G(x)=x^4+x+1$），国际电报电话咨询委员会（CCITT）推荐的 CRC-8（$G(x)= x^{16}+ x^{15} +x^2+1$）和 CRC-16（$G(x)= x^{16}+ x^{12}+ x^5+1$），以及电气电子工程师学会（IEEE）推荐的 CRC-32（$G(x)= x^{32}+ x^{26}+ x^{23}+ x^{22}+ x^{16}+ x^{12}+ x^{11}+ x^{10}+ x^8+ x^7+ x^5+ x^4+ x^2+ x +1$）等。

3. 海明校验码

奇偶校验码无法发现两位出错的情况，它只能发现一位出错的情况，并且不知道是哪位出错，也就是说，它无法纠错。对一组数据使用多重奇偶校验，便有可能发现是哪一位出错。海明校验码实际上就是使用了多重奇偶校验的方法。海明校验码是由贝尔实验室的 Richard Hamming 于 1950 年提出的，目前广泛应用于主存的检错与纠错中。其实现原理是在数据中加入多个校验位，并把数据的每一个二进制位分配在几个奇偶校验码中。当某一位出错时就会引起有关的几个奇偶校验码的值发生变化，这不但能发现出错，还能发现是哪一位出错，为自动纠错提供了依据。

假设校验位的位数为 r，则它能表示 2^r 个信息，用其中一个信息表示没有错误，其余的 2^r-1 个信息表示错误发生在哪一位。但错误也可能发生在校验位，因此只有 $k=2^r-1-r$ 个信息能用于纠正数据的错误，也就是能够检 1 位错并纠 1 位错。这样，检 1 位错并纠 1 位错需要满足如下关系：

$$2^r \geqslant k+r+1$$

式中，k 表示数据的位数，r 表示需要增加校验位的位数。

例如，当 $k=4$ 时，由 $2^r \geqslant k+r+1$ 可知 $r=3$，也就是至少需要 3 位校验位才能检 1 位错并纠 1 位错。

如果要求在检 1 位错且纠 1 位错的基础上，能同时检 2 位错并纠 1 位错，则此时应该在前面介绍的条件下再增加 1 位总校验位，专门用于区分是 1 位出错还是 2 位出错。此时校验位的位数 r 和数据的位数 k 应满足如下关系：

$$2^{r-1} \geqslant k+r$$

这样，如果需要发现 2 位出错并自动纠正 1 位出错，则通过上式可计算出数据的位数 k 与校验位的位数 r 的对应关系，如表 2-4 所示。

表 2-4　数据的位数 k 与校验位的位数 r 的对应关系

k 值	最小的 r 值	k 值	最小的 r 值
1～4	4	5～11	5
12～26	6	27～57	7
58～120	8	—	—

（1）海明校验码的编码。海明校验码的编码规则如下：

① 海明校验码的位数=数据的位数+校验位位的数。首先，要确定海明校验码的位数排列顺序。假如海明校验码的最高位号为 m，最低位号为 1，其排列为 $H_m\ H_{m-1}\cdots H_2\ H_1$，则此校验位的位数与数据的位数之和为 m。

② 检验位 P_i 在海明校验码中的位置为 2^{i-1}，将增添的各检验位的位置写出来，再按序填入数据位 K_i。

③ 写出 P_i 与数据位的对应关系，进而求出 P_i 值。海明校验码的每一位 H_i（包括数据位和校验位）是由多个校验位组合校验的，其关系是被校验的每一位的位号要等于校验该位的各校验位的位号之和。这样安排的目的是令校验的结果能正确反映出错位的位号。

④ 将 P_i 填入海明校验码相关位。至此，海明校验码的编码就完成了。

下面介绍能够检 2 位错并纠正 1 位错的海明校验码编码的具体过程。假设，数据为 1 字节，即由 8 个二进制位 $D_8\ D_7\ D_6\ D_5\ D_4\ D_3\ D_2\ P_3\ D_1$ 组成。此时 k 为 8，由表 2-4 可知校验位的位数 r 最小应为 5，故海明校验码的总位数为 13，其按序排列可表示为：

$$H_{13}\ H_{12}\ H_{11}\ H_{10}\ H_9\ H_8\ H_7\ H_6\ H_5\ H_4\ H_3\ H_2\ H_1$$

5 个校验位 P_5～P_1 分别对应海明校验码的 H_{13}、H_8、H_4、H_2、H_1。P_5 只能放在 H_{13} 上，因为它已经是海明校验码的最高位了，其他 4 位 P_i 按 2^{r-1} 计算。其余为数据位 D_i，其排列关系如下：

$$P_5\, D_8\, D_7\, D_6\, D_5\, P_4\, D_4\, D_3\, D_2\, P_3\, D_1\, P_2\, P_1$$

海明校验码的位号和校验位位号的关系如表 2-5 所示。

由表 2-5 可知，数据位 D_1（H_3）由校验位 P_1 和 P_2 校验，D_1 的海明校验码位号为 3，而 P_1 和 P_2 的海明校验码位号分别为 1 和 2，满足 3=1+2 的关系；数据位 D_2（H_5）由校验位 P_1（H_1）和 P_3（H_4）校验；数据位 D_7（H_{11}）由校验位 P_1（H_1）、P_2（H_2）和 P_4（H_8）三个校验位校验等。

表 2-5　海明校验码的位号和校验位位号的关系

海明校验码位号	数据位或校验位	参与校验的校验位位号	海明校验码位号=参与校验的校验位位号之和
H_1	P_1	1	1=1
H_2	P_2	2	2=2
H_3	D_1	1、2	3=1+2
H_4	P_3	4	4=4
H_5	D_2	1、4	5=1+4
H_6	D_3	2、4	6=2+4
H_7	D_4	1、2、4	7=1+2+4
H_8	P_4	8	8=8
H_9	D_5	1、8	9=1+8
H_{10}	D_6	2、8	10=2+8
H_{11}	D_7	1、2、8	11=1+2+8
H_{12}	D_8	4、8	12=4+8
H_{13}	P_5	13	13=13

从表 2-5 中可以进一步找出 P_1、P_2、P_3、P_4 分别与哪些数据位有关。例如，P_1 参与数据位 D_1、D_2、D_4、D_5 和 D_7 的校验，P_2 参与 D_1、D_3、D_4、D_6 和 D_7 的校验等。由此关系就可以进一步求出由各有关数据位形成 P_i 值的偶校验结果，即：

$$P_1= D_1 \oplus D_2 \oplus D_4 \oplus D_5 \oplus D_7$$

$$P_2= D_1 \oplus D_3 \oplus D_4 \oplus D_6 \oplus D_7$$

$$P_3= D_2 \oplus D_3 \oplus D_4 \oplus D_8$$

$$P_4= D_5 \oplus D_6 \oplus D_7 \oplus D_8$$

总校验位 P_5 的作用是区别 2 位出错还是 1 位出错，其值为：

$$P_5= D_1 \oplus D_2 \oplus D_3 \oplus D_4 \oplus D_5 \oplus D_6 \oplus D_7 \oplus D_8 \oplus P_4 \oplus P_3 \oplus P_2 \oplus P_1$$

每一位数据都至少出现在 3 个 P_i 值的形成关系式中，当任意一位数据发生变化时，必然会引起 3 个或 4 个 P_i 值的变化，因此该海明校验码的码距为 4。

（2）海明校验码的译码。假设海明校验码的编码（检 2 位错并纠 1 位错）如前文介绍，那么海明校验码的查错和纠错首先需要通过计算获得校验结果值 S_i。例如，同样采用偶校验，获得的校验结果值 S_i 为：

$$S_1 = P_1 \oplus D_1 \oplus D_2 \oplus D_4 \oplus D_5 \oplus D_7$$

$$S_2 = P_2 \oplus D_1 \oplus D_3 \oplus D_4 \oplus D_6 \oplus D_7$$

$$S_3 = P_3 \oplus D_2 \oplus D_3 \oplus D_4 \oplus D_8$$

$$S_4 = P_4 \oplus D_5 \oplus D_6 \oplus D_7 \oplus D_8$$

$$S_5 = P_5 \oplus P_4 \oplus P_3 \oplus P_2 \oplus P_1 \oplus D_1 \oplus D_2 \oplus D_3 \oplus D_4 \oplus D_5 \oplus D_6 \oplus D_7 \oplus D_8$$

计算出的校验结果值 $S_5S_4S_3S_2S_1$ 能反映 13 位海明校验码的出错情况。海明校验码的校验结果值 S_i 的说明如下：

① 当海明校验码没出错时，S_5 为 0 且 $S_4S_3S_2S_1$ 为全 0。

② 若 S_5 为 0 且 $S_4S_3S_2S_1$ 不为全 0，则可以肯定有偶数位海明校验码出错，一般认为有 2 位出错，因为 2 位出错的概率要比其他情况大得多。

③ 当有 1 位出错时，S_5 为 1 且 $S_4S_3S_2S_1$ 不全为 0，此时 $S_4S_3S_2S_1$ 的二进制数对应的十进制数就是海明校验码出错的位号，直接将出错位的数值取反即可实现纠错。

综上所述可知，海明校验码具有检 2 位错和纠 1 位错的能力。

例如，在具有能够检 2 位错和纠 1 位错的 13 位海明校验码中，其有效数据为十进制数 12，则在海明校验码在传输过程中第 11 位（H_{11}）发生了错误。其编码和译码过程如下：

① 将 12 转换成 8 位二进制数，即 $D_8D_7D_6D_5D_4D_3D_2D_1$=00001100。

② 根据校验结果值计算公式可以得到各校验位的值，其结果为 $P_5P_4P_3P_2P_1$=00001。

③ 按照 $P_5D_8D_7D_6D_5P_4D_4D_3D_2P_3D_1P_2P_1$ 排列，发送的海明校验码为 0000001100001。

④ 如果接收到的海明校验码变为 0010001100001，则计算出 $S_5S_4S_3S_2S_1$=11011。S_5=1，表示 1 位出错；$S_4S_3S_2S_1$=1011，表示海明校验码的第 11 位（D_7）发生了错误，只要将出错位的数值取反即可实现纠错。

2.2　定点数的表示和运算

2.2.1　定点数的表示

在计算机中，小数点位置固定不变的数称为定点数，定点数包括定点整数和定点小数。在实际中，数值往往包含整数和小数两部分。在计算机中是不能直接显示小数点的，通常采用隐含的方式规定小数点的位置。根据数值小数点的位置是否固定，可分为定点数和浮点数两种形式。在计算机进行数值的表示和运算过程中，经常要用到数值范围和数据精度两个概念。

1．定点整数

定点整数将小数点的位置隐含在最低位之后，最高位为符号位。*n* 位定点整数的格式如图 2-9（a）所示。

n 位定点整数的典型值的真值和二进制代码如表 2-6 所示。

表 2-6　*n* 位定点整数的典型值的真值和二进制代码

典　型　值	典型值的真值	二进制代码
最小非零正数	1	00…01
最大正数	$2^{(n-1)}-1$	01…11
绝对值最小负数	−1	11…11
绝对值最大负数	$-2^{(n-1)}$	10…00

由表 2-6 可知，n 位定点整数的表示范围是$-2^{(n-1)}$～$2^{(n-1)}-1$，定点整数的分辨率为 1。例如，8 位有符号定点整数的数值范围是-128～127。

2. 定点小数

定点小数将小数点隐含固定在符号位和最高数值位之间，n 位定点小数的格式如图 2-9（b）所示。

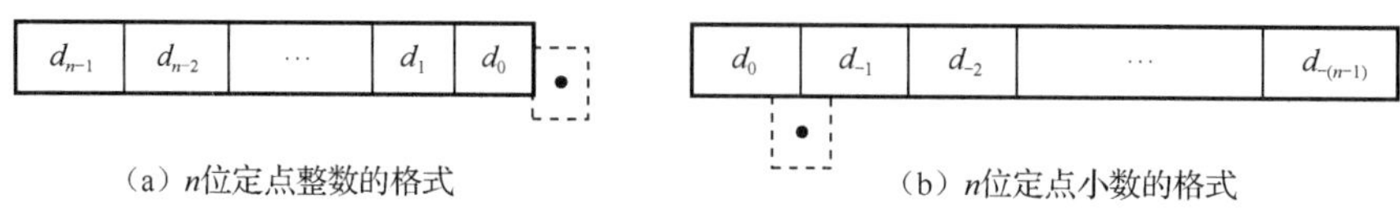

图 2-9　n 位定点整数和定点小数的格式

n 位定点小数的典型值的真值和二进制代码如表 2-7 所示。

表 2-7　n 位定点小数的典型值和二进制代码

典　型　值	典型值的真值	二进制代码
最小非零正数	$2^{-(n-1)}$	00…01
最大正数	$1-2^{-(n-1)}$	01…11
绝对值最大负数	-1	00…00
绝对值最小负数	$-2^{-(n-1)}$	11…11

由表 2-7 可知，n 位定点小数的表示范围是-1～$1-2^{-(n-1)}$，分辨率为 $2^{-(n-1)}$。例如，8 位有符号定点小数的数值范围是 127/128～-1。

2.2.2　定点数的运算

在计算机中，各种复杂的运算处理都可以根据算法分解为四则运算或者基本的逻辑运算，而四则运算最终都可以分解为加法和移位运算。

1. 定点数的加、减法运算

在计算机中，如果采用原码的形式进行加、减法运算，则符号位需要由单独的逻辑部件来处理，所以通常将定点数转换成补码的形式后再进行加、减法运算。其优点是：符号位和数值位一起参加运算；只要结果不超出计算机所能表示的数值范围（即溢出），就可以得到正确的运算结果；另外，采用补码形式可以将减法运算转化为加法运算，这样就可以简化计算机内部硬件电路的结构。

定点数加、减法运算的基本规则如下：

（1）参与运算的操作数采用补码形式，符号位作为数的一部分直接参与运算，所得运算结果也采用补码形式。

（2）若进行加法运算，则两数直接相加；若进行减法运算，则将减数求补后（求机器负数）再与被减数相加。补码形式的定点数加、减法运算的基本关系为：

$$[X+Y]_{补}=[X]_{补}+[Y]_{补}，[X-Y]_{补}=[X]_{补}+[-Y]_{补}$$

其中，$[-Y]_{补}$是$[Y]_{补}$的机器负数。由$[Y]_{补}$求$[-Y]_{补}$称为求补，即将$[Y]_{补}$连同符号位一起取反加 1（不论$[Y]_{补}$本身是正数还是为负数）。下面举例来验证上述关系式。

例 2.7　设机器数共 8 位，其中包含 1 位符号位。$X=-44$，$Y=53$，采用补码形式求 $X+Y$。

解：

$$
\begin{array}{rl}
[X]_{补}= & 11010100 \\
+\,[Y]_{补}= & 00110101 \\
\hline
[X+Y]_{补}=1 & 00001001
\end{array}
$$

（最高位的 1：已超出模值，丢掉）

上式和的真值为+0001001，即 $X+Y=9$。

2. 溢出判断、移位操作和舍入处理

在计算机中，运算的基本操作还包括溢出判断、移位操作和舍入处理。

（1）溢出判断的方法。定点数的数值范围有限，如果运算结果超出数值范围则称为溢出。运算结果大于定点数的最大值称为正向溢出，运算结果小于定点数的最小值称为负向溢出。溢出判断的方法有单符号位判断方法和双符号位判断方法。

① 单符号位判断方法。当任意两个有符号数相加时，如果最高数值位的进位 C_f 与符号位进位 C_s 同时都产生进位或者都没有产生进位时，则该运算就没有产生溢出，否则就产生了溢出。具体的判断电路可采用异或门来实现。

例 2.8　设两个数的位数 $n=8$，$X=120$，$Y=10$，求 $X+Y$。

解：

$$
\begin{array}{rll}
[X]_{补}= & 0 & 1111000 \\
+\,[Y]_{补}= & 0 & 0001010 \\
\hline
[X+Y]_{补}= & 1 & 0000010
\end{array}
$$

运算后最高数值位有进位，即 $C_f=1$，而符号位进位 C_s 没有产生进位，即 $C_s=0$，这就表示产生了溢出。这是由于运算结果已经超出了该 8 位字长所能表示的数值范围（+127～−128），因此所得结果不正确。

② 双符号位判断方法。采用一个符号位只能表明正、负两种情况，当产生溢出时会使符号位产生混乱。若将符号位用两位表示，这样就可以很容易地通过符号位来判明是否有溢出产生以及运算结果的符号位。双符号位判断方法也称为变形补码判断方法，该方法用两个符号位表示一个数的符号，左边最高位为第 1 个符号位 S_{f1}，相邻的为第 2 个符号位 S_{f2}。现定义双符号位的含义为：00 表示正号、01 表示产生正向溢出、11 表示负号、10 表示产生了负向溢出。采用双符号位后，可以通过逻辑表示式来判断是否产生了溢出。令 $OVR=S_{f1}\oplus S_{f2}$，若 OVR=0 则表示运算结果没有溢出，若 OVR=1 则表示产生了溢出。如果运算结果的双符号位相同就表示没有溢出发生，如运算结果的双符号位不同则表示产生了溢出。第 1 个符号位是运算结果的真正符号位，第 2 个符号位则表示溢出的具体情况。

注意：存储在寄存器或存储器中的操作数只需要 1 个符号位，在运算部件（ALU）中会自动生成 2 个符号位来参加运算操作，运算结果在寄存器或存储器中又会变为 1 个符号位。如果在运算过程中产生了溢出，则会在 CPU 内部相关的寄存器中生成溢出标志或者产生溢出中断。

例 2.9　假设 $X=0.1011$，$Y=0.0111$，要求采用双符号位来求 $X+Y$。

解：

$$
\begin{array}{rl}
[X]_{补}=00 & 1011 \\
+\;[Y]_{补}=00 & 0111 \\
\hline
[X+Y]_{补}=01 & 0010
\end{array}
$$

双符号位为 01，表示出现正向溢出。

（2）移位操作。移位是算术运算和逻辑运算中的一种基本操作，几乎所有的计算机指令系统都设置了各种移位操作指令。通常，可将移位分为逻辑移位和算术移位两大类。循环与移位操作如图 2-10 所示。

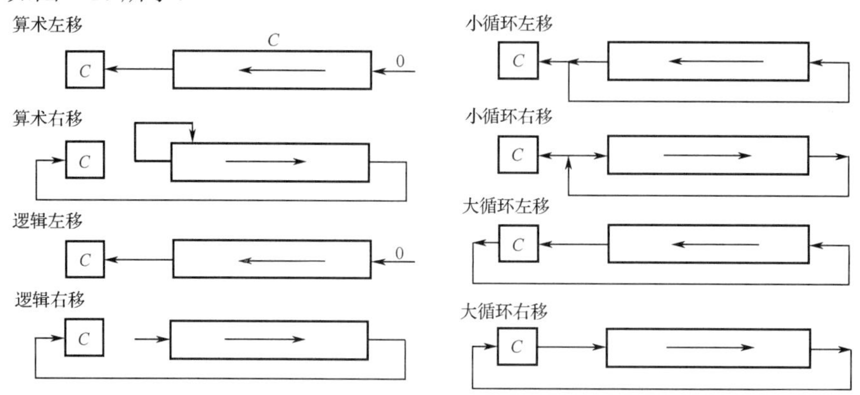

图 2-10　循环与移位操作示意图

① 逻辑移位。在逻辑移位中，将数字代码当成纯粹的逻辑代码，没有数值含义，因此没有符号与数值变化的概念。通过逻辑移位，可进行判别、组装等操作。逻辑移位可分为大循环左移、大循环右移、小循环左移、小循环右移等，可应用在多种场合，如利用逻辑移位实现串/并转换或并/串转换。

② 算术移位。在算术移位中，数字代码具有数值含义，而且大多带有符号位，因此在算术移位中必须保持符号位不变，数值代码的各位有自己的权值，算术移位后的数值将发生变化。例如，算术移位前的二进制数为 x，左移 1 位变为 $2x$，右移 1 位后则变为 $x/2$。利用这一点，可以通过算术移位来计算一个数的 $2^{\pm n}$ 倍。在算术移位中，正数补码和原码的尾数相同，因而它们的移位规则也相同。但是，正、负数补码的算术移位规则是不同的。

（a）正数补码（包括原码）移位规则：符号位不变，数值位空位补 0。

左移：以小数为例，0.0101 左移 1 位成为 0.1010；双符号数 00.1010 左移 1 位成为 01.0100。

右移：0.1010 右移 1 位成为 0.01010，双符号数 01.0100 右移 1 位成为 00.1010。

（b）负数补码移位规则：符号位不变，左移时数值位空位补 0，右移时空位补 1。

左移：1.1011 左移 1 位成为 1.0110，双符号数 11.0110 左移 1 位成为 10.1100。

右移：1.1011 右移 1 位成为 1.1101，双符号数 10.1100 右移 1 位成为 11.0110。

由于负数补码的尾数与正数补码的尾数之间存在差别，因此不难理解上述右移规则，正数高位补 0，而负数高位补 1。在双符号位进行算术移位时，最高符号位是不变的。

（3）舍入处理。对于固定字长的数，右移将舍去低位部分。舍入应该以使本次舍入所造成的误差以及按相同舍入规则产生的累计误差都比较小为原则。下面介绍两种常用的舍入规则。

① 0 舍 1 入法：这种方法类似于十进制数中的四舍五入法。由于二进制数中只有 0 与 1，相应地采取 0 舍 1 入。设舍入前是 n+1 位，舍入后为 n 位，具体舍入规则为：若舍去的数值是 0，则不做修正；若舍去的是 1，则在最低位加 1。

② 末位恒置 1 法：不管舍去的是 1 还是 0，舍去后都要将最后一位数值置为 1。

3. 定点数乘法运算的实现

计算机中的乘法运算可以在 ALU 等硬件的基础上，结合软件编程的方式来实现。目前，速度更快的阵列乘法器是全部由硬件来实现的。

（1）一位原码形式定点数乘法运算的实现方案。假定被乘数 X 和乘数 Y 是用原码表示的小数（下面的讨论同样适用于整数），分别为：

$$[X]_{原}=X_0.X_1X_2\cdots X_n，其中 X_0 为符号位$$

$$[Y]_{原}=Y_0.Y_1Y_2\cdots Y_n，其中 Y_0 为符号位$$

两个原码形式的定点数相乘，其乘积的符号要单独采用异或门电路来实现，其数值部分则为两个定点数绝对值之积，即：

$$[X]_{原}\cdot[Y]_{原}=[X\cdot Y]_{原}=(X_0\oplus Y_0)|(X_1X_2\cdots X_n)\cdot(Y_0.Y_1Y_2\cdots Y_n)$$

式中，符号“｜”表示把符号位和数值连接起来。

为了说明在计算机中是如何实现一位原码形式的定点数乘法运算的，可以与人工计算二进制数乘法进行比较。在人工计算时，首先从乘数末位开始逐次按乘数每位上的值（1 或 0）决定相加数取被乘数的值还是加 0，然后相加数逐次左移 1 位，最后一起求和。

在计算机实现原码形式定点数乘法运算的过程中，使用 3 个寄存器 A、B、C 分别存储部分积、被乘数和乘数，其运算方法在人工计算的基础上也做了以下修改：

① 计算机的一次加法操作只能进行两个数之和的运算，因此每求得一个相加数后就要与上次部分积相加。

② 在进行人工计算时，相加数逐次左移 1 位，这样最后乘积的位数是乘数（或被乘数）位数的 2 倍。如果按照这种方法，则计算机中加法器的位数也需增到 2 倍。但是观察计算过程很容易发现，在求本次部分积时，前一次部分积的最低位不再参与运算，因此可将其右移 1 位，相加数不必左移 1 位，因此用 N 位加法器就可实现两个 N 位数相乘。

③ 当部分积右移时，寄存器 C（存储乘数的寄存器）要与其同时右移 1 位，这样就可以用寄存器 C 的最低位来控制相加数（取被乘数或 0），同时寄存器 C 的最高位可接收部分积右移的 1 位，因此完成乘法运算后，寄存器 A 中存储的是乘积的高位部分，寄存器 C 存储的是乘积的低位部分。

例 2.10 设 X=0.1101，Y=0.1011，采用原码乘法运算求 $X\cdot Y$。

解： 先将 X 和 Y 分别写为双符号位绝对值形式，计算过程如下：

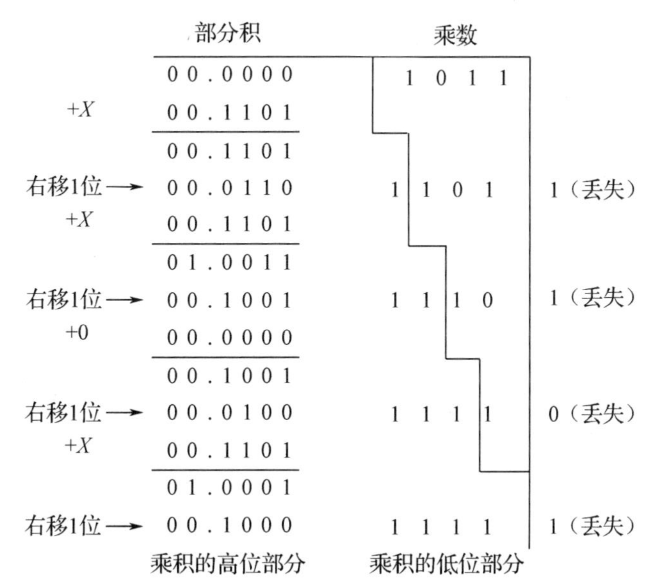

$|X \cdot Y|_{绝对值}$=10001111，符号位 0⊕0=0，所以 $X \cdot Y$=0.10001111。

操作过程具体说明如下：

在开始乘法运算时，寄存器 A 被清 0，作为初始部分积。被乘数存储在寄存器 B 中，乘数存储在寄存器 C 中。实现部分积与被乘数相加是在 ALU 中完成的，部分积最低 1 位的值将右移到寄存器 C 的最高位，使相乘之积的低位部分存储到寄存器 C 中，原来的乘数在逐位右移过程中丢失掉。寄存器 A 最终存储的是乘积的高 n 位，寄存器 C 最终存储的是乘积的低 n 位。

另外，还需要一个计数器 C_d 用来控制逐位相乘的次数，其初值为乘数的位数值，在计算的过程中每完成一位乘法运算就执行一次减 1 操作，待计数到 0 时，给出结束乘法运算的控制信号。一位原码形式定点数乘法运算的控制流程如图 2-11（a）所示，其中数据的 0 位表示符号，共有 n 位数值。一位原码形式定点数乘法运算的逻辑电路框图如图 2-11（b）所示，图中未画出求结果符号的异或门电路。

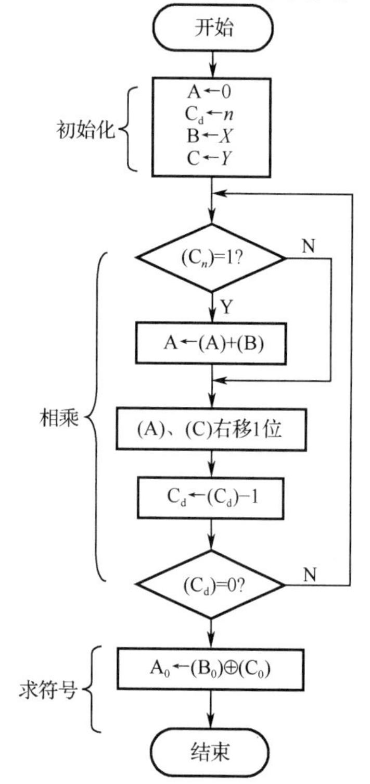

（a）一位原码形式定点数乘法运算的控制流程

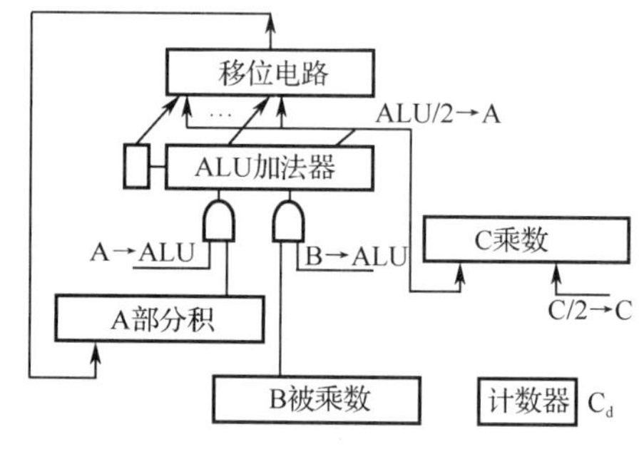

（b）一位原码形式定点数乘法运算的逻辑电路框图

图 2-11　一位原码形式定点数乘法运算的控制流程和逻辑电路框图

（2）一位补码形式定点数乘法运算的实现。在计算机中，经常采用补码的形式来表示数据，这时用原码乘法器进行乘法运算就很不方便。因此，不少计算机采取补码乘法器进行乘法运算。补码乘法是指操作数与结果均以补码的形式来表示，连同符号位一起参与运算。实现补码乘法有校正法和比较法（Booth 法）两种方法。

校正法的过程是先按原码乘法那样直接相乘，最后根据乘数符号进行校正。其算法规则如下：不管被乘数$[X]_{补}$的符号如何，只要乘数$[Y]_{补}$为正，就可以像原码乘法一样进行运算，其结果无须校正。如果乘数$[Y]_{补}$为负，则先按原码乘法运算，最后在结果上加一个校正量$-[X]_{补}$。

另一种方法是将校正法的两种情况结合起来形成的比较法，也称为 Booth 法，该方法避免了区分乘数符号的正负，乘数的符号位也参加了运算。目前广泛采用的就是比较法，下面将详细进行介绍。

一个补码形式的定点数乘法可表示为：

$$[X\cdot Y]_{补}=[X]_{补}[0.Y_1Y_2\cdots Y_n]-[X]_{补}Y_0$$

上面的表示方式概括了校正法的两种情况：如果乘数为正（即符号位 Y_0=0），则将 Y 的尾数乘以被乘数$[X]_{补}$，不需校正；若乘数为负（即 Y_0=1），则$[Y]_{补}$乘以$[Y]_{补}$尾数后，再减$[X]_{补}$进行校正。将上面的表示方式进行展开并整理（推导从略）后，可以得到如下结论：两个补码形式的定点数之积可用多项积之和来实现，每一项中包含用补码表示的乘数相邻两位之差，通过比较相邻两位乘数就可以决定下一步的操作，所以称为比较法。因为在运算过程中，每步还要右移 1 位，所以参与比较的两位始终位于乘数最低两位 Y_n、Y_{n+1}。一位补码形式的定点数乘法运算规则如表 2-8 所示。

表 2-8　一位补码形式的定点数乘法运算规则

Y_n	Y_{n+1}	具 体 操 作
0	0	原部分积右移 1 位（相当于缩小为原来的 1/2）
0	1	原部分积加$[X]_{补}$后再右移 1 位
1	0	原部分积减$[X]_{补}$后再右移 1 位
1	1	原部分积右移 1 位

下面介绍一位补码形式的定点数乘法运算过程，并对其中的要点进行详细说明。

① 在寄存器 A 中存储部分积，初始为 0，采用双符号位。第 1 个符号位表示部分积的正负，以控制右移时补 0 或补 1。在寄存器 B 中存储被乘数 X 的补码，采用双符号位，所以要先求出$[X]_{补}$和$-[X]_{补}$的值。在寄存器 C 存储补码表示的乘数$[Y]_{补}$，采用单符号位，以便控制最后一步的操作，该符号位表示乘数的正负。在 Y 初始时末位新增一个附加位 Y_{n+1}，其初始填 0。

② 用寄存器 C 最低两位 Y_n、Y_{n+1} 做判断位，按表 2-8 所示的规则决定各步的操作。在每步进行加或减后，让寄存器 A 与寄存器 C 同时右移 1 位。注意在右移时，寄存器 A 的第 2 个符号位移入尾数的最高位，第 1 个符号位不变且移入第 2 个符号位，寄存器 A 的最低位移入寄存器 C 高位中，寄存器 C 原来的最低位丢掉。

③ 如乘数有效位（尾数）是 n 位，则进行 n+1 步加法。注意，最后一步不移位，这一步是用来处理符号位的。

根据一位补码形式的定点数乘法原理构成的补码乘法器，其设计方法与原码乘法器的设计类似，即先拟定各种操作所需的控制命令，再据此确定加法器与各寄存器的输入逻辑，这里不再给出逻辑电路框图，读者可参照原码乘法器自行构成补码乘法器。

（3）阵列乘法器。在计算机中进行的乘法运算，可以通过硬件逻辑的多次加法和多次移位来实现。显然，这难以获得较高的运算速度。为了进一步提高运算速度，目前更多的计算机采用类似人工计算的方法，使用一个阵列乘法器完成乘法运算。现以 4 位×4 位无符号阵列乘法器（也称为绝对值阵列乘法器）为例来说明其工作原理。图 2-12（a）示出了 4 位×4 位无符号阵列乘法器的逻辑电路，图中的每个方框均为一个基本运算单元，如图 2-12（b）所示，内部包含 1 个与门和 1 位全加器，其输入端有 X_i、Y_i 和 C_i，输出端为 X_i、Y_i 和 C_{i+1}，其结构功能如图 2-12（b）所示。

为了节约成本，4 位×4 位阵列乘法器的每一行将 4 位乘数划分成一行（组），具体由乘数 Y 的每一位数来控制，用于进行乘法运算的一个步骤。而各行错开形成的每一斜列则由被乘数 X 的每一数位控制，这样只用 4 步即可完成乘法运算（$X=X_3X_2X_1X_0$，$Y=Y_3Y_2Y_1Y_0$）。

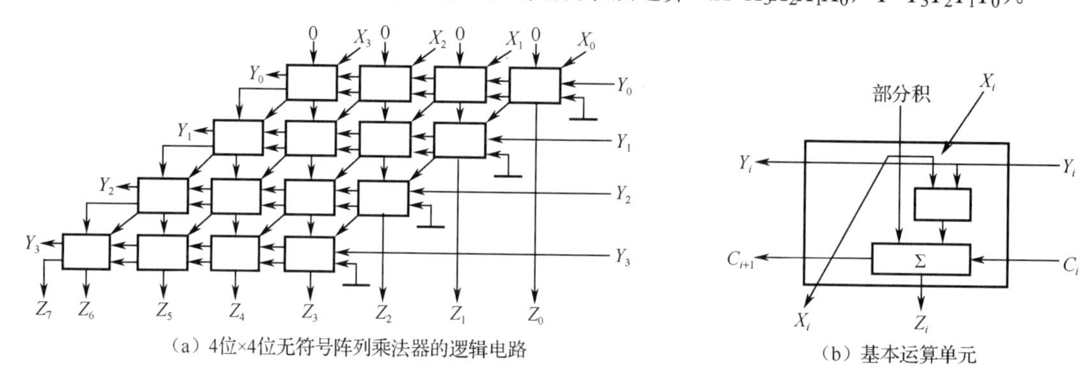

（a）4位×4位无符号阵列乘法器的逻辑电路

（b）基本运算单元

图 2-12　4 位×4 位无符号阵列乘法器的逻辑电路及其结构功能

例 2.11　已知两个无符号的二进制整数 A=1101 和 B=1011，采用无符号阵列乘法器求 AB。

解：

$$
\begin{array}{rl}
1101 & =A(13)_{10} \\
\times\quad 1011 & =B(11)_{10} \\
\hline
1101 & A\times B_0\text{，其中 } B_0 \text{ 为 } B \text{ 的最低位} \\
1101 & A\times B_1 \\
0000 & A\times B_2 \\
1101 & A\times B_3\text{，其中 } B_3 \text{ 为 } B \text{ 的最高位} \\
\hline
10001111 & =A(143)_{10}
\end{array}
$$

另外，在无符号阵列乘法器的基础上，增加 3 个求补码的逻辑电路就可实现有符号阵列乘法器，其基本思想是先将被乘数与乘数求补码后进行绝对值乘法计算，其结果还要求补码，然后根据被乘数与乘数的符号来决定乘积的符号。

4．定点数除法运算的实现

人工计算二进制数除法的关键是判断被除数绝对值与除数绝对值的大小。若被除数小，则商为 0，并把被除数的下一位移下来（若存在）或在余数最低位补 0，再用余数与右移 1 位的除数相比较。若够除，则商为 1，否则商为 0。继续重复上述步骤，直到除尽（即余数为零）或已得到的商的位数满足要求为止。因此，计算机进行除法运算时要解决如下问题：一是比较余数与除数的大小，即判断是否够减；二是符号位的处理。

如何判断够减的一种方法是先用逻辑电路进行比较判别，这种方法不仅增加了硬件，而且速度又慢，因而很少采用。另一种方法是用减法试探，即在减后根据余数与除数的符号比较，判断本次减操作究竟够减还是不够减，这种方法又派生出了恢复余数除法和不恢复余数除法两种方法。

恢复余数除法的处理思想是先减后判，如果减后发现不够减，则商为 0，并加除数，恢复减前的余数。这种方法的操作步数不固定，会给控制时序带来困难，并增加运算时间，因而也很少采用。

不恢复余数除法又称为加减交替除法，其处理思想是先减后判，如果减后发现不够减，则在下一步中改做加除数操作。这种方法的操作步数是固定的，仅与商的位数有关，因此实际中普遍采用这种方法。

在除法运算中处理符号位的方法与乘法运算相似，也分为原码除法和补码除法两类。原码除法是先取绝对值相除（即取原码的尾数），符号位单独处理，同号相除为正、异号相除为负。补码除法是带符号的补码直接相除，但需要确定商值的规则。

除法可以利用常规的双操作数加法器，将除法分解为若干次加、减法与移位来实现，但运算速度较慢。利用阵列除法器可一次求得商和余数，已成为实现快速除法的基本途径。本节主要讨论不恢复余数除法和阵列除法器。

（1）原码形式的定点数不恢复余数除法运算的实现。一位原码形式的定点数不恢复余数除法运算的规则包括：

① 除数不为0。为了不使商溢出，当操作数是定点小数时，被除数绝对值应小于除数绝对值；当操作数是定点整数时，被除数绝对值应大于除数绝对值。

② 原码除法中商的符号等于被除数的符号与除数的符号相异或（由单独的电路完成）。商的值为被除数的绝对值除以除数的绝对值的方式来实现，将商的符号与商的值连接在一起就可得到原码除法的商。

除法运算的实现过程与实现乘法的运算过程类似，在计算机中也需要对人工除法运算做如下变动：首先在计算机中通过左移被除数（后称余数）来替代人工除法运算时右移除数的做法；其次，计算机是在进行减法运算后，通过判断运算结果的符号来确定商值的。由于余数有正、负两种可能，因此需要采用不同的方法来处理。在计算机中，商值是逐步得到的，其过程是先将每一位的商值存储到商寄存器的最低位，再将已求得的部分商左移1位，重复操作，直至完成全部。

在恢复余数除法运算中，若第 i-1 次求商时的余数为 $+r_{i-1}$，本次商为1，下一次求商时采用 $r_i=2r_{i-1}-Y$ 的方法。为了得到2倍的余数，可在运算逻辑电路中把余数左移1位。当 r_i 为负时，第 i 位的商为0，而恢复余数除法的结果是 r_i+Y，但为了统一步骤，在下一次（即第 i+1 次）求商时的减法操作是：

$$r_{i-1}=2(r_i+Y)-Y=2r_i+2Y-Y=2r_i+Y$$

上述公式表明，在某一次求商时，若减得的差值为负，则本次商为0，在下一次求商时，可以不必恢复成正差值，可直接将负差值左移1位（得 $2r_i$）后加上除数的方法来替代。这样在不恢复余数除法中，当某一次减得的差值为负时，不是将它恢复为正差值后再继续运算，而是设法直接用这个负差值直接进行下一次求商，由此可得出不恢复余数除法的运算规则为：

① 当差值为正时，商为1，在下一次求商时，先将正差值左移1位，再减去除数。

② 当差值为负时，商为0，在下一次求商时，先将负差值左移1位，再加上除数。

在不恢复余数除法中，由于在求得本次商的同时，还会影响到下一次求商的方法，可能采用减法或加法，所以这种方法也称为加减交替除法。

例2.12 设 X=0.1011，Y=0.1101，采用原码不恢复余数除法计算 X/Y。

解： $[X]_{补}$=00 1011，$[Y]_{补}$=00 1101，$[-Y]_{补}$=11 0011，X、Y 采用双符号位，商采用单符号位，除法运算过程如下：

被除数	商		说明
001011	0 0 0 0 0		开始情形
+ 110011		−Y	
111110	0 0 0 0 0		不够减，商为0
111100	0 0 0 0 0		余数、商左移1位
+ 001101		+Y	
001001	0 0 0 0 1		够减，商为1
010010	0 0 0 1 0		余数、商左移1位
+ 110011		−Y	
000101	0 0 0 1 1		够减，商为1
001010	0 0 1 1 0		余数、商左移1位
+ 110011		−Y	
111101	0 0 1 1 0		不够减，商为0
111010	0 1 1 0 0		余数、商左移1位
+ 001101			
000111	0 1 1 0 1		够减，商为1

运算结果为1101，符号位为两个操作数符号的异或，值为0；余数为正，值为0111；最后结果为$+0.1101+0.0111\times2^{-4}$。

上述运算过程的说明如下：

① 寄存器A开始存储的是被除数的绝对值，以后将存储各次运算后的余数。被除数采用双符号位，在左移1位时有效数位有可能需暂时存储在第2个符号位；而第1个符号位表示正负值，用来判断是否够减，从而决定商。寄存器B存储的是除数的绝对值，采用双符号位，由于有±B两种操作，要将−B值也写出。寄存器C最终用来存储商的绝对值，采用单符号位。寄存器C初始设置为0，在运算过程中，商值由寄存器C的最低位置入。

② 上面的操作是将被除数X看成初始余数r，在$X<Y$的前提下，第一步操作为$2r-Y$。注意，减法运算是采用补码形式实现的。

③ 商的求法是根据各步余数r_i的符号来决定的。按照移位规则，在运算过程中每求出一位商，寄存器A（存储被除数或余数）和寄存器C（存储商）同时左移1位，在寄存器C中的高位逐位移入寄存器A中。寄存器C左移时最低位补0，寄存器A数值的高位将移入第2个符号位。

④ 如果要求n位商（不含符号位），则需进行n步左移、加/减法操作；若第n步的余数r_n为负，则需增加一步恢复余数的操作（即$+Y$），使最终的余数仍为绝对值形式，增加的这一步操作不移位。

⑤ 余数的实际位权要比形式上书写的低，应为2^{-n}；余数的实际符号要与被除数的符号相同。

一位原码形式定点数不恢复余数除法的运算流程如图2-13所示。

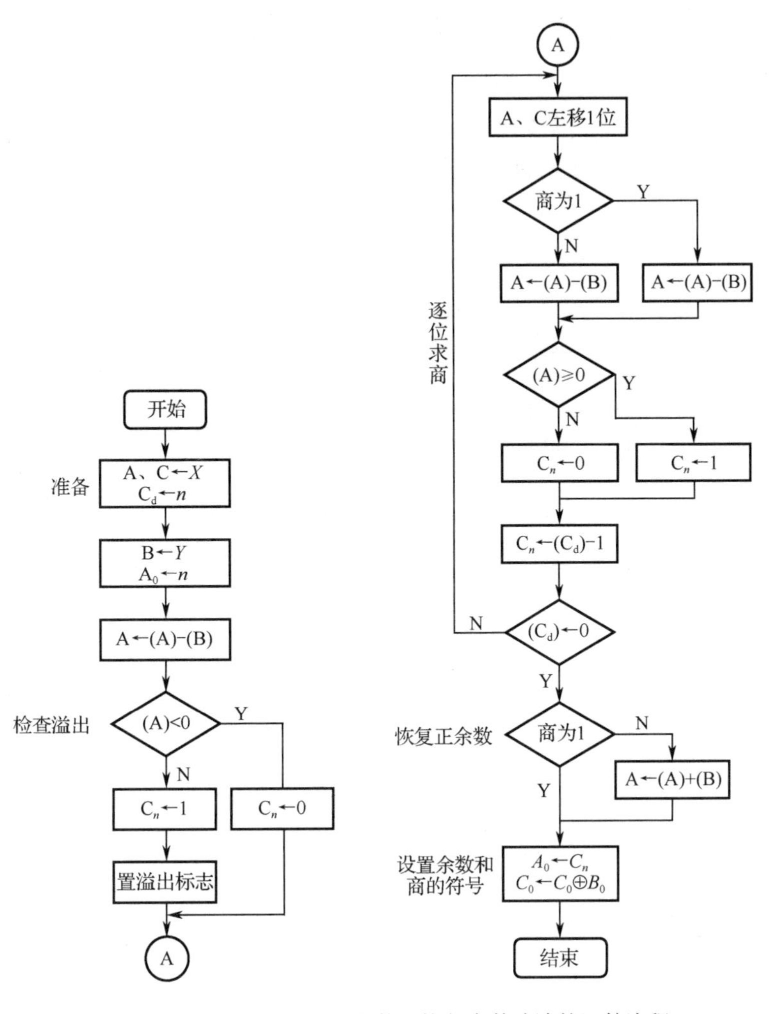

图 2-13　一位原码形式定点数不恢复余数除法的运算流程

在一位原码形式定点数不恢复余数除法的逻辑实现中，可将左移 1 位与加/减法合为一步进行，相应地需设置微命令来完成。

一位原码形式定点数不恢复余数除法运算的逻辑框图如图 2-14 所示。

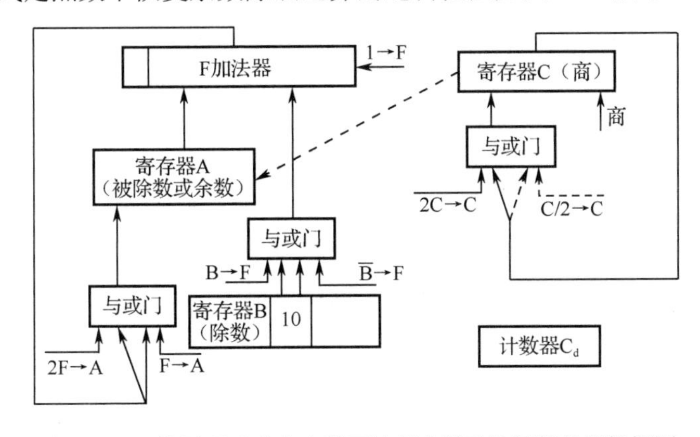

图 2-14　一位原码形式定点数不恢复余数除法运算的逻辑框图

（2）补码形式定点数除法的实现。补码除法是指被除数、除数、商、余数等都用补码表示的除法运算。由于符号位要参与运算，所以补码除法需要解决的问题要相对复杂一些。

一位补码形式定点数除法规则如下：

① 定点小数的补码除法运算首先要求除数不为 0，且被除数的绝对值小于除数的绝对值。

② 如果被除数与除数同号，则被除数减除数；否则，被除数加除数。运算的结果均称为余数。若所得余数与除数同号则商为 1，然后余数左移 1 次，下次用余数减除数来求商；若余数与除数异号则商为 0，余数左移 1 次后，下次用余数加除数来求商。重复操作直至除尽或达到精度要求。

③ 在除不尽时，通常可将商的最低位恒置 1 来保证精度。

不恢复余数补码除法的运算规则，如表 2-9 所示。

表 2-9　不恢复余数补码除法的运算规则

$[X]_补$和$[Y]_补$的符号	商的符号	第一步操作	$[r_i]_补$和$[Y]_补$的符号	商　值	下一步操作
同号	0	减	同号（够减）	1	$2[r_i]_补-[Y]_补$
			异号（不够减）	0	$2[r_i]_补+[Y]_补$
异号	1	加	同号（不够减）	1	$2[r_i]_补-[Y]_补$
			异号（够减）	0	$2[r_i]_补+[Y]_补$

相关实现说明如下：

① 用寄存器 A 存储被除数（补码形式），以后存储余数，采用双符号位。寄存器 B 存储除数（补码形式），采用双符号位，事先求出−B（减法时用）。寄存器 C 存储商，初始值为 0，采用单符号位。

② 根据 X、Y 的符号确定商的符号，并根据商的符号决定第一步操作。若 X、Y 同号则商的符号为 0，第一步做 A−B。以后所有操作按照表 2-9 中的第 2 行处理。若 X、Y 异号则商的符号为 1，第一步做 A+B，以后所有操作按照表 2-9 中的第 3 行处理。例如，表中第 3 行情况，在 A+B 后若余数 r 与 Y 同号则商为 1，下一步进行 $2r$−B 操作，再根据 r、Y 的符号决定下一位的商。

③ 商的最低位一般采用恒置 1 的方法，这样可省略最低位的操作，此时最大误差为 2^{-n}。例如，只求 4 位的商，这样一般就只求 3 位，第 4 位通过恒置 1 方式获得。

补码除法逻辑实现中所需的微命令与原码除法微命令相同，因此补码除法器在逻辑结构上与原码除法器基本相同，两者的区别仅在于补码除法微命令的形成逻辑与商形成逻辑是根据补码除法规则产生的。

（3）阵列除法器。前面所提到的除法器都是在加法器的基础上，通过多次加、减法运算来实现除法运算的，其运算速度必然受到限制。为了提高速度，可以利用硬件来完成除法运算。下面将介绍无符号阵列除法器（也称为绝对值阵列除法器）。

无符号阵列除法器如图 2-15（a）所示，图中方框为基本运算单元（也称为可控加减单元），每个单元内部都包含异或电路和一位全加器。可控加减单元功能结构如图 2-15（b）所示，其中异或电路由外部控制信号 P 控制，即当 P=0 时输出为 Y；当 P=1 时输出为 $\overline{Y}$。在图 2-15（a）所示的无符号阵列除法器中，X 作为被除数，Y 作为除数，若将 Y 取反后加 1，即可得到其补码。每位全加器的作用是实现输入 X、Y 及低级进位 C 的全加。在可控加减单元中，信号 Y 和控制信号 P 还可以直接从本级单元中输出到下一级单元。

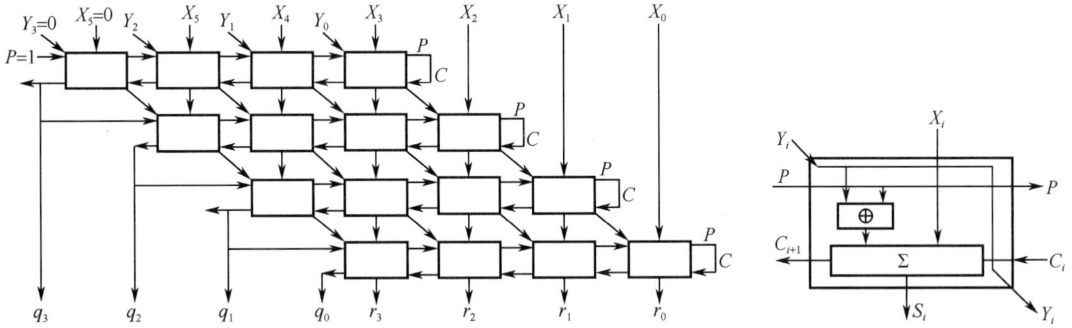

（a）无符号阵列除法器　　（b）可控加减单元的功能结构

图 2-15　无符号阵列除法器及可控加减单元的功能结构

无符号阵列除法器的基本工作原理如下：首先将被除数 $X=X_6X_5X_4X_3X_2X_1X_0$ 分别加在 X_6～X_0 端上，并使 $X_6=0$ 以保证结果正确。除数 $Y=Y_3Y_2Y_1Y_0$ 分别加在 Y_3～Y_0 端上，且使 Y_3 为 0。然后使第一行的 $P=1$，保证将除数取反。由于 $P=1$ 又加在第一行最后一个可控加减单元的进位输入端，从而实现了对除数的求补。因此，阵列的第一行就实现了被除数减除数的操作。若够减则进位为 1，商为 1（即 $q_3=1$）；若不够减则进位为 0，商为 0（即 $q_3=0$）。接着将各行（即除数）右移 1 位（相当于余数左移 1 位），再根据上次运算余数的正负进行判断，若够减则进位为 1（商为 1），本行的 P 置 1，做减法（即余数减除数）；若不够减则进位为 0（上商为 0），本行 P 置 0，做加法（即余数加除数）。加或减的结果进位就是商。各行依次完成加减交替除法运算，最后得到商为 $q_3q_2q_1q_0$，余数为 $r_3r_2r_1r_0$。

2.3　浮点数的表示和运算

通过对定点数的分析可以看出，只要其位数固定，则它的表示范围和分辨率就固定不变，所以定点数不能根据实际需要而灵活改变。如果采取科学计数法，并且将比例因子作为数的一部分也包括在数的内部，这样就既能够按照需要表示数的大小，又能具有足够的相对精度，由此引出了浮点数表示法及其运算。

2.3.1　浮点数的表示

在计算机浮点表示法中，数的小数点位置会随比例因子的不同而在一定范围内改变。例如，二进制数 10.0011 可表示成 1.00011×2^1、0.100011×2^2 或 100.011×2^{-1}，小数点的位置可用权值 2^E 来调整。

1．浮点数的表示格式

浮点数是采用由指数（整数形式）和尾数（小数形式）的模式来表示实数的。在位数一定的情况下，若指数位越多则数的范围就越大，若尾数位越多则数的精度就越高，因此需要合理地设置指数和尾数部分的位数。在实际中，如果要处理的数既有整数部分又有小数部分，则也要采用浮点来表示。浮点数的存储格式如图 2-16 所示。

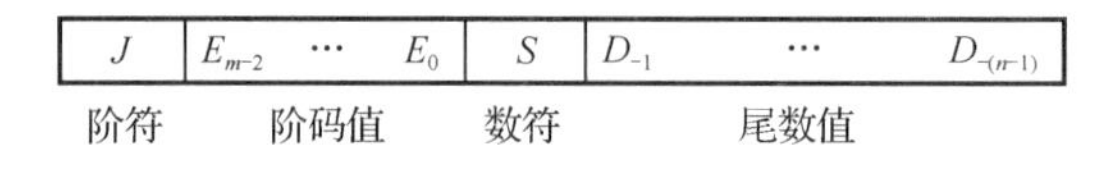

图 2-16　浮点数的格式

阶码 E 为 m 位，其中 J 为阶符，E 表示阶码值（表示幂次）。基数 R 是隐含约定的，基数 R 可定义为 2、8、16，通常取 2。尾数值 D 共 n 位，其中 S 是尾数的符号位（数符），$D_{-1}\cdots D_{-(n-1)}$表示尾数值。假设阶码为 E、尾数为 D、基数为 2，则这种格式存储的数值 X 可表示为 $X=\pm D\cdot 2^{\pm E}$。实际应用中，阶码常采用补码或移码形式的定点整数，尾数常采用补码或原码形式的定点小数。

2. 浮点数的规格化

在实际使用中，为了使浮点数有尽可能高的精度，通常要对尾数进行规格化处理。所谓规格化，是指通过调整阶码使尾数中能够表示最多的有效数据位。规格化既不会改变字长，又可提高运算精度。浮点数规格化处理对尾数 D的要求如下：

① 当采用原码形式的定点小数表示尾数时，不论正数和负数都应满足 $1/2\leqslant|D|<1$，即通过调整阶码使小数点后的最高数据位为 1，如正数的尾数应表示成 $0.1\varphi\cdots\varphi$，负数的尾数应为 $1.1\varphi\cdots\varphi$，其中 φ 为 0 或 1。

② 当采用补码形式的定点小数表示尾数时，正数应满足 $1/2\leqslant D<1$，负数应满足$-1/2>D\geqslant -1$。用补码表示的尾数的规格化特征是通过调整阶码，使小数点后的最高数据位与数符位相反。正数的规格化形式为 $0.1\varphi\cdots\varphi$，负数的规格化形式为 $1.0\varphi\cdots\varphi$。例如，0.000101×2^5 的规格化形式为 0.101×2^2，1.110101×2^5 的规格化形式为 1.0101×2^3。

3. 溢出问题

定点数是通过数值本身来判断是否溢出的，而浮点数是通过对尾数规格化处理后的阶码来判断是否溢出的。当一个浮点数的阶码大于计算机的最大阶码时，称为上溢；当小于计算机的最小阶码时，称为下溢。产生上溢时计算机不能再继续运算，一般要进行中断处理。产生下溢时计算机通常把浮点数的各位强迫置零（当成零处理），计算机仍可继续运算。当尾数为零时，无论阶码为何值，此时均当成机器零处理。

例 2.13　某计算机采用 32 位来表示一个规格化浮点数，阶码需占 8 位（含 1 位阶符）；采用补码形式；尾数占 24 位（含 1 位数符），采用补码形式；基数为 2。现在要存储 $X_1=256.5$ 和 $X_2=-256.5$ 时，分别写出 X_1 和 X_2 的浮点数规格化形式。

解：　$X_1=256.5=+(100000000.1)_2=+0.1000000001\times2^{+9}$

阶码为$(+9)_{补}$=0000 1001，尾数为 0.100 0000 0010 0000 0000 0000，浮点数为 00001001 01000000 00100000 00000000，用十六进制表示为$(09402000)_{16}$或 09402000H。

$$X_2=-256.5=-0.1000000001\times2^{+9}$$

阶码为 0000 1001，尾数为 1.01111111 1110 0000 0000 0000（已是规格化形式的补码），浮点数为 00001001 10111111 11100000 00000000，用十六进制可表示为$(09\ BF\ E0\ 00)_{16}$或 09 BF E0 00H。

对于 32 位浮点数，其规格化后所能表示数值的范围为：最大正数为$(1-2^{-23})\times2^{127}\approx10^{38}$，

最小正数为 $2^{-1}\times2^{-128}=2^{-129}\approx10^{-39}$，绝对值最小负数为$-（2^{-1}+2^{-23}）\times2^{-128}\approx-10^{-39}$，绝对值最大负数为$-1\times2^{127}=-2^{127}\approx-10^{38}$。

4．IEEE 754 标准浮点数格式

浮点数的表示和运算是由计算机中的浮点数协处理器（FPU）完成的。目前，主流计算机广泛采用 IEEE 754 标准，该标准将规格化的浮点数分为单精度（32 位）、双精度（64 位）和扩展精度（80 位）三种类型，如表 2-10 所示。

表 2-10　IEEE 754 标准中三种不同类型规格化的浮点数

参　数	单 精 度	双 精 度	扩 展 精 度
浮点数长度（位）	32	64	80
符号位数	1	1	1
尾数 P 长度（位）	23+1（隐）	52+1（隐）	64
阶码 E 长度（位）	8	11	15
最大阶码值	+127	+1023	+16383
最小阶码值	−126	−1022	−16383
阶码偏移量	+127	+1023	16383
表示实数范围	$10^{-38}\sim10^{+38}$	$10^{-308}\sim10^{+308}$	—

每种类型的浮点数都分为符号位、阶码（指数项）和尾数三个字段，其表示格式如下：

$$(-1)^S 2^E B_{0\Delta}B_{-1}B_{-2}B_{-3}\cdots B_{-(P-1)}$$

其中，$(-1)^S$是该浮点数的符号位，其中 S 为 0 表示正数，S 为 1 表示负数；E是阶码，它是一个带一定偏移量的无符号整数（类似移码形式）；$B_{0\Delta}B_{-1}B_{-2}B_{-3}\cdots B_{-(P-1)}$是浮点数的尾数，其中 Δ 代表隐含的小数点，下标 P 是尾数的长度，表示尾数有 P 位。

IEEE 754 标准浮点数规格化形式如图 2-17 所示。规格化要求如下：

尾数采用带有 1 位整数位的原码形式，通过调整阶码使尾数的最高位 B_0 为 1，然后将 B_0 与小数点一起隐含表示，这样表示精度可提高 1 位。考虑到隐藏位和剩余尾数，此时的尾数实际值在 1～2 之间。阶码采用类似移码的形式，但是其阶码中最小值 00…00 和最大值 11…11 有特定的用处。其中，全 0 阶码非 0 尾数表示为非规格化浮点数，不再使用隐含位；全 0 阶码全 0 尾数表示+0 或−0；全 1 阶码全 0 尾数表示为无穷大；全 1 阶码非 0 尾数表示一个没有定义的数，称为非正常数。注意，在扩展精度类型的规格化浮点数中尾数没有隐含位。

在 IEEE 754 标准中，指数用移码表示，偏置常数并不是 n 位移码所用的 2^{n-1}，而是 $2^{n-1}-1$。单精度和双精度的规格化浮点数的偏置常数分别为 127 和 1023。IEEE 754 标准中 “尾数带一个隐藏位，偏置常数用 $2^{n-1}-1$” 这种做法，不仅没有改变计算结果，还带来了以下两个好处：

（1）表示尾数的位数多了 1 位，使浮点数的精度变得更高。

（2）指数的可表示范围更大，使浮点数的范围变得更大。

对于 IEEE 754 标准格式的浮点数，一些特殊的位序列（如阶码为全 0 或全 1）有其特别的解释。表 2-11 给出了 IEEE 754 浮点数的解释。

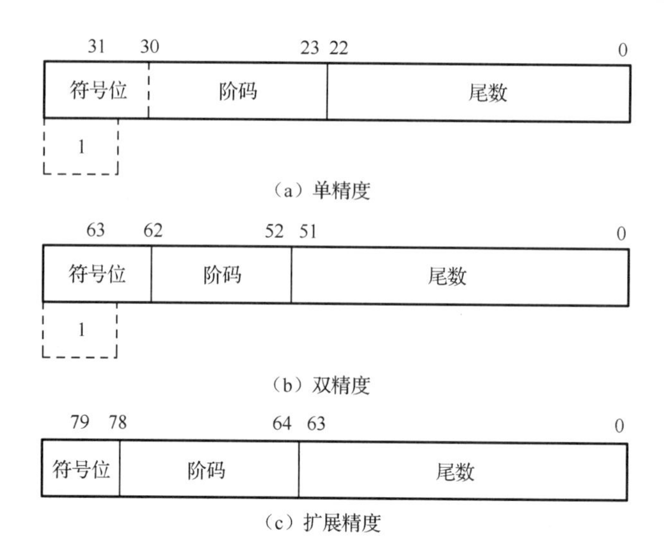

图 2-17　IEEE 754 标准的浮点数规格化形式

表 2-11　IEEE 754 浮点数的解释

值的类型	单精度（32 位）				双精度（64 位）			
	符号	阶码	尾数	值	符号	阶码	尾数	值
+0	0	0	0	0	0	0	0	0
—0	1	0	0	—0	1	0	0	—0
+∞	0	255（全 1）	0	+∞	0	2047（全 1）	0	+∞
—∞	1	255（全 1）	0	—∞	1	2047（全 1）	0	—∞
无定义数	0 或 1	255（全 1）	≠0	NaN	0 或 1	2047（全 1）	≠0	NaN
规格化非 0 正数	0	$0<e<255$	f	2^{e-127}（$1.f$）	0	$0<e<2047$	f	2^{e-1023}（$1.f$）
非规格化正数	0	0	$f≠0$	2^{e-126}（$0.f$）	0	0	$f≠0$	2^{e-1022}（$0.f$）
非规格化负数	1	0	$f≠0$	2^{e-126}（$0.f$）	1	0	$f≠0$	2^{e-1022}（$0.f$）

在表中，对 IEEE 754 中规定的数进行了以下分类。

（1）全 0 阶码全 0 尾数：+0 或−0。IEEE 754 的 0 有两种表示：+0 和−0。零的符号取决于符号位 S。一般情况下+0 和−0 是等价的。

（2）全 0 阶码非 0 尾数：非规格化数。非规格化数的特点是阶码为全 0，尾数高位有 1 个或几个连续的 0，但不全为 0，因此非规格化数的隐藏位为 0，并且单精度和双精度浮点数的指数分别为−126 或−1022，故数值分别为$(-1)^S\times0.f\times2^{-126}$和$(-1)^S\times0.f\times2^{-1022}$。

非规格化数可用于处理阶码下溢，使得出现比最小规格化数还小的数时计算机也能继续工作。

（3）全 1 阶码全 0 尾数：+∞或−∞。引入无穷大使得在计算过程中出现异常时计算机也能继续工作，并且可以提供错误检测功能。+∞在数值上大于所有的有限数，−∞则小于所有的有限数，无穷大既可作为操作数，也可能是运算的结果。

（4）全 1 阶码非 0 尾数：NaN。NaN（Not a Number）表示一个没有定义的数，称为非正常数。

（5）阶码非全 0 或非全 1：规格化非 0 数。对于阶码范围在 1～254（单精度）和 1～2046（双精度）的数，是一个正常的规格化非 0 数。

例 2.14　将十进制数 178.125 表示成 IEEE 754 标准的单精度规格化浮点数。

解：首先将 178.125 表示成二进制数，即$(178.125)_{10}$=$(10110010.001)_2$，再将二进制数表示成规格化形式，即：

$$10110010.001=1.0110010001\times 2^7=1\Delta 0110010001\times 2^7$$

因为指数项是 7，加上单精度的偏移量 127 后，指数 E=7+127=134=$(10000110)_2$，因此，178.125 的单精度规格化浮点数可表示为：

0 10000110 0110010001 0000000000000=43322000H

注意，尾数部分的 1Δ 已经被隐含掉。

例 2.15　IEEE 754 标准的单精度规格化浮点数表示的十六进制数 3F580000H，其十进制数值应为多少？

解：将十六进制数转换为二进制数，即：

3F580000H=0011 1111 0101 1000 0000 0000 0000 0000B

因为阶码为 01111110B=$(126)_{10}$，该数实际的值应减去单精度的偏移量 127，所以其指数真值=126−127=−1。又因为规格化的尾数是+1.1011B，即将隐含的整数位和小数点考虑进去，这样该浮点数为：

$$+1.1011\times 2^{-1}=+0.11011\text{B} = (+0.84375)_{10}$$

2.3.2　浮点数的运算

2.3.1 节详细介绍了浮点数的定义、规格化，本节介绍浮点数的加法、减法、乘法、除法运算。浮点数运算需要使用阶码运算和尾数运算两种定点数运算部件。

1．浮点数的加法和减法运算

参加加法和减法运算的应该是规格化浮点数。假设有两个规格化浮点数 $X=M_X\times 2^{E_X}$，$Y=M_Y\times 2^{E_Y}$，加法和减法运算可用如下五个步骤完成：

（1）对阶操作。首先将参加运算的两个浮点数的小数点对齐，即把两个浮点数的阶码变成一样大小。具体做法是小阶向大阶补齐，将阶码小的浮点数的尾数右移（缩小）1 位，阶码加 1，通过调整使两个浮点数的阶码相同。如果尾数用原码表示，则在尾数右移时，尾数的符号位不参与移位，尾数最高数值位补 0；如果尾数用补码表示，则在尾数右移时，尾数的符号位参与移位，即尾数最高数值位用符号位填充，原符号位保持不变。注意：若大阶向小阶对齐，将会导致错误的结果。

（2）尾数进行加（减）法运算。尾数进行加（减）法运算，实际上只做加法运算就可以了，减法运算可以用加法运算来实现。在做减法运算时，只要将减数求负数（机器负数），再与被减数相加即可。

（3）规格化处理。若尾数不是规格化的数，则要对其进行规格化处理。当尾数用补码表示时，尾数的最高位数值若与尾数的符号位相同，就应向左规格化。尾数向左移 1 位，阶码应减 1，尾数的最低位补 0，直到尾数的最高数值位与符号位相反为止，规格化处理过程结束。当尾数用原码表示时，应通过向左规格化使尾数最高位为 1。这里需要注意的是，浮点数中的尾数在寄存器或主存中存储时采用 1 个符号位，但在浮点数运算器中会自动生成双符号位参加运算。这样在计算结果出现尾数溢出时，尾数可向右移 1 位，同时阶码加 1 继续后续操作。无论尾数是用原码还是用补码表示的，都要调整阶码使其满足规格化条件。

（4）舍入操作。在执行对阶或尾数进行向右移位时，尾数的原最低位会被移掉。一般把最后移掉 1 位的数存储起来，以供舍入处理时使用。舍入方法有 0 舍 1 入法和末位恒置 1 法。0 舍 1 入法的舍入误差比较小，既适用于原码也适用于补码，但在补码为正数或负数时有差别。末位恒置 1 法简单易行，舍入误差较大，但不会造成累积误差。

（5）判断结果是否溢出。浮点数的溢出是通过其阶码是否溢出来判断的。若阶码正常，则表示结果正确；若阶码出现下溢，要置运算结果为 0（机器 0）；若阶码出现上溢，则置溢出标志。

例 2.16 若 $X=0.1101\times2^{+10}$，$Y=-0.1111\times2^{+11}$，其中指数和尾数均为二进制真值。现采用规格化浮点数求 $X+Y$，其中阶码共 4 位（含 1 位阶码符号位），用补码表示；尾数共 6 位（含 1 位尾数符号位），用补码表示；在舍入时，采用 0 舍 1 入法。

解：

	$[阶码]_补$	尾数符号位	$[尾数]_补$
$[X]_浮$	0010	0	11010
$[Y]_浮$	0011	1	00010

对阶操作：$[\Delta E]_补=[E_X]-[E_Y]_补=0010+1101=1111$，其真值为$-001$，即 X 的阶码小于 Y 的阶码，按照小阶向大阶看齐的原则，X 的尾数应缩小 1 位，即右移 1 位，其阶码应加 1，可得：

	阶码	尾数符号位	尾数
$[X]_浮=$	0011	0	01101

尾数求和（在运算中要转换为双符号位）：

$$[X]_{尾补}+[Y]_{尾补}=0001101+1100010=1101111$$

尾数无溢出，符号为负号，所以 $X+Y$ 的浮点形式为$[X]_浮+[Y]_浮=0011\ 1\ 01111$，此尾数部分已规格化，无须处理。

舍入处理采用 0 舍 1 入法。由于 X 在右移时舍掉的是 0，无须进位，因此最后结果为 0011 1 01111。由于阶码没有溢出，因此运算结果正确，结果为：

$$[X+Y]_真=-0.10001\times2^{+11}$$

例 2.17 已知条件同例 2.16，求 $X-Y$。

解：对阶方法同例 2.16。

尾数求差（运算过程中要转换为双符号位）：

$$[X]_{尾补}-[Y]_{尾补}=[X]_{尾补}+[-Y]_{尾补}=00\ 01101+00\ 11110=01\ 01011$$

由于双符号位为 01，故尾数结果有上溢出发生。解决方法是尾数应向右移 1 位（即缩小 1/2），其结果为 0010101，尾数最低位应丢掉。为了保持数值不变，阶码应加 1，即 $E=0011+1=0100$。符号位与尾数最高位相反，此时已是规格化形式。但由于向右规格化时舍掉的是 1，采用 0 舍 1 入法时，因此最后的浮点数形式为 0100 0 10110。由于阶码没有溢出，因此结果正确，即$[X-Y]_真=0.10110\times2^{+100}$。

2. 浮点数的乘法和除法运算

（1）浮点数乘法运算。假设两个浮点数分别是 $X=M_X\cdot 2^{E_X}$，$Y=M_Y\cdot 2^{E_Y}$，则相乘后的结果为：

$$X\cdot Y=(M_X-M_Y)\cdot 2^{(E_X+E_Y)}$$

浮点数乘法运算过程如下：

① 参加乘法运算的两个浮点数必须是规格化浮点数，且不为 0。只要有一个浮点数为 0，则乘积为 0，不需要做其他操作。如果两个浮点数均不为 0，才进行乘法运算。结果的符按同号相乘为正、异号相乘为负的规则确定。

② 在求乘积的阶码时将两个浮点数的阶码相加，并要判断结果是否溢出。

③ 尾数按定点数乘法进行，对结果进行规格化处理。如果两个规格化浮点数相乘，尾数最多进行一次向左规格化。由于尾数是定点小数，相乘后不会出现需向右规格化的情况。在向左规格化时，阶码减 1，有下溢的可能。

（2）浮点数除法运算。假设两个浮点数分别是 $X=M_X\cdot 2^{E_X}$，$Y=M_Y\cdot 2^{E_Y}$，则相除后的结果为：

$$X/Y=(M_X/M_Y)2^{(E_X-E_Y)}$$

浮点数除法运算过程如下：

① 参加运算的两浮点数必须是规格化浮点数。如果被除数为 0，则商为 0；如果除数为 0，则不应相除，可给出提示信息表示除数为 0，另做处理。结果的符号规则与浮点数乘法运算相同。

② 在求商的阶码时将两个浮点数的阶码相减，并要判断结果是否溢出。

③ 尾数按定点数除法进行，对结果进行规格化。当尾数相除商大于 1 时，不能按溢出处理，而是把结果右移 1 位，同时阶码加 1，此时有上溢的可能。

计算机中的浮点数运算早期采用软件编程实现，目前的计算机中都配有专门的浮点数运算器（协处理器）来完成浮点数运算。

2.4 运算部件的组成

前文分别介绍了各种定点数和浮点数的运算方法，综合考虑这些运算方法后，发现所有的运算都以加减操作和移位操作为基础。因此，以一个或多个 ALU 为核心，加上移位器和若干个存储中间结果寄存器，在相应逻辑的控制下，就可以实现各种运算。所谓运算部件，通常是指由 ALU、移位器、存储中间结果的寄存器，以及用于数据选择的多路选择器和实现数据传输的总线等构成的运算数据通路。运算数据通路可以专门用一个运算器芯片来实现，也可以用若干个运算器芯片级联起来构成一个更大的运算器来实现，当然也可以和控制逻辑集成在同一个 CPU 芯片里。

现代计算机一般都把运算部件和控制逻辑集成在同一个 CPU 中。为了实现多条指令流水线，一个 CPU 中通常会有多个运算部件。广义上来说，用于执行一个特定功能的部件都可以看成一个运算部件，如执行定点数加（减）法运算的 ALU、执行乘（除）法运算的阵列乘（除）法器、专门的存储访问部件、浮点数运算部件等。通常也把运算部件称为一个执行部件或功能部件。

专门的运算器芯片或 CPU 芯片中的运算部件是计算机中数据通路的主要部分，所以数据通路和运算部件在有些场合下是同一个概念。

2.4.1 定点数运算部件

定点数运算部件用来实现无符号定点数和有符号定点数的各种运算，一套完整的定点数运算部件，除了核心部件 ALU，还需要有通用寄存器组（或累加器）、多路选择器、状态（标志）寄存器、移位器和用来传输数据的数据总线等。也就是说，如果要实现一个专门的定点数运算器芯片，则该芯片中需要包含 ALU、通用寄存器组、多路选择器、移位器等；如果在 CPU 芯片中用数据通路来实现定点数运算，则数据通路中需要包含同样部件。

AM2901A 芯片的内部逻辑框图如图 2-18 所示。AM2901A 是一个典型的 4 位定点数运算器芯片，其核心是一个 4 位 ALU。该 ALU 可以实现 A 加 B、A 减 B、B 减 A 等算术运算，以及与、或、非等逻辑运算。外部操作信号 I_0～I_8（通常是指令操作码）经中央控制部件（CCU）译码后产生控制信号，该控制信号用于控制 ALU 的功能。ALU 有一个进位输入信号 C_0、进位输出信号 C_{n+4}、组进位传递/溢出信号 P^*/O、组进位生成/符号信号 G^*/N。在芯片串行级联时，进位输入信号 C_0 和进位输出信号 C_{n+4} 可用来控制串行进位。在进行多级芯片级联时，P^*/O 和 G^*/N 分别作为组进位传递信号 P^*和组进位生成信号 G^*。对于级联中的最高级别的 4 位芯片，其进位输出信号 C_{n+4} 作为进位标志，P*/O 和 G*/N 分别作为溢出标志 O 和符号标志 N。

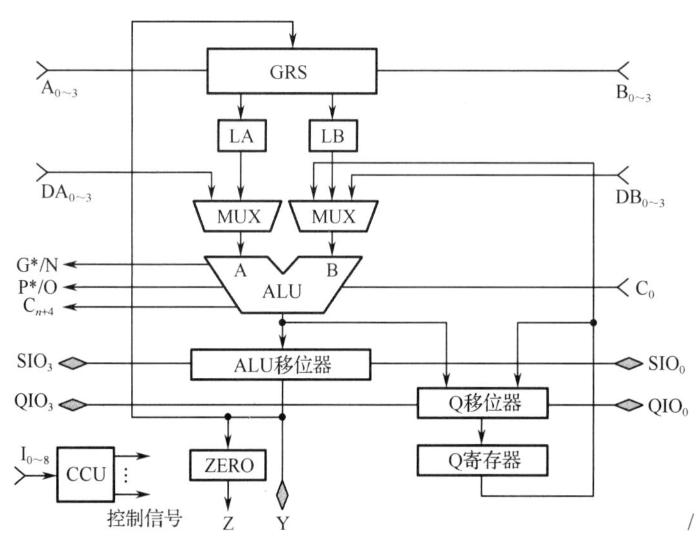

图 2-18 AM2901A 芯片的内部逻辑框图

AM2901A 芯片中有一个 4 位双端口通用寄存器组（General Register Set，GRS），其中有 16 个寄存器。GRS 有一个写入寄存器和两个读出寄存器 A 和 B，$A_{0\sim3}$ 用来指定读出寄存器 A 的编号，$B_{0\sim3}$ 用来指定写入寄存器或读出寄存器 B 的编号。可以同时读取读出寄存器 A 和 B 的值，分别通过锁存器 LA 和 LB 送到多路选择器 MUX 的输入端。

多路选择器 MUX 用于选择不同的操作数并送入 ALU 进行运算，ALU 的输入端 A 可能来自读出寄存器 A 或存储器的数据 DA_0～DA_3；ALU 的输入端 B 可能来自读出寄存器 B、存储器的数据 DB_0～DB_3 或 Q 寄存器。MUX 的控制信号来自 CCU，通过对外部操作信号 $I_{0\sim8}$

译码，CCU 将控制信号送到 MUX 的控制端，以确定把哪个操作数送入 ALU 中进行运算。

AM2901A 芯片中还有一个 Q 寄存器，主要用于实现乘、除法运算。乘法运算中的部分积和除法运算中的中间余数都是双倍字长的数据，需要放到 2 个单倍字长寄存器中，并需要对这 2 个单倍字长的寄存器同时进行左移（除法）或右移（乘法）。Q 寄存器就是乘法运算中的乘数寄存器或除法运算中的商寄存器，因此也称为 Q 乘商寄存器。

AM2901A 芯片中有 2 个移位器，ALU 运算的结果都被送到 ALU 移位器中，然后和 Q 移位器一起进行左移或右移，移位后的内容送到 ALU 继续进行下次运算，而 Q 移位器的内容被送到 Q 寄存器中。ALU 的结果进行判零后可通过输出端将零标志信息输出。

AM2901A 芯片可以相互级联构成更长位数的定点数运算器。例如，串联 4 个 AM2901A 芯片后可以构建一个串行进位方式的 16 位定点数运算器，用一个 AM2902 芯片（CLA 部件）和 4 个 AM2901A 芯片按两级并行进位方式级联起来可以构建一个 16 位并行进位方式的定点数运算器。

对于定点数乘（除）法运算来说，可以通过一个 ALU 串行执行 *n* 次加（减）法运算和移位操作来实现，也可以用一个专门的阵列乘（除）法器来实现。前者速度慢，但成本低；后者速度快，但成本高。

目前，像 AM2901A 这样专门的运算器芯片主要用在一些特定的场合。例如，用来构建教学计算机或硬件实验平台等。通常，一台通用计算机内部的定点数运算部件都是作为 CPU 芯片中的数据通路存在的。根据指令是串行执行还是以流水线方式执行，可以有不同的数据通路构建方式。例如，有单周期、多周期和流水线等数据通路构建方式。因为数据通路属于 CPU 芯片的一部分，所以有关定点数运算数据通路的组成与设计将在第 5 章中详细介绍。

2.4.2 浮点数运算部件

20 世纪 80 年代，处理器芯片上还集成不了很多晶体管，很难将浮点数运算部件和定点数运算部件集成在同一块处理器芯片中，因此，早期的计算机采用了专门的浮点数协处理器（FPU）芯片进执行浮点数运算。例如，Intel 公司早期的 8087 协处理器芯片是和 8086/8088 处理器配套使用的，而 80287 协处理器芯片是和 80286/80386 处理器配套使用的。早期的 MIPS 处理器也有专门的 FPU 芯片。

随着集成电路技术的发展，一个芯片内可实现的逻辑元件越来越多。自从 20 世纪 90 年代以来，浮点数运算部件可以直接集成在 CPU 芯片中。虽然浮点数运算部件和定点数运算部件都集成在一个芯片内，但两者的逻辑是分开的。也就是说，CPU 芯片中有专门的定点数运算部件和浮点数运算部件，而且存储定点数的寄存器和存储浮点数的寄存器也是分开的。

根据浮点数加法、减法、乘法和除法运算可知，阶码运算主要是移码的加减操作，尾数运算是定点原码小数的加法、减法、乘法、除法运算。阶码运算和尾数运算是分开进行的，因此阶码运算部件和尾数运算部件也是分开的。图 2-19 是浮点数加法和减法运算部件的逻辑结构示意图（虚线表示控制信号，图中省略了对两个 ALU 的控制信号线）。

浮点数加法和减法运算部件有一个大 ALU 和一个小 ALU，分别执行尾数的加法和减法以及指数的加法和减法。每一步动作都由控制逻辑控制。

第 1 步：由控制逻辑控制小 ALU 实现指数的减法运算，得到的阶差被送到控制逻辑。

第 2 步：由控制逻辑根据阶差的符号和绝对值来确定如何进行对阶。其中，控制信号①用于确定结果的指数是 *EX* 还是 *EY*，控制信号②和③用于确定是对 *MX* 还是 *MY* 进行右移，控制信号④用于确定右移多少位。

第 3 步：由控制逻辑来控制对阶后的尾数在大 ALU 中进行的加法和减法运算，运算结果被送到控制逻辑，用于产生用于规格化的控制信号。

第 4 步：根据大 ALU 运算结果进行规格化。控制信号⑤和⑥用于确定是对大 ALU 的运算结果进行规格化还是对舍入结果进行规格化，控制信号⑦用于确定尾数是左移还是右移，控制信号⑧用于确定阶码是增加还是减少。规格化后的结果被送到舍入部件和控制逻辑。

第 5 步：由控制信号⑨根据规格化后的结果进行舍入，并将舍入的结果再次送到控制逻辑，以确定舍入后是否还是规格化形式，若不是，则需继续进行一次规格化。

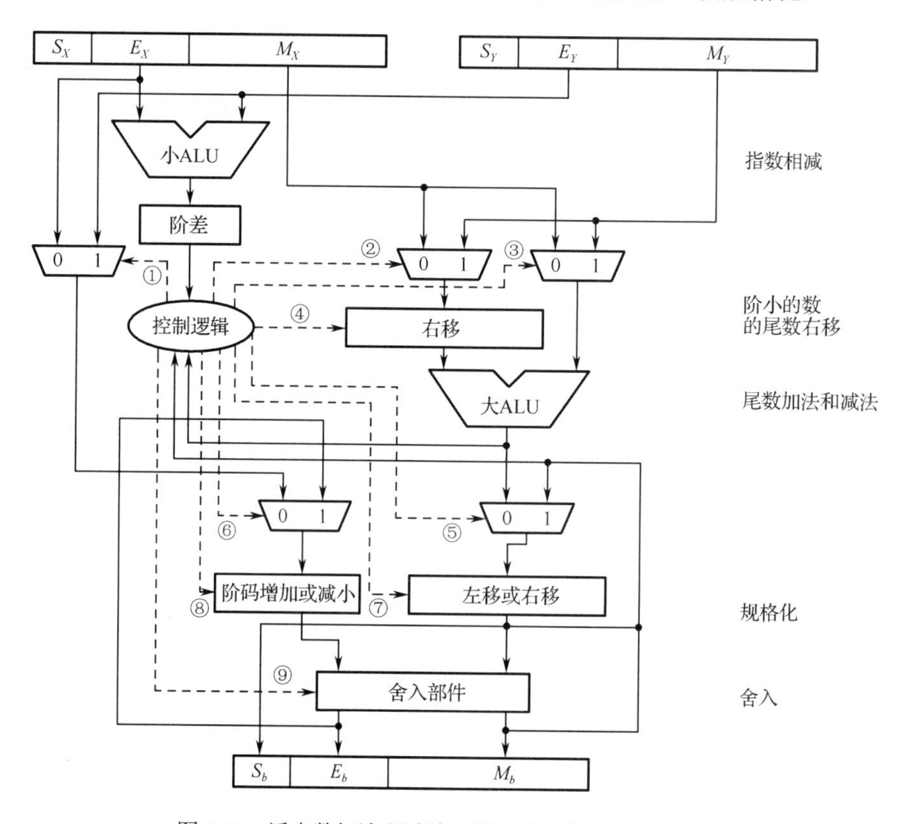

图 2-19　浮点数加法和减法运算部件的逻辑结构示意图

从上述执行流程来看，浮点数的加法和减法运算可以用流水线的形式来表示。目前 CPU 中的浮点数的加法和减法运算大多采用流水线执行方式。只要将图 2-19 所示的逻辑结构稍做调整就可以用流水线的方式来实现浮点数的加法和减法运算。

对于浮点数的乘法和除法运算来说，虽然不需要对阶，但尾数的乘法和除法运算比较复杂，并且速度较慢，所以实现起来比加法和减法运算复杂得多。与定点数的乘法和除法运算一样，根据计算机的性能、价格的不同要求，可以有不同的实现方案。

思考题和习题 2

一、名词概念

位权、基数、真值、机器数、原码、反码、补码、变形补码、算术移位、逻辑移位、大端格式、小端格式、校验位、查错、纠错、定点数、浮点数、向右规格化、向左规格化、ASCII 码、ALU

二、单项选择题

（1）下列各种数制的数中最小的数是________。

（A）$(111001)_2$　　（B）$(00111001)_{BCD}$

（C）$(52)_8$　　（D）$(43)_H$

（2）下列数中最大的是________。

（A）$(10011001)_2$　　（B）$(227)_8$　　（C）$(98)_{16}$　　（D）$(152)_{10}$

（3）下列说法错误的是________。

（A）除补码外，原码和反码不能表示-1

（B）+0 的原码不等于-0 的原码

（C）+0 的反码不等于-0 的反码

（D）对应相同的机器字长，补码比原码和反码能多表示一个负数

（4）在机器数中，零的________表示形式是唯一的。

（A）原码和反码　　（B）补码和移码　　（C）移码和原码　　（D）反码和补码

（5）针对 8 位二进位制数，下列说法中正确的是________。

（A）-127 的补码为 10000000　　（B）-127 的反码等于 0 的移码

（C）+1 的移码为+1 的原码　　（D）0 的补码等于-1 的移码

（6）下列说法有错误的是________。

（A）任何二进制整数都可以用十进制表示

（B）任何二进制小数都可以用十进制表示

（C）任何十进制整数都可以用二进制表示

（D）任何十进制小数都可以用二进制表示

（7）如果 X 为补码，由$[X]_补$求$[-X]_补$是将________。

（A）$[X]_补$连同符号位一起各位求反，末位加 1

（B）$[X]_补$符号位求反，其他各位不变

（C）$[X]_补$除符号位外，各位求反，末位加 1

（D）$[X]_补$各值保持不变

（8）假定下列字符码中有奇偶校验位，但没有数据错误，采用偶校验的字符码是________。

（A）11001011　　（B）11010110　　（C）11000001　　（D）11001001

（9）假设在 7 位字符码的最高位加 1 位奇校验位，则下列奇校验码中出错的是________。

（A）10111000　　（B）10010100　　（C）01110000　　（D）11010101

（10）用一位奇偶校验法，能检测出一位存储器错的百分比是________。

（A）0%　　（B）25%　　（C）50%　　（D）100%

（11）下列属于有权码是________。

（A）余 3 码　　（B）8421 码　　（C）ASCII 码　　（D）格雷码

（12）某 16 位计算机表示 4 位 8421 BCD 码的最大数值是 1001 1001 1001 1001，若用二进制数表示该数值，需用________位表示。

（A）16　　（B）15　　（C）14　　（D）13

（13）设 CRC 校验码采用的生成多项式 $G(x)$= 1011，待编码的二进制数 x = 100110，则正确的 CRC 校验码是________。

（A）100110001　　（B）10011101　　（C）100110011　　（D）100110110

（14）在一台 32 位计算机中运行 C 语言程序，程序中定义了三个变量 x、y 和 z，其中 x 和 z 为 int 型，y 为 short 型。当 x=127，y=−9 时，执行 $z=x+y$ 后，x、y 和 z 的值分别是________。

（A）x=0000007FH，y=FFF9H，z=00000076H

（B）x=0000007FH，y=FFF9H，z=FFFF0076H

（C）x=0000007FH，y=FFF7H，z=FFFF0076H

（D）x=0000007FH，y=FFF7H，z=00000076H

（15）对于 16 位字长的字，当采用二进制的补码形式表示时，一个字所能表示的整数范围是________。

（A）-2^{15} ～$+(2^{15}-1)$　　（B）$-(2^{15}-1)$～ $+(2^{15}-1)$

（C）$-(2^{15}+1)$～$+2^{15}$　　（D）-2^{15} ～ $+2^{15}$

（16）用 64 位字长（其中包含 1 位符号位）表示补码形式的定点小数时，所能表示的数值范围是________。

（A）-1～$1-2^{-64}$　　（B）-1～$1-2^{-63}$

（C）-1～$1-2^{-62}-1$　　（D）0～2^{-63}

（17）一个 8 位寄存器的数值为 11001010，将该寄存器小循环左移 1 位后，结果为________。

（A）01100101　　（B）10010100　　（C）10010101　　（D）01100100

（18）设机器数的字长为 8 位（含 1 位符号位），若机器数 BAH 为原码，则算术左移 1 位和算术右移 1 位的结果为________。

（A）F4H，EDH　　（B）B4H，6DH　　（C）F4H，9DH　　（D）B5H，EDH

（19）设机器数的字长为 8 位（含 2 位符号位），若机器数 DAH 为补码，则算术左移 1 位和算术右移 1 位的结果为________。

（A）B4H，EDH　　（B）F4H，6DH　　（C）B5H，EDH　　（D）B4H，6DH

（20）采用末位恒置 1 法进行舍入处理，0.01010110011 舍去最后一位后，结果为________。

（A）0.0101011001　　（B）0.0101011010

（C）0.0101011011　　（D）0.0101011100

（21）计算机内的溢出是指其运算结果________。

（A）在运算过程中最高位产生了进位或借位

（B）超出了计算机内存单元所能存储的数值范围

（C）超出了该指令所指定的结果单元所能存储的数值范围

（D）寄存器的位数太少，不得不舍弃最低有效位

（22）下列说法中正确的是________。

（A）采用变形补码进行加法和减法运算可以避免溢出

（B）只有定点数运算才可能溢出，浮点数运算不会溢出

（C）定点数和浮点数都有可能产生溢出

（D）两个正数相加时一定产生溢出

（23）两补码数相加，采用 1 位符号位，当表示结果溢出时________。

（A）符号位有进位

（B）符号位进位和最高数位进位异或结果为 0

（C）符号位为 1

（D）符号位进位和最高数位进位异或结果为 1

（24）关于模 4 补码（双符号位补码），下面叙述正确的是________。

（A）模 4 补码与模 2 补码不同，它更容易检查乘法和除法运算中的溢出问题

（B）在存储每个模 4 补码时，需要存 2 个符号位

（C）在存储每个模 4 补码时，一般只存 1 个符号位

（D）模 4 补码，在算术与逻辑部件中为 1 个符号位

（25）假设有 4 个整数，用 8 位补码分别表示为 X_1=FEH，X_2=F2H，X_3=90H，X_4=F8H。若将运算结果存储在一个 8 位寄存器中，则下列运算中会发生溢出的是________。

（A）X_1X_2　　（B）X_2X_3　　（C）X_1X_4　　（D）X_2X_4

（26）在定点数运算器中，无论采用双符号位还是单符号位，必须有________，它一般用异或门来实现。

（A）译码电路　　（B）编码电路　　（C）溢出判断电路　　（D）移位电路

（27）原码加减交替除法又称为不恢复余数除法，因此________。

（A）不存在恢复余数的操作

（B）仅当最后一步余数为负时，做恢复余数的操作

（C）当某一步运算不够减时，做恢复余数的操作

（D）当某一步余数为负时，做恢复余数的操作

（28）常规乘（除）法器在乘（除）法运算过程中采用部分积右移（余数左移）的做法，其好处是________。

（A）提高运算速度　　（B）提高运算精度

（C）节省加法器的位数　　（D）便于控制

（29）按其数据流的传输过程和控制节拍来看，阵列乘法器可以认为是________。

（A）全串行运算的乘法器　　（B）全并行运算的乘法器

（C）串/并运算的乘法器　　（D）并/串运算的乘法器

（30）在补码除法中，根据________可确定商值。

（A）余数为正　　（B）余数的符号与除数的符号不同

（C）余数的符号与除数的符号相同　　（D）余数的符号与被除数的符号相同

（31）在浮点数中是隐含的________。

（A）阶码　　（B）基数　　（C）尾数　　（D）数符

（32）下列说法中________是错误的。

（A）符号相同的两个数相减是不会产生溢出的

（B）符号不同的两个数相加是不会产生溢出的
（C）逻辑运算是没有进位或借位的运算
（D）浮点数乘法和除法运算需进行对阶操作
（33）关于定点数、浮点数表示法的表示范围与精度，下面叙述正确的是________。
（A）若定点数与浮点数的字长相同，则浮点表示法所能表示的数值范围与定点数相同
（B）若定点数与浮点数的字长不同，则浮点表示法所能表示的数值范围一定大于定点数
（C）对字长相同的定点数和浮点数，浮点数虽然扩大了数的表示范围，但精度降低
（D）对字长相同的定点数和浮点数，浮点数虽然精度提高，但表示范围减小
（34）对浮点数进行规格化是为了________。
（A）增加数据的表示范围　　（B）方便浮点数运算
（C）防止运算时数据溢出　　（D）增加数据的表示精度
（35）下面关于浮点数运算器的描述正确的是________。
（A）浮点数运算器中无定点数运算部件
（B）阶码部件可实现加、减、乘、除法四种运算
（C）阶码部件只进行阶码相加、相减和比较操作
（D）尾数部件只进行乘法和除法运算
（36）如果用补码表示浮点数，则判断运算结果是否为规格化浮点数的方法是________。
（A）阶符与符号位相同为规格化数
（B）阶符与符号位相异为规格化数
（C）符号位与尾数小数点后第一位数字相同为规格化数
（D）符号位与尾数小数点后第一位数字相异为规格化数
（37）若阶码为 3 位（含阶码符号位 1 位），用补码表示；尾数为 7 位（含尾数符号位 1 位），用原码表示，以 2 为底，则十进制数 27/64 的规格化浮点数是________。
（A）0101011011　　（B）0100110110　　（C）1110110110　　（D）0001011011
（38）浮点数加法和减法运算过程一般包括对阶、尾数运算、规格化、舍入和溢出判断等步骤。设浮点数的阶码和尾数均采用补码表示，且位数分别为 5 位和 7 位（均含 2 位符号位）。若有两个数 $X=2^7\times 29/32$，$Y=2^5\times 5/8$，则用浮点数加法计算 $X+Y$ 的最终结果是________。
（A）00111 1100010　　（B）00111 0100010
（C）01000 0010001　　（D）发生溢出
（39）在 IEEE 754 标准中，十进制数 5 的单精度浮点数为________。
（A）0100 0000 1010 0000 0000 0000 0000 0000
（B）1100 0000 1010 0000 0000 0000 0000 0000
（C）0110 0000 1010 0000 0000 0000 0000 0000
（D）1100 0000 1010 0000 0000 0000 0000 0000
（40）在 IEEE 754 标准规定的 32 位浮点数中，符号位为 1 位，阶码为 8 位，则它所能表示的最大规格化正数为________。
（A）$+(2-2^{-23})\times 2^{+127}$　　（B）$+(1-2^{-23})\times 2^{+127}$
（C）$+(2-2^{-23})\times 2^{+255}$　　（D）$2^{+127}+2^{27}$
（41）某数采用 IEEE 754 标准中的单精度浮点数表示为 C6400000H，则该数值是________。

（A）-1.5×2^{13}　　（B）-1.5×2^{12}　　（C）-0.5×2^{13}　　（D）-0.5×2^{13}

（42）float 型数据常用 IEEE 754 单精度浮点格式表示，假设两个 float 型变量 x 和 y 分别存储在 32 位寄存器 f1 和 f2 中，若(f1)=CC90 0000H，(f2)=B0C0 0000H，则 x 和 y 的关系是________。

（A）$x<y$ 且符合相同　　（B）$x<y$ 且符号不同

（C）$x>y$ 且符号相同　　（D）$x>y$ 且符号不同

（43）下面关于浮点数加法和减法运算的叙述，正确的是________。

① 对阶操作不会引起阶码上溢或下溢

② 向右规格化和尾数舍入都可能引起阶码上溢

③ 向左规格化时可能引起阶码下溢

④ 尾数溢出时结果不一定溢出

（A）仅②和③　　（B）仅①、②、④　　（C）仅①、③、④　　（D）全部

（44）假定有 4 个用 8 位补码表示整数：r_1=FEH，r_2=F2H，r_3=90H，r_4=F8H，若将运算结果存储在一个 8 位寄存器中，则下列运算会发生溢出的是________。

（A）r_1r_2　　（B）r_2r_3　　（C）r_1r_4　　（D）r_2r_4

（45）在字长为 8 的计算机中，已知整型变量 x、y 的机器数分别为$[x]_补$=11110100，$[y]_补$=10110000。若整型变量 $z=2x+y/2$，则 z 的机器数为________。

（A）1100 0000　　（B）0010 0100

（C）1010 1010　　（D）溢出

（46）用海明校验码对 8 位数据进行 2 位查错/1 位纠错时，则校验位数至少为________。

（A）2　　（B）3　　（C）4　　（D）5

（47）某计算机的字长为 32 位，按字节编址，采用小端方式存储数据。假设有一个 double 型变量，其机器数表示为 1122334455667788H，存储在 0000 8040H 开始的连续存储单元中，则存储单元 0000 8046H 中存储的是________。

（A）22　　（B）33　　（C）77　　（D）66

（48）假定编译器规定 int 和 short 类型分别为 32 位和 16 位，执行下列 C 语言语句

```
unsigned short x=65530;
unsigned int y=x;
```

得到的机器数 y 为________。

（A）0000 7FFAH　　（B）0000 FFFAH

（C）FFFF 7FFAH　　（D）FFFF FFFAH

（49）由 3 个“1”和 5 个“0”组成的 8 位二进制补码，所能表示的最小整数是________。

（A）−126　　（B）−125　　（C）−32　　（D）−3

（50）某计算机字长为 32 位，按字节编址，采用小端（Little Endian）方式存储数据。假定有一个 1 个 double 型变量，其机器数表示为 1122 3344 5566 7788H，存储在 0000 8040H 开始的连续存储单元中，则存储单元 0000 8046H 中存储的是________。

（A）22H　　（B）33H　　（C）77H　　（D）66H

三、综合应用题

（1）在 CRC 校验中，已知生成多项式 $G(x)=x^4+x^3+1$。要求编写出信息 1011001 的 CRC 校验码序列。

（2）通信双方采用 CRC 循环校验码，已知生成多项式 $G(x)=x^4+x^3+x+1$，接收方收到码字为 10111010011。试判断该信息有无差错。

（3）简述算术移位和逻辑移位的区别，请举例说明。

（4）已知字长 n=8，X=−44，Y=−53，按补码计算 X−Y。

（5）设字长为 8 位（含 1 位符号位），设 A=9/64，B=−13/32，计算$[A \pm B]_{补}$，并还原成真值。

（6）设 X=−0.1110，Y=−0.1101，试采用原码乘法运算求$[X \cdot Y]_{原}$。

（7）设 X=−0.1101，Y=−0.1011，试采用补码布斯算法（比较法）求$[X \cdot Y]_{补}$。

（8）设 X=−15，Y=−13，试采用原码阵列乘法器求 $X \cdot Y$，并用十进制数乘法进行验证。

（9）设 X=−0.10110，Y=0.11111，试采用原码不恢复余数除法求 X/Y 的商及余数。

（10）设 X=0.1000，Y=−0.1010，试采用不恢复余数补码除法求商及余数。

（11）将十进制数+76.75 存入某计算机中，写出 IEEE 754 标准规格化单精度浮点数。

（12）假设单精度规格化浮点数（IEEE 754 标准）为 C2308000H，试计算其真值。

（13）假设两个浮点数的阶码为 4 位（含阶码符号位 2 位），用补码表示；尾数为 8 位（含阶码符号位 2 位），用补码表示。X=0.110101×2−010，Y=−0.101010×2−001，要求采用规格化形式和 0 舍 1 入法）计算并写出 $X \pm Y$ 的浮点数形式。

（14）已知十进制数 X=125，Y=−18.125，按补码浮点数运算规则计算$[X-Y]_{补}$，结果用二进制真值表示，字长自定。

（15）假定 X=0.0110011×211，Y=0.1101101×2−10（此处的数均为二进制数），浮点数的阶码用 4 位移码、尾数用 8 位原码表示（均含 1 符号位，规格化的形式，舍入处理采用 0 舍 1 入法）。

① 写出 X、Y 的浮点数表示。

② 采用浮点数形式计算 X+Y。

③ 采用阵列乘法器计算 $X \cdot Y$（保留 8 位）。

第3章 存储系统

本章要求读者正确理解存储系统的基本概念、二级存储层次结构，掌握主存的组成结构和扩展技术；理解 Cache 的工作原理和性能指标，掌握主存和 Cache 之间的地址映像，以及地址转换方法，并能使用多种替换算法实现块的替换；正确理解虚拟存储器和辅助存储器的基本概念、存储器管理方式及工作原理。

3.1 存储系统概述

存储系统是计算机系统的重要组成部分之一，用来存储程序和数据。有了存储系统，计算机就有了记忆能力，从而能自动地从存储系统中取出存储的指令并按一定的顺序进行操作。计算机中所用的存储部件有多种类型，如寄存器、静态 RAM、动态 RAM、闪存、磁盘存储器、磁带存储器、光盘存储器等，它们各自有不同的速度、容量和成本，各类存储器按照层次化的方式构成了存储系统的层次化结构。

3.1.1 存储器的性能指标

存储器的性能指标主要有存储容量、存取时间、存取周期、价格和带宽等。在存储器中，一般将 8 个二进制位定义为 1 字节，也称为字节存储单元，其地址称为字节地址。如果计算机是按字节存储单元进行寻址工作的，则称其为按字节编址的计算机；如果计算机是按字存储单元（多字节）进行寻址工作的，则称其为按字编址的计算机。目前，多数计算机均支持这两种编址方式。存储器的主要性能指标如下：

（1）存储容量是以字节（或字）为单位来表示存储器存储单元的总数，即存储容量 S= 存储字节（或字）数×存储字长度（位数）。存储器的地址线位数决定了存储器的可直接寻址的最大空间。计量存储空间常用的单位词头有 K（表示 2^{10}）、M（表示 2^{20}）、G（表示 2^{30}）、T（表示 2^{40}）等。

（2）存取时间又称为存储器访问时间，是指从启动一次存储器操作到完成该操作所经历的时间。

（3）存取周期指连续启动两次独立的存储器操作（如连续两次读或写操作）所需间隔的最小时间。通常，存取周期≥存取时间。存取时间和存取周期反映了存储器的速度。

（4）存储器的价格通常以每位价格来衡量，即：

$$P\text{（每位价格）}=C\text{（总成本）}/S\text{（总容量）}$$

（5）存储器带宽是单位时间存储器所能存取的信息量，通常以位/秒（b/s）或字节/秒（B/s）为单位，可以表示为 B_M（数据传输速率）$=W$（数据宽度）$/T_M$（存取周期）。

其他的性能指标还有可靠性、存储密度、存储的长期性、功耗、物理尺寸（集成度）等。

3.1.2 存储器的分类

按照存储器的存储介质、性能及使用方法的不同，存储器有如下分类方法：

（1）按存储介质分类。目前使用的存储介质主要有半导体器件、磁性材料和光学方式存储器件。采用半导体器件构成的存储器称为半导体存储器，如主存；采用磁性材料构成的存储器称为磁表面存储器，如磁盘存储器；采用光学方式存储器件构成的存储器有光盘存储器。

（2）按读/写信息可改性分类。有些半导体存储器存储的内容是固定不变的，即只能读出不能写入，这种半导体存储器称为只读存储器（ROM）；既能读出又能写入的半导体存储器称为随机存取存储器（RAM）。

（3）按信息存取可保存性分类。断电后信息即消失的存储器称为非永久记忆的存储器，如随机存取存储器（RAM）；断电后仍能存储信息的存储器称为永久性记忆的存储器，如只读存储器（ROM）、磁盘存储器和光盘存储器。

（4）按信息存取方式分类。按信息存取方式分类可分为随机存取存储器、顺序存取存储器、直接存取存储器和相联存储器四种形式。

① 随机存取存储器。随机存取存储器（RAM）是由按地址访问的半导体存储器构成的，只要给出存储器某个地址就可以读/写存储器单元中的内容。在计算机中，随机存取存储器通常用于高速缓冲存储器（Cache）或主存。

② 顺序存取存储器。顺序存取存储器的特点是信息按顺序存储和读出，其存取时间取决于信息的存储位置，以记录块为单位编址。例如，磁带存储器就是采取顺序存取方式工作的。

③ 直接存取存储器。直接存取存储器的存取方式是首先采用随机访问的方式来寻找信息所在的区域，然后按顺序方式进行存取信息。例如，磁盘存储器就是采用直接存取方式进行工作的。

④ 相联存储器。上述三类存储器都是按所需信息的地址来访问，但有些情况下可能不知道所访问信息的存储地址，只知道要访问信息的内容特征。此时，只能按内容检索到存储地址后再进行读/写。这种存储器称为按内容访问存储器或相联存储器。例如，存储系统中的快表 TLB（转换旁路缓冲存储器，详见 3.5.3 节）通常是采用相联存储器构成的。

（5）按功能分类。

① 高速缓冲存储器。目前高速缓冲存储器（Cache）由静态 RAM 芯片组成，位于主存和 CPU 之间，存取速度接近 CPU 的运算速度，用来存储 CPU 经常使用到的指令和数据。

② 主存储器。指令直接面向的存储器是主存储器，简称主存。CPU 执行指令时给出的存储器地址是主存地址（在虚拟存储系统中，需要将指令给出的逻辑地址转换成主存地址）。因此，主存是存储器分层体系结构中的核心存储器，用来存储系统的启动程序及其数据，主存目前一般由 MOS 型半导体存储器构成。

③ 辅助存储器。在系统运行时，直接与主存交换信息的存储器称为辅助存储器（简称辅

存）。目前，通常将磁盘存储器或光盘存储器作为辅存，辅存中存储的内容需要调入主存后才能被 CPU 访问。由于辅存通常是在计算机主板的外部，因此也被称为外部存储器(简称外存)。

3.1.3　存储系统的层次化结构

计算机对存储系统的要求是容量大、速度快、成本低。但是，目前只使用一种存储器是很难同时兼顾这三个方面的要求的。

在实际应用中，为了满足存储器容量大、速度快和成本低这三个方面的要求，通常采用三种不同类型的存储器，即高速缓冲存储器（Cache）、主存和辅存，从而形成一个层次化的二级存储结构。其中一个层次是由主存和 Cache 构成的高速缓冲存储系统，另一个层次是由主存和辅存构成的虚拟存储系统。前一层次主要解决存储系统的速度问题，后一个层次主要解决存储系统的容量问题。其中主存与 Cache 之间的数据交换是由硬件自动完成的，主存与辅存之间的数据交换是由硬件和操作系统共同完成的。中央处理单元（CPU）可以直接访问主存和 Cache，但不能够直接访问辅存。辅存中的数据必须调入主存后，才能由 CPU 进行处理。存储器层次结构示意图如图 3-1 所示。

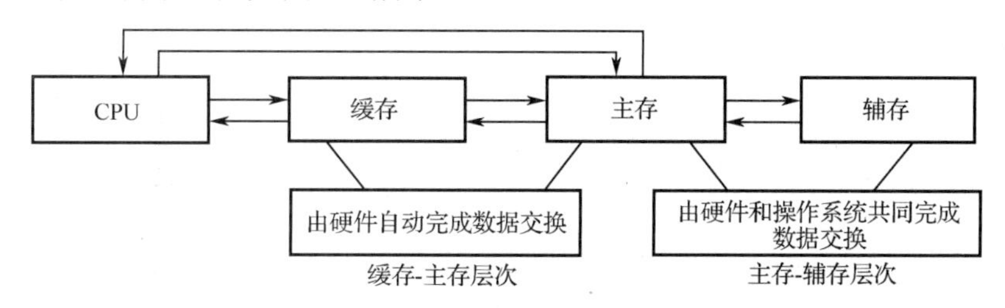

图 3-1　存储器层次结构示意图

为了提高计算机的处理速度，常利用 Cache 来临时存放部分指令和数据。与主存相比，Cache 的存取速度快，但存储容量小。主存用来存放计算机运行期间的大量程序和数据，在主存与 Cache 之间交换数据和指令是按存储块进行的，而在 Cache 与 CPU 之间交换数据是按字进行的。

目前，最常使用的辅存是由磁表面存储器（如硬盘存储器）和光盘存储器构成的，其特点是存储容量大，通常用来保存系统程序和大型数据文件及数据库。在主存和辅存之间交换数据是按页或段进行的。存储系统的各个层次如图 3-2 所示。

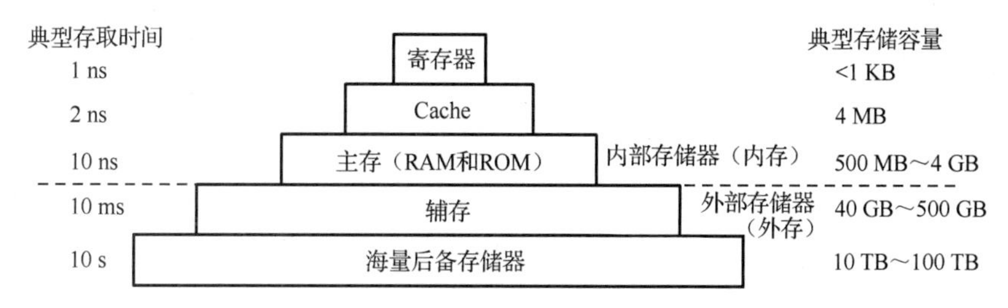

图 3-2　存储系统的各个层次

3.2 主存储器

目前，计算机的主存储器一般是由半导体存储器构成的，由于通常被放置在计算机的主板上，因此又被称为内部存储器（简称为内存）。

3.2.1 主存储器概述

主存储器的功能结构如图 3-3 所示。其中，虚线框内的存储器地址寄存器（MAR）和存储器数据寄存器（MDR）在 CPU 芯片内。实线框内的地址译码器、读/写控制电路和存储块（Memory Bank，MB）均制作在存储芯片中，存储芯片与 CPU 通过地址总线、数据总线和控制信号连接。

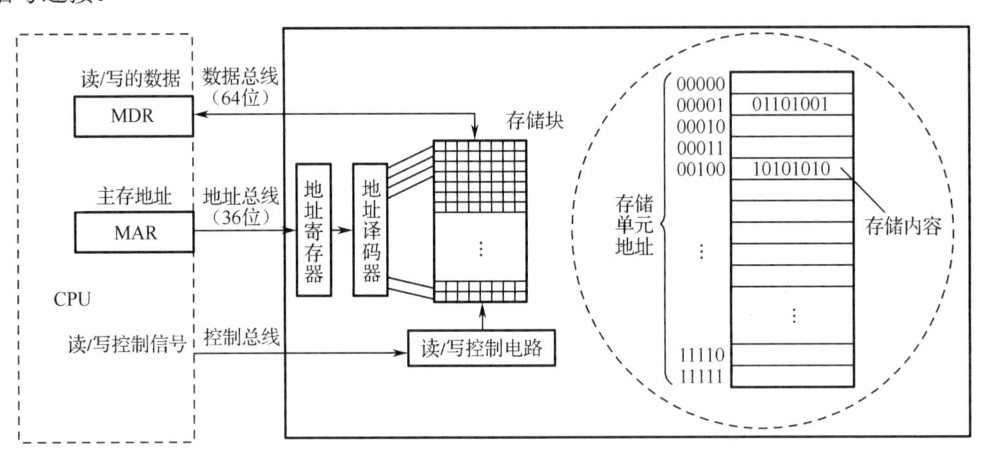

图 3-3　主存储器的功能结构

在主存储器（主存）中，由存储单元构成的存储阵列是存储器的核心部分。为了读取存储块中的数据，必须对存储单元进行编号，所编的号码就是地址。存储单位是指具有相同地址的那些位元构成的一个单位，可以是 1 个字节或 1 个字。对各存储单元进行编号的方式称为编址方式，可以按字节编址，也可以按字编址。现在大多数通用计算机都采用按字节编址的方式，此时存储块内一个地址中有 1 个字节。许多专用于科学计算的大型计算机采用 64 位编址，这是因为科学计算中数据大多是 64 位浮点数。

在图 3-3 中，实线框为主存。主存通过 M 位地址总线（如 32 位）、N 位数据总线（如 64 位）和控制总线同 CPU 交换数据。M 位地址总线用来指出所需访问的存储单元的地址（访问地址最大为 2^M），N 位数据总线用来在 CPU 与主存之间交换数据，控制总线用来协调和控制 CPU 与主存之间的读/写操作。当 CPU 启动一次读/写主存的操作时，先将地址码由 CPU 通过地址总线送入存储地址寄存器（MAR），然后使控制总线中的读/写控制信号有效，MAR 中地址码经过地址译码器后选中该地址对应的存储单元，通过读/写控制电路即可完成主存的读/写操作。

地址译码器的功能是接收地址总线上的地址信号，进行地址译码后选中存储块中的某个存储单元。从存储芯片上具有地址译码器的数量来区分，有单译码和双译码两种方式。例如单译码方式的地址线有 12 根，译码后输出 4096 根选择线可寻找 4096 个单元。因此，单译码方式一般应用于小容量的存储器，双译码方式中一般分行、列两个方向的译码器。例如，双译码方式的地址线有 12 条，其中行、列方向各 6 条，经行、列两个译码器的输出选择线只需要 64+64=128 条，同样可对应寻址 64×64=4096 个存储单元。因此，双译码方式适合大容量的存储器，这种方式也被称为矩阵译码器。

从工作特点、作用和制作工艺的角度来看，主存主要由半导体随机存取存储器（RAM）和半导体只读存储器（ROM）组成。其中 RAM 在程序执行过程中可读可写，故一般用于存储用户程序。ROM 在程序执行过程中只能读出，因此一般用于存储部分系统程序（如计算机中的输入/输出导引程序 BIOS 等）。

在计算机中，主存一般是由多个半导体存储芯片经扩展后组成的，这些存储芯片与 CPU 连接既可按字节编址也可按字编址。例如，一个存储容量为 16 MB 的存储器，按字节编址的寻址范围是 0～16×1048576（16M）；如果按照 16 位字长（2 字节）编址则寻址范围为 0～8M；按照 32 位字长（4 字节）编址的寻址范围为 0～4M。在微机中，16 位存储字或 32 位存储字的地址是 2 个或 4 个存储单元中最低端的字节存储单元的地址。

3.2.2 半导体随机存取存储器

半导体随机存取存储器（Random Access Memory，RAM）中数据既能被读也能够被写，但是写入的数据在断电后会立即消失（俗称易失性存储器）。通常，RAM 按电路结构和存储原理又分为静态随机存取存储器（SRAM）和动态随机存取存储器（DRAM）两种结构形式。

SRAM 是采用触发器的工作原理来存储数据，由于其速度快、无须刷新等特点被用于 Cache。DRAM 是利用电容存储电荷的原理来存储数据的，所以要在指定的时间内需要内部刷新，否则所存数据就会丢失。由于 DRAM 的集成度高、功耗小、价格低，因此被广泛用于计算机的主存（内存条）。

1. 静态随机存取存储器

静态随机存取存储器（Static RAM，SRAM）是利用半导体触发器的两个稳定状态表示 1 和 0 的。由最简单的 TTL 电路组成的 SRAM 是由两个双发射极晶体管和两个电阻构成的触发器电路，而由 MOS 管组成的单极型 SRAM 是由 6 个 MOS 管组成的双稳态触发电路。SRAM 的特点是只要保持供电，写入 SRAM 的数据就不会消失，不需要刷新电路。在读出时不会破坏原来存储的数据，一经写入后可多次读出。SRAM 的功耗较大、容量较小，但存取速度较快。

（1）SRAM 的工作原理。例如，存储容量为 1K×4 位的 Intel 2114 SRAM 芯片的基本单元电路是由 6 个 MOS 管组成的，Intel 2114 SRAM 芯片的结构如图 3-4 所示，其外部引脚如图 3-5 所示。

图 3-5 中 A_9～A_0 为芯片的 10 个地址输入端，其寻址长度为 2^{10}=1K；I/O_1～I/O_4 为芯片的 4 位数据输入/输出端；$\overline{CS}$ 为芯片选择线（简称片选线，低电平有效）；$\overline{WE}$ 为芯片写允许信号线（低电平有效）；V_{CC} 为芯片电源端；GND 为芯片接地端。

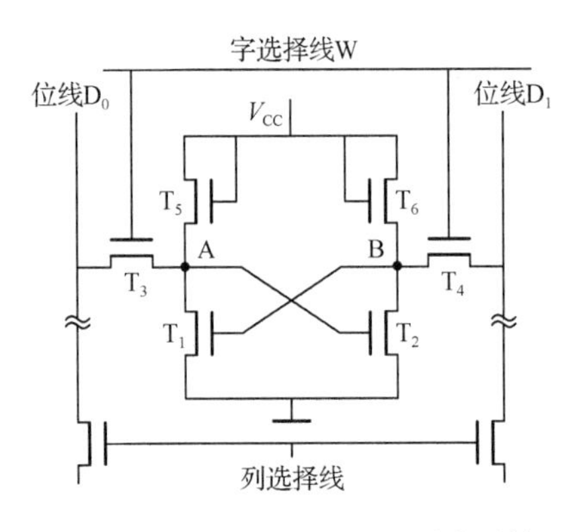

图 3-4　Intel 2114 SRAM 芯片的结构

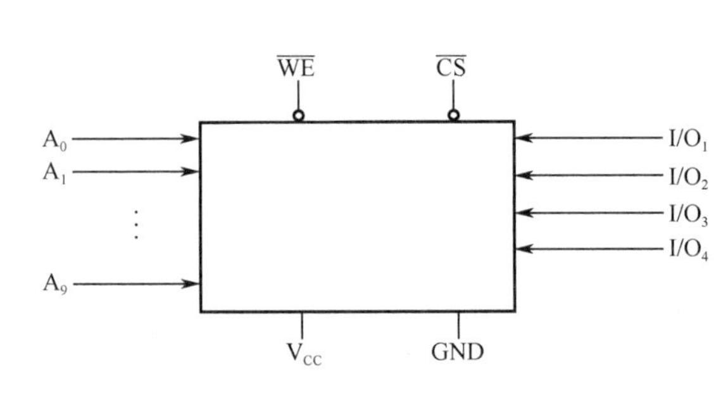

图 3-5　Intel 2114 SRAM 芯片的外部引脚

当需要对 Intel 2114 SRAM 芯片中的某个存储单元进行读/写操作时，首先要输入对应存储单元的地址，以便选中该存储单元。此刻若进行读操作，则$\overline{CS}$为低电平，$\overline{WE}$为高电平，这样可在读/写控制电路的输入/输出端 I/O_1～I/O_4 输出该存储单元中存储的 4 位数据。若进行写操作时，则可将写入数据送至 I/O_1～I/O_4，并使$\overline{CS}$为低电平、$\overline{WE}$为低电平，这 4 位数据可写入该地址对应的存储单元。

（2）SRAM 芯片的读/写时序。在与 CPU 连接时，CPU 的时序与存储器的读/写时序之间的配合是非常重要的。对于所应用的 SRAM 芯片，其读/写时序是已知的。图 3-6 为 Intel 2114 SRAM 芯片的读时序图，图 3-7 为 Intel 2114 SRAM 芯片的写时序图。

① 读时序。图 3-6 中，t_{RC}为读周期时间，t_A为读出时间，t_{CO}为片选到数据输出延迟时间，t_{CX}为片选到输出有效的时间，t_{OTD}为从断开片选到输出变为三态时所需的时间，t_{OHA}为地址改变后的维持时间。从读时序可以看出：在给出有效地址后，经过译码电路、驱动电路的延迟，到读出所选存储单元中的数据，再经过 I/O 电路延迟后在外部数据总线上稳定地输出读数据信息，这一过程总共需要 t_A 时间，所以称 t_A 为读出时间。

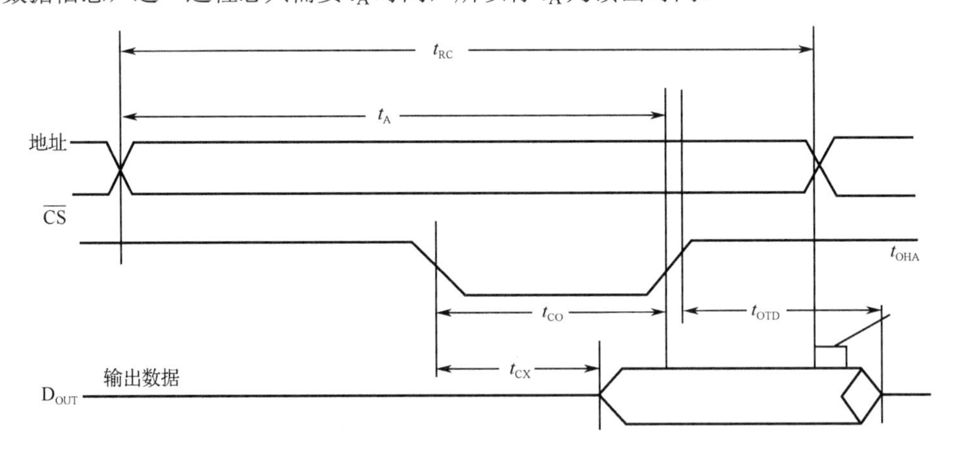

图 3-6　Intel 2114 SRAM 芯片的读时序图

读周期时间与读出时间是两个不同的概念，读周期时间 t_{RC} 表示芯片进行两次连续读操作时所必须间隔的时间，一般情况下 $t_{RC} \geq t_A$。显然，CPU 读取存储器中的数据时，从给出有效地址起，只有经过 t_A 时间才能在数据总线上可靠地输出数据。而连续的读操作必须保证间隔时间要达到 t_{RC}，否则存储器就无法正常工作，CPU 的读操作就会失败。

② 写时序。在图 3-7 中，t_{WC} 为写周期时间，t_W 为写入时间，t_{WR} 为写恢复时间，t_{DTW} 是从写信号有效到输出三态时的时间，t_{DW} 是数据有效时间，t_{DH} 是写信号无效后数据保持时间。如果要芯片进行写操作，则必须要求 $\overline{CS}$ 和 $\overline{WE}$ 都为低电平。为了要使数据总线上的数据能够可靠地写入存储器，要求 $\overline{CS}$ 与 $\overline{WE}$ 相“与”的宽度至少要保持 t_W。

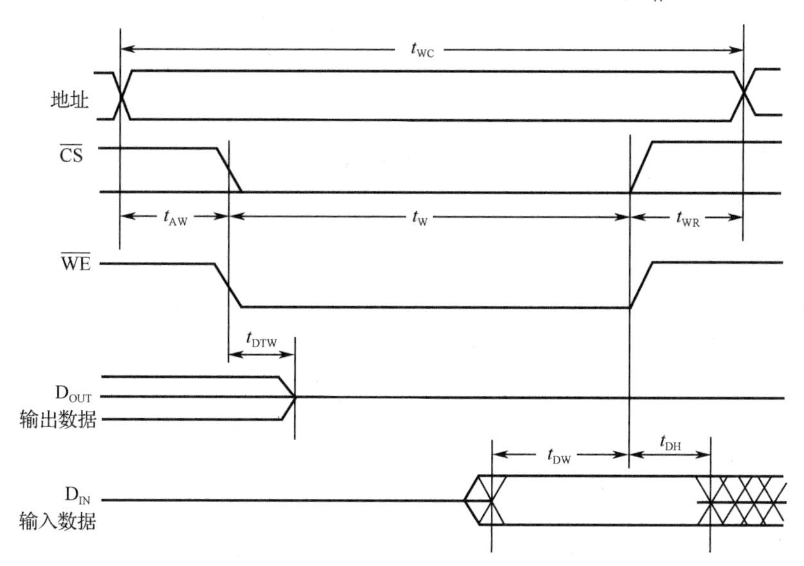

图 3-7 Intel 2114 SRAM 芯片的写时序图

为了保证在地址变化时不会发生写入错误而破坏存储器中的数据，$\overline{WE}$ 在地址变化时必须为高。只有在地址有效后再经过 t_{AW} 时间后，$\overline{WE}$ 才能有效。只有 $\overline{WE}$ 变为高电平后再经过 t_{WR} 时间，地址信号才允许改变。为了保证有效数据的可靠写入，要求 $t_{WC}=t_{AW}+t_W+t_{WR}$。为了保证在 $\overline{WE}$ 和 $\overline{CS}$ 变为无效前可以把数据可靠地写入存储芯片，要求写入的数据必须在 t_{DW} 以前保证在数据总线上已经稳定。

③ 存取周期。存取周期是指存储器进行一次读/写操作所需要的时间，也就是存储器进行连续的读/写操作的最短间隔时间。存取周期应等于访问时间加上下一次存取开始前所要求的附加时间，一般用 T_M 表示，即 $T_M=t_{RC}+t_{WC}$。

存储器的带宽 B 表示存储器被连续访问时可以提供的数据传输速率，通常用每秒传输数据的位数（或字节数）来衡量。

2. 动态随机存取存储器

动态随机存取存储器（Dynamic RAM，DRAM）是利用 MOS 管的栅极对其衬底间的分布电容来存储数据的，以存储电荷的多少（即电容电压的高低）来表示 1 和 0。DRAM 的每个存储单元一般是由单个或者 3 个 MOS 管组成的，因此 DRAM 的集成度较高、功耗较低。但其缺点是存储在 DRAM 中的数据会随着电容漏电而逐渐消失，其数据一般存取时间为几毫秒（ms），这样就需要每隔 1～2 ms 对 DRAM 中所有的存储单元进行一次恢复充电（也称为刷新），因此采用 DRAM 的计算机需要配置存储器刷新电路。另外，DRAM 的存取速度比 SRAM 慢，但其容量大、集成度高。计算机中的内存条通常采用 DRAM。

（1）单管存储单元。单管存储单元的内部结构如图 3-8 所示。

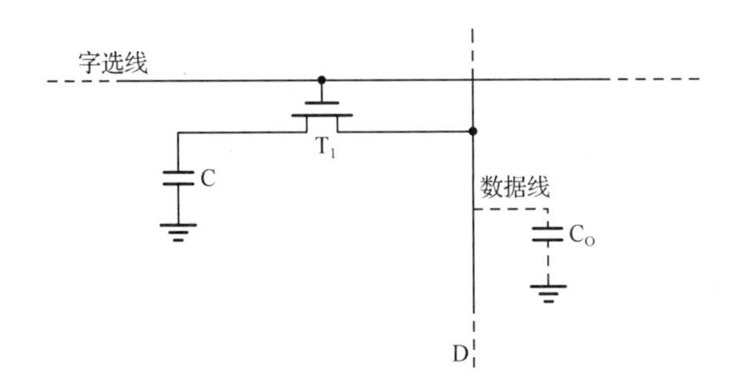

图 3-8　单管存储单元的内部结构

单管存储单元的工作过程如下：对某个单管存储单元进行写操作时，字选线为高电平，T_1 导通，写入的数据由数据线存入电容 C 中；进行读操作时，字选线为高电平，存储在电容 C 上的电荷通过 T_1 输出到数据线上，通过读出放大器即可得到存储的数据。单管存储单元的优点是线路简单、速度快，但是在读出时会损失电荷，故需要立即对单管存储单元进行“重写”以恢复原数据；单管存储单元的读出信号很小，要求使用高灵敏度的读出放大器。

（2）DRAM 的存储原理。Intel 2164 是一种存储容量为 64K×1 位的 DRAM 芯片，现以该芯片为例来介绍 DRAM 的内部结构及工作原理。图 3-9 是 64K×1 位 DRAM 的结构框图，其内部存储单元是由单个 MOS 管构成的。在大容量的 DRAM 中，为了减少地址总线的封装引脚数，一般采用行、列两个译码器（矩阵）方式，这样地址码需要分成两次送入存储器。64K×1 位的 DRAM 有 16 位地址码，CPU 将地址码分两批（每批 8 位）送至存储器，即先送行地址后送列地址。行地址由行地址选通信号 $\overline{RAS}$ 送入，列地址由列地址选通信号 $\overline{CAS}$ 送入。Intel 2164 DRAM 芯片内部具体是由 4 个 128 行×128 列存储器阵列组成的，其中行地址 A_7 与列地址 A_7 选择 $I/O_{1\sim4}$ 控制电路之一和 4 个存储器阵列之一。在进行读操作时，读出放大器输出存储单元中的数据，同时又使其内部的数据自动恢复，所以读出放大器也称为再生放大器。

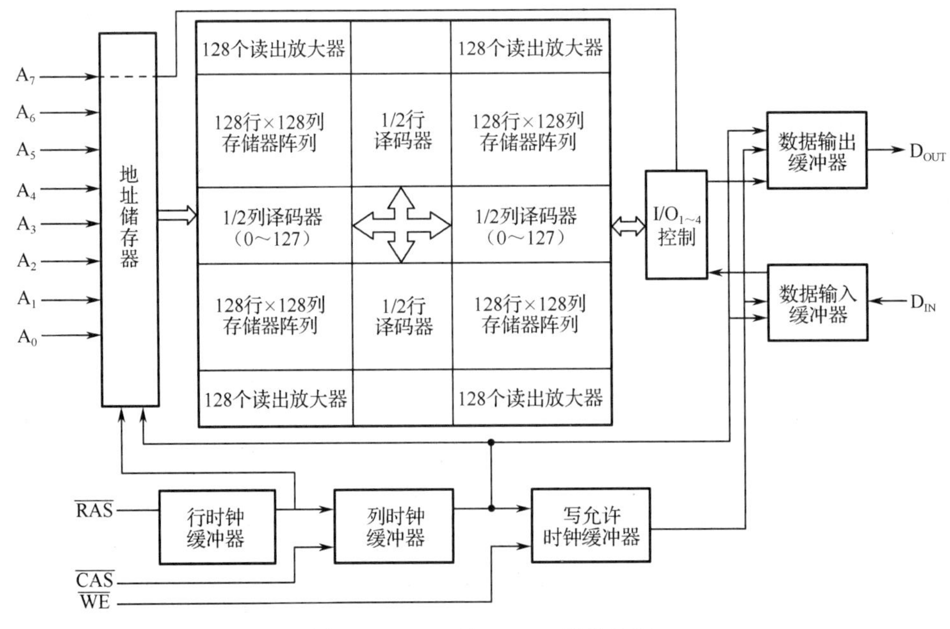

图 3-9　64K×1 位 DRAM 结构框图

由于 DRAM 的每行都有独立的读出放大器，因此只要在一段时间内对存储器阵列的每一行上的存储单元同时进行读操作，就可完成了对存储器的刷新。刷新逻辑电路可以保证 MOS 管 DRAM 的刷新工作，通过对每行的定时刷新，会使 MOS 管 DRAM 中的数据不丢失。所以 DRAM 的读出过程又称为刷新周期。DRAM 可采用集中式刷新和分布式刷新两种刷新方式。

① 集中式刷新是指在一个刷新周期内，利用一段固定的时间依次对存储器的所有行逐一进行刷新。这种刷新方式的缺点是在刷新期间内 CPU 不能访问存储器，因此会影响计算机系统的正常工作。

② 分布式刷新是指在规定的时间内分散地将 DRAM 的所有行都刷新一遍，具体做法是用刷新周期除以行数，得到两次刷新操作之间的时间间隔 t，再利用刷新逻辑电路每隔 t 时间产生一次刷新请求，这些刷新逻辑电路一般集成在 DRAM 芯片中。例如，在计算机中每隔 15.6 μs 刷新逻辑电路就发出一次刷新请求，DRAM 的存储器阵列内部由 128 行组成，则全部刷新一遍的时间为 2 ms（128 个刷新周期）。

（3）DRAM 芯片技术的发展。目前经常使用的 DRAM 的类型有同步 DRAM（SDRAM）和双数据率 SDRAM（DDR SDRAM）。其中，SDRAM 与 CPU 之间的数据传输是同步的，它的读/写周期为几纳秒，采用 64 位数据读/写方式。DDR SDRAM 允许在时钟脉冲的上升沿和下降沿传输数据，数据传输速率比 SDRAM 更高，可达数 10^6 位/秒（Gb/s）。

例如，DDR3 SDRAM 芯片内部 I/O 缓冲可以进行 8 位预取。如果存储芯片内部 CLK 时钟的频率为 200 MHz，意味着存储器总线上的时钟频率应为 800 MHz，存储器总线在每个时钟内可传输两次数据，若每次传输 64 位数据，则对应存储器总线的最大数据传输速率（即带宽）为 200 MHz×8×64/8=800 MHz×2×64/8=12.8 GB/s。

3.2.3 半导体只读存储器和 Flash 存储器

半导体只读存储器（Read-Only Memory，ROM）的特点是用户在使用时只能读出其中的数据，不能修改和写入新的数据。如果 ROM 中的数据是由制造厂商在生产 ROM 时写入的，则这种 ROM 称为掩膜 ROM（Masked ROM）。此外，ROM 还有以下几种类型：

① 可编程 ROM（Programmable ROM，PROM）。PROM 中的程序和数据是由用户通过编程器自行写入的，但一经写入就无法更改，它是一次写入多次读出的 ROM。

② 可擦除可编程 ROM（Erasable Programmable ROM，EPROM）。EPROM 中的程序和数据也是由用户通过编程器自行写入的，写入后的程序和数据可由紫外线灯照射擦除，EPROM 可多次擦除多次写入。

③ 电擦除可编程 ROM（Electrically Erasable Programmable ROM，EEPROM）。EEPROM 是在线采用专用程序进行擦除和改写的存储器，其特点是使用方便，芯片不离开插件板便可擦除或改写其中的数据但 EEPROM 的存取速度较慢、价格较贵。

④ 闪速存储器（Flash Memory）。闪速存储器简称闪存，也称为 Flash 存储器，借鉴了 EPROM 结构简单的特点，又吸收了 EEPROM 电擦除的特点，本身具有可以整块芯片电擦除和部分单元电擦除的功能。另外，闪存还具有耗电低、集成度高（容量大）、体积小、可靠性高、无须后备电池（在不加电情况下，数据可存储 10 年之久）、可重新改写、重复使用性好（至少可反复使用百万次以上）等优点。闪存的访问时间可低至几十纳秒

（ns），比硬盘驱动器快近百倍，由于没有机械运动部件，所以抗振能力强。闪存使用先进的 CMOS 制造工艺，目前广泛应用于计算机的 PC 卡存储器（固态硬盘）以及用来存储主板和显卡上的 BIOS。利用闪存制成的“优盘”（又称 U 盘）已广泛用来替代软盘，成为移动式存储器。

3.2.4 主存与 CPU 的连接及主存容量的扩展方式

1. 主存与 CPU 的连接原理

在主存与 CPU 相连时，特别要注意两者之间的地址总线、数据总线、读/写控制线和片选线的连接。

① 地址总线的连接：由于 CPU 的地址总线数往往要比主存的地址总线数多，通常是将 CPU 地址总线的低位部分与主存的地址总线相连，而 CPU 地址总线的高位部分在扩展主存时作为片选信号或悬空。

② 数据总线的连接：在实际中，CPU 的数据总线位数一般多于或者等于主存的数据总线位数。如果主存的数据总线位数与 CPU 的数据总线位数不相等，则必须扩展主存数据总线位数，使其数据总线位数与 CPU 的数据总线位数相等。

③ 读/写控制线的连接：CPU 的读/写控制线一般可直接与主存的读/写控制端相连，通常高电平为读，低电平为写。在实际中，有些 CPU 的读/写控制线是分开的，此时 CPU 的读控制线应与主存的允许读控制端连接，CPU 的写控制线应与存储芯片的允许写控制端相连接。

④ 片选线的连接：在扩展主存时，片选线的连接是 CPU 与主存连接的关键。如果主存是由多个存储芯片扩展而成的，那么哪一个存储芯片会被选中则完全取决于该存储芯片的片选控制 $\overline{CS}$ 是否能接收到来自 CPU 的片选有效信号。

另外，有些存储芯片的片选有效信号还与 CPU 的访问控制信号 $\overline{MREQ}$（低电平有效）有关，只有当 CPU 要求访问时，才要求选择存储芯片。若 CPU 访问 I/O 接口，则 $\overline{MREQ}$ 为高电平，表示不要求存储器工作。此外，在采用全译码扩展方式时，由于 CPU 的地址总线多于主存的地址总线，CPU 的高位地址还会与一些逻辑部件来共同产生储器芯片的片选信号。

合理选择存储芯片主要是指存储芯片类型的选择。通常，ROM 用于存储系统程序、标准子程序和各类常数等，RAM 用于存储 CPU 所需的数据。此外，在考虑存储芯片数量时，要尽量使其连线简单、方便。

2. 主存容量的扩展方式

主存的最基本访问单元是由 8 位半导体存储器构成的，在实际应用中，单个存储芯片往往无法满足计算机主存系统容量的要求，通常可采用位扩展、字（地址长度）扩展或字、位同时扩展方式将多个存储芯片组织和扩展起来构成主存。

（1）位扩展方式。当单个存储芯片的地址长度与主存的地址长度相同，而各存储单元中所存数据的位数少于主存所要求的位数时，可采用位扩展的方式。

例 3.1 假设主存总容量为 16K×8 位，而所选用的存储芯片容量为 16K×4 位时，主存应由 2 个存储芯片采用位扩展方式来构成。位扩展方式连接图如图 3-10 所示。如果主存容量仍为 16K×8 位，而所选用的存储器芯片容量为 16K×1 位，那么主存就需要由 8 个存储芯片采用位扩展方式来构成。

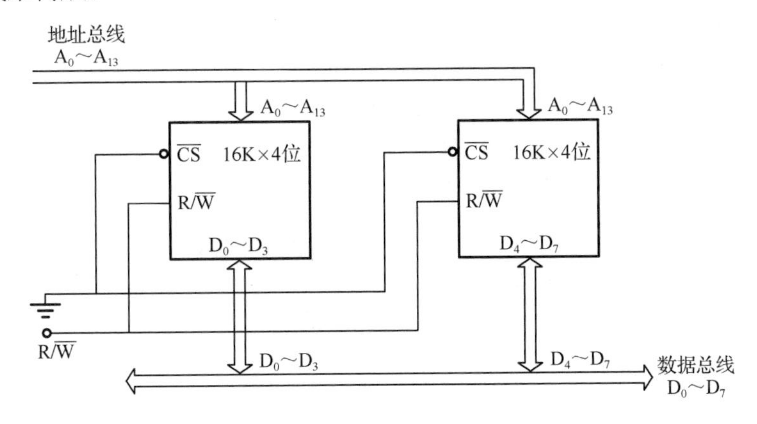

图 3-10　位扩展方式连接图

当 CPU 访问主存时，由 CPU 的地址总线（A_{13}～A_0）、读/写允许信号 R/$\overline{W}$ 并行连接到每个存储芯片，各存储芯片内部的片选信号 $\overline{CS}$ 也要并行连接，这样就能选中每个存储芯片中的同一地址，可从该地址中同时读出 8 位数据并送至数据总线，或将数据总线上的 8 位数据同时写入各存储芯片的同一地址中。

（2）字扩展方式。当存储芯片内部存储单元中的位数与主存中存储单元中的位数相同而地址范围（字数）小于主存的要求时，可以采用字扩展方式。

例 3.2　假设主存的容量为 64K×8 位，而所选用的存储芯片容量为 16K×8 位时，则主存应由 4 个存储芯片采用字扩展方式来构成。字扩展方式连接如图 3-11 所示。

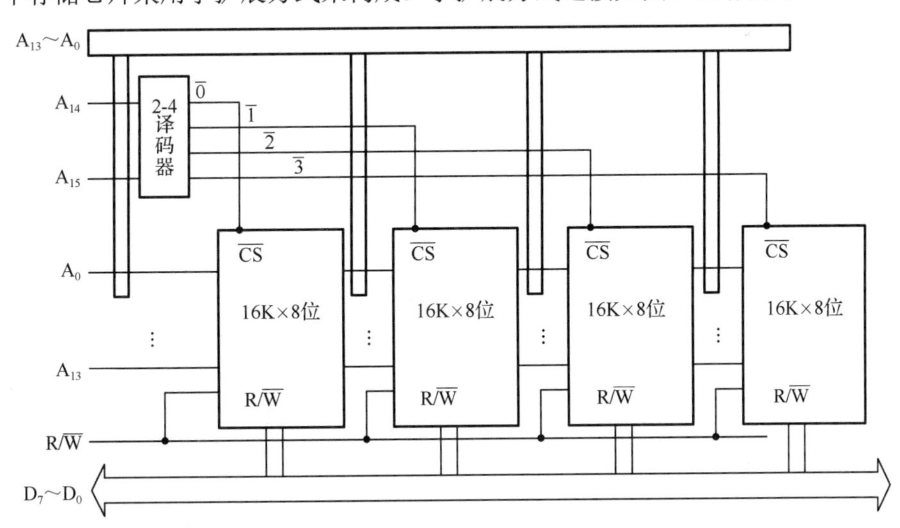

图 3-11　字扩展方式连接图

从图 3-11 中可以看到，由于每个存储芯片本身只有 14 条地址总线（A_{13}～A_0），所以将 CPU 输出的 16 条地址总线分成两部分：其中低端部分 A_{13}～A_0 直接与 4 个存储芯片内部的 14 条地址总线相连，剩余高端部分的 2 条地址总线（A_{15} 和 A_{14}）经 2-4 译码器译码后分别形成 4 个存储芯片的片选信号 $\overline{CS}$。这样使用 4 个存储芯片构成的主存系统就包含了 16 KB 的地址区域，第 1 个到第 4 个存储芯片的地址范围分别是 0000～3FFFH、4000～7FFFH、8000～BFFFH、C000～FFFFH。

当 CPU 访问主存时，给定的任何地址码（通过地址总线 A_{15}～A_0 给出）都会位于指定的某一个存储芯片中，至于选中的是哪个存储芯片则由片选信号（高端地址）经 2-4 译码器译码后来确定，所读出和写入的 8 位数据都来自同一个存储芯片。

如果主存容量仍为 64K×8 位，而所选用的存储芯片容量为 8K×8 位，那么主存应由 8 个存储芯片采用字扩展方式构成。由于 8K×8 位存储芯片内部地址共 13 位（A_{12}～A_0），所以高端地址（片外地址）变成 3 位（A_{15}～A_{13}），这样就需要使用 3-8 译码器来完成片选功能。在字扩展方式中，增加存储芯片会扩展主存的地址范围，主存扩展范围的大小取决于存储芯片本身的容量和数量。

（3）字、位同时扩展方式。当存储器芯片的字数（地址范围）和字长（位数）均不能满足主存容量的要求时，就要采用字、位同时扩展方式来构成主存。例如，主存的容量是 $M \times N$ 位，而存储芯片的容量是 $L \times K$ 位，那么主存共需要 $M/L \times N/K$ 个存储芯片。

例 3.3 某主存容量为 64K×8 位，所选存储器芯片的容量为 8K×4 位，主存应由 64/8×8/4=16 个存储芯片扩展构成。字、位同时扩展方式连接图如图 3-12 所示。

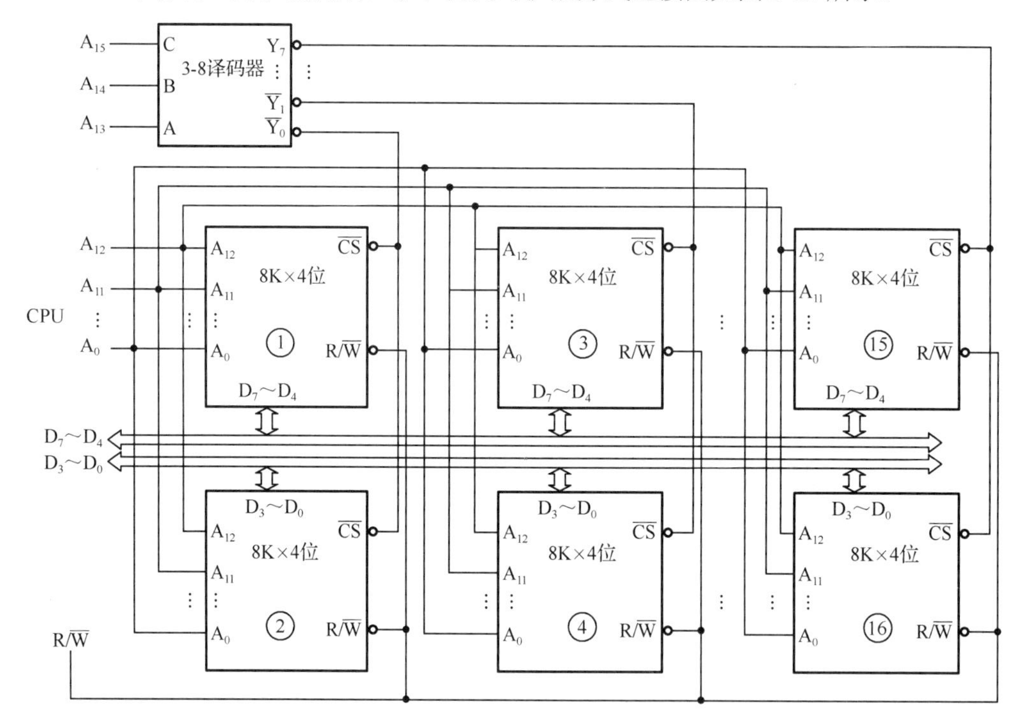

图 3-12 字、位同时扩展方式连接图

从图 3-12 中可看出，由于每个存储芯片只有 4 位，所以位方向需要由 2 个存储芯片扩展为 8 位。又由于每个存储芯片内只包含 8K 个字，所以其字数方面需要由 8 个芯片才能扩展为 64K 个字。这样，采用字、位同时扩展方式共需要 2×8=16 个存储芯片。CPU 地址总线中低端的 13 位地址线（A_{12}～A_0）与 16 个存储芯片内部的 13 位地址总线直接相连，总地址线中高端的 3 位地址码（A_{15}～A_{13}）经 3-8 译码器译码后的 8 条片选信号线分别连接到 8 组存储芯片的$\overline{CS}$端。其中，每组中的2个存储芯片的$\overline{CS}$端并接。这样主存就被分为8个组（区域），每个组内包含8K地址范围。任何时候读出或写入的8位数据分别对应于同一组内的2个存储芯片的同一地址（高4位、低4位）。

假如主存的容量仍然为64K×8位，而选用的存储芯片的容量为32K×4位，则主存就需要由4个存储芯片构成（即2个组，每个组内包含2个存储芯片）。

3. 主存扩展中的译码方式

CPU访问主存时需要给出相应存储单元的地址码，其长度取决于CPU可直接访问的最大存储空间。在扩展主存时，一般要将其地址码分为片内地址（低端地址）和片选地址（高端地址）两部分。例如，存储芯片容量为8K×4位或8K×1位，它们的片内地址（低端地址）相同，均为13位；高端的地址码为片选地址，经译码后产生连接存储芯片内的片选信号$\overline{CS}$，因此，译码只涉及片选地址部分（高端地址）。片选地址的译码方式有部分译码方式和全译码方式两种。

（1）部分译码方式。在实际使用的存储空间比CPU可访问的最大存储空间小，而且对其地址范围没有严格要求的情况下可采用部分译码方式。

例3.4 CPU提供的地址总线为16位，而实际使用的主存容量只为16 KB，拟采用4K×4位的存储芯片和部分译码方式进行扩展。问：

① 应该采用何种扩展方式？使用多少个存储芯片？

② 画出扩展连接图，写出各组存储芯片的寻址范围。

解：① 需要采用字、位同时扩展方式，共需要16/4×8/4=8个存储芯片。

② 采用部分译码方式时，首先将8片存储芯片按照扩展需要分成4组（区），每组2片。采用部分译码方式的扩展连接图如图3-13所示（图中未画出数据线）。

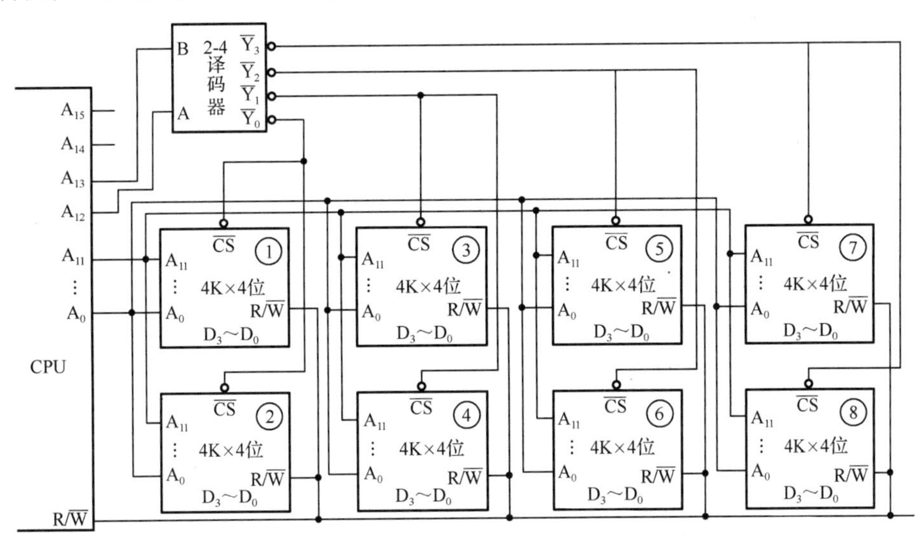

图3-13 采用部分译码方式的扩展连接图

从图3-13中可以看出，在CPU的16条地址总线中，低端地址中的12位（A_{11}～A_0）用于片内地址，直接与8个存储芯片的地址总线并连；高端地址中的低2位地址（A_{13}和A_{12}）用于片选地址，经译码后产生4个片选信号分别与4组芯片的$\overline{CS}$端相连；最高的2个地址

（A_{15}和A_{14}）悬空，没有参加译码。

采用部分译码方式，会使得各组芯片的地址范围不再是唯一的。以由存储芯片①、②构成的第一组为例，由于CPU地址总线中的最高2位地址悬空，因此每组存储芯片（4 KB）内的存储单元都对应有4个不同地址。部分译码方式地址分配范围如表3-1所示。

表3-1　部分译码方式地址分配范围

片选地址		片内地址												译码输出	地址范围
$A_{15}A_{14}$	$A_{13}A_{12}$	A_{11}	A_{10}	A_9	A_8	A_7	A_6	A_5	A_4	A_3	A_2	A_1	A_0		
00 00	00 00	00	00	00	00	00	00	11	11	11	11	11	11	$\overline{Y_0}=0$	0000H～0FFFH
01 01	00 00	00	00	00	00	00	00	11	11	11	11	11	11	$\overline{Y_1}=0$	4000H～4FFFH
10 10	00 00	00	00	00	00	00	00	11	11	11	11	11	11	$\overline{Y_2}=0$	8000H～8FFFH
11 11	00 00	00	00	00	00	00	00	11	11	11	11	11	11	$\overline{Y_3}=0$	C000H～CFFFH

同样，其他三组存储芯片的地址范围分别如下：

第2组存储芯片的地址范围为：1000H～1FFFH、5000H～5FFFH、9000H～9FFFH、D000H～DFFFH。

第3组存储芯片的地址范围为：2000H～2FFFH、6000H～6FFFH、A000H～AFFFN、E000H～EFFFH。

第4组存储芯片的地址范围为：3000H～3FFFH、7000H～7FFFH、B000H～BFFFH、F000H～FFFFH。

可以看出，采用部分译码方式时使得各组存储芯片的地址范围出现了重叠，其重叠区的个数取决于没有参加译码的地址总线的位数。在例3.4中，2位地址总线（A_{15}、A_{14}）没有参加译码，所以每组存储芯片都出现4个重叠区。

（2）全译码方式。全译码方式是指片选地址部分（高端地址）全部参加译码，以下两种情况通常需要采用全译码方式。

① 主存实际地址使用的存储空间与CPU可访问的最大存储空间相同。

例如，CPU的地址总线16位（A_{15}～A_0），即可访问的最大存储空间为64 KB，而实际要求设计的存储空间同样为64 KB。如果存储芯片的容量是16K×4位，那么采用字、位同时扩展方式时需要8个存储芯片，具体分为4个组（区），各存储芯片的片内地址是14位。地址总线的片选地址（高端地址）为2位，这2位片选地址全部参加译码时可产生4个片选信号，分别用于4组存储芯片的片选信号。这4组存储芯片的地址范围分别为0000H～3FFFH、4000H～7FFFH、8000H～BFFFH、C000H～FFFFH。

② 主存实际使用的存储空间小于CPU可访问的最大存储空间，并且对实际存储空间的地址范围有严格的要求（如每个存储单元要求具有唯一的地址）。

例3.5　CPU的地址总线为16位（A_{15}～A_0），即可访问的最大存储空间为64 KB。而系统中实际使用的存储空间只有8 KB，且存储芯片的容量为4K×2位，并要求这8 KB的地址范围必须在4000H～5FFFH内，问：

① 应该采用何种扩展方式？使用多少个存储芯片？

② 画出扩展连接图，写出各组存储芯片的寻址范围。

解：① 需要采用字、位同时扩展方式，共需要8/4×8/2=8个存储芯片。

② 采用全译码方式时，首先需要将 8 个存储芯片按照扩展分成 2 组（区），每组 4 个存储芯片。采用全译码方式的扩展连接图如图 3-14 所示（图中未画出数据总线和读/写控制线）。

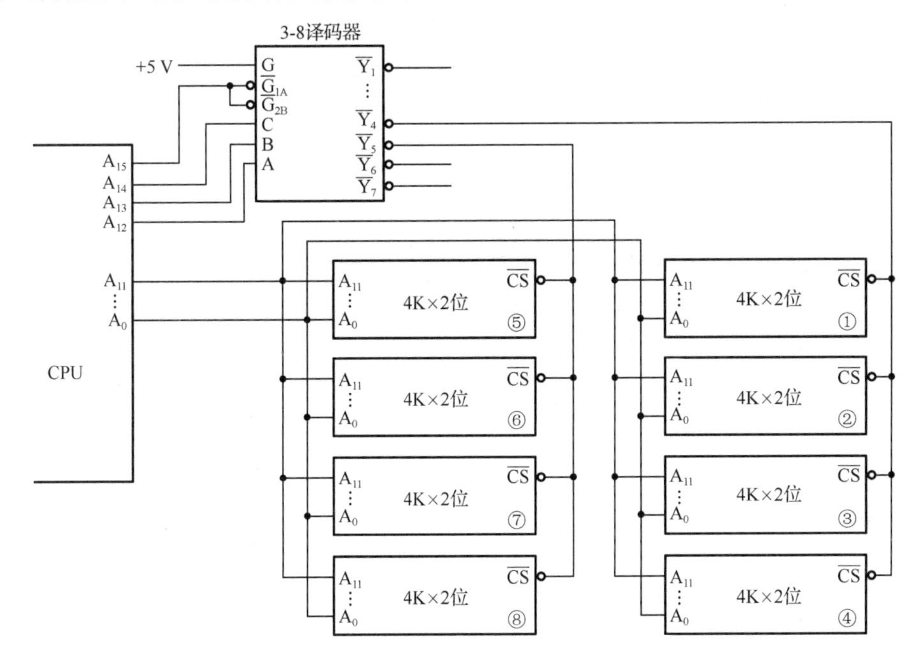

图 3-14　采用全译码方式的扩展连接图

从图 3-14 中可看出，全译码方式地址分配范围如表 3-2 所示。从表 3-2 中可看出，当前使用的存储空间的地址范围被严格地定义在 4000H～5FFFH 范围内。

表 3-2　全译码方式地址分配范围

存储芯片	片选地址				片内地址												译码输出	地址范围
	A_{15}	A_{14}	A_{13}	A_{12}	A_{11}	A_{10}	A_9	A_8	A_7	A_6	A_5	A_4	A_3	A_2	A_1	A_0		
①②③④	0	0	0	0	0	0	0	0	0	0	0	0	0	0	0	0	$\overline{Y}_0$ =0	0000H～0FFFH
	0	0	0	0	1	1	1	1	1	1	1	1	1	1	1	1		
	0	0	0	1	0	0	0	0	0	0	0	0	0	0	0	0	$\overline{Y}_1$ =0	1000H～1FFFH
	0	0	0	1	1	1	1	1	1	1	1	1	1	1	1	1		
	0	0	1	0	0	0	0	0	0	0	0	0	0	0	0	0	$\overline{Y}_2$ =0	2000H～2FFFH
	0	0	1	0	1	1	1	1	1	1	1	1	1	1	1	1		
	0	0	1	1	0	0	0	0	0	0	0	0	0	0	0	0	$\overline{Y}_3$ =0	3000H～3FFFH
	0	0	1	1	1	1	1	1	1	1	1	1	1	1	1	1		
⑤⑥⑦⑧	0	1	0	0	0	0	0	0	0	0	0	0	0	0	0	0	$\overline{Y}_4$ =0	4000H～4FFFH
	0	1	0	0	1	1	1	1	1	1	1	1	1	1	1	1		
	0	1	0	1	0	0	0	0	0	0	0	0	0	0	0	0	$\overline{Y}_5$ =0	5000H～5FFFH
	0	1	0	1	1	1	1	1	1	1	1	1	1	1	1	1		
	0	1	1	0	0	0	0	0	0	0	0	0	0	0	0	0	$\overline{Y}_6$ =0	6000H～6FFFH
	0	1	1	0	1	1	1	1	1	1	1	1	1	1	1	1		
	0	1	1	1	0	0	0	0	0	0	0	0	0	0	0	0	$\overline{Y}_7$ =0	7000H～7FFFH
	0	1	1	1	1	1	1	1	1	1	1	1	1	1	1	1		

以上两种情况均属于全译码方式，它们的共同特点是所使用的存储芯片内部所有存储单元的地址都是唯一的。另外，除了全译码方式和部分译码方式，还有线译码方式。在线译码方式中，可以将 CPU 中的高端地址直接连接在被扩展存储芯片的片选地址上，CPU 的低端地址直接与被扩展存储芯片的片内地址相连。这种方式的特点是连接方便、简单，但是会造成存储地址空间不连续，浪费地址资源，不利于以后的扩展。

4．内存条和内存条插槽

受集成度和功耗等因素的限制，单个存储芯片的容量不可能很大，往往需要通过存储芯片的扩展技术，将多个芯片集成在一个主存模块（如内存条）上，然后由多个主存模块，以及主板或扩充板上的 RAM 和 ROM 组成计算机所需的主存空间，再通过系统总线和 CPU 相连。

目前，计算机中的内存条通过内存条插槽内的引线连接到主板上，再通过主板连接到北桥芯片或 CPU。计算机中有多条总线可同时进行数据传输，支持两条总线同时进行数据传输的内存条插槽称为双通道内存条插槽，还有三通道、四通道内存条插槽，其总线的传输带宽可以分别提高到单通道的 2 倍、3 倍和 4 倍。

3.2.5 Pentium 计算机的主存系统组成

Pentium 计算机的数据总线为 64 位，地址总线为 36 位，对外的地址引脚为 A_{35}～A_3，使能信号为 BE_7～BE_0（8 字节），其地址总线比 Intel 486 计算机多了 4 位，但 A_{35}～A_{32} 并不作为物理地址使用，所以 Pentium 计算机对应的物理存储空间仍是 2^{32}= 4096 MB=4 GB。

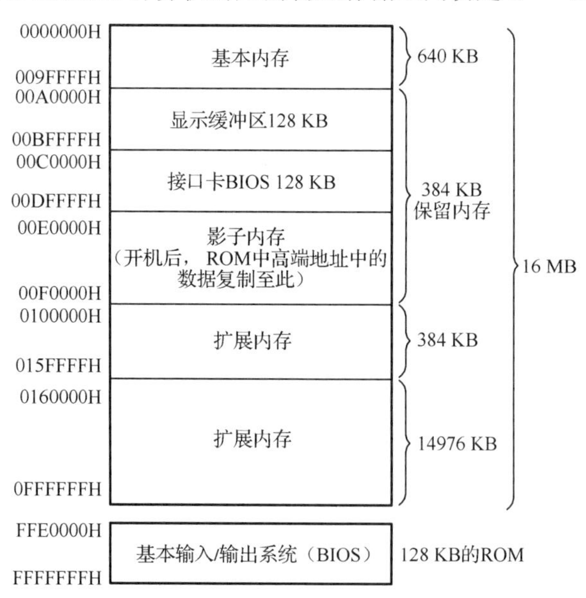

图 3-15　主存为 16 MB 的 Pentium 计算机物理存储空间的分配

考虑到系统软件的兼容性，除 128 KB 的系统程序区外，存储空间被分成基本内存、保留内存和扩展内存三部分。图 3-15 所示为主存为 16 MB 的 Pentium 计算机物理存储空间的分配。

3.3　高速缓冲存储器

在存储系统中，加入高速缓冲存储器（Cache）是为了解决CPU和主存之间速度不匹配而采用的一项重要技术。Cache是介于CPU和主存之间的高速小容量存储器，其工作速度是主存的数倍，其内部全部功能由硬件实现，能高速地向CPU提供指令和数据，加快程序的执行速度。

3.3.1　Cache简介

Cache位于主存与CPU的通用寄存器组之间，新型的CPU芯片通常集成了1～2级Cache，第1级Cache的容量一般只有几KB到几百KB，第2级Cache的容量一般有几MB，一些高端的CPU芯片甚至集成了第3级Cache。Cache用来存储当前使用最频繁的程序和数据，作为主存某些局部区域数据的副本，如存储现行指令地址附近的程序，以及当前要访问的数据区内容。

由于编程时指令地址基本上是连续的，对循环程序段的执行往往要重复若干遍，在一个较短的时间内，对存储器的访问大部分集中在一个局部区域中，这种现象称为程序的局部性。我们将这一局部区域的内容从主存复制到Cache中，可以使CPU高速地从Cache中读取程序与数据，其速度比从主存中读取要高5～10倍。这一过程由硬件实现，编程地址仍是主存地址，程序员看到的仍是访问主存。Cache对用户是透明的，随着程序的执行，Cache中的内容也会按一定的规则进行更新。

为了实现Cache的上述功能，需要解决以下几个问题：首先是主存和Cache之间的地址映像关系；其次是如何实现地址转换，将访问主存的地址转换成对应的Cache地址；然后是Cache的读/写方式；最后是更新Cache内容的替换算法。

1．Cache的组成

和主存一样，Cache也被分成若干个大小相同的存储块，每个存储块由若干字（或字节）组成。CPU对主存和Cache的读/写以存储字（字）为单位，而主存与Cache之间的数据传输以存储块（简称块）为单位，一个块由若干定长的存储字（或字节）组成。CPU在执行程序的同时，还要将用到的存储块从主存复制到Cache中，然后由Cache向CPU提供程序和数据。Cache内部存储的总是部分主存内容的副本。

由于CPU在访问主存时，执行的指令中给出的是主存地址。在访问Cache时，必须知道被访问存储字的Cache地址。因此必须在Cache地址和主存地址之间建立一个确定的逻辑关系，从而可以将主存地址转换成Cache的地址，以便在Cache被命中时，能正确地在Cache中访问到对应的存储字。Cache 同主存之间的这种地址间的逻辑关系称为地址映像。通过地址映像后，才可以将主存地址转换为Cache的地址，这一过程称为地址转换。

反映主存单元和Cache单元的地址映像关系的表格称为地址映像表，该表采用高速器件实现，以便提高查表速度。为了使查表与访问Cache结合起来，地址映像表可以和Cache数据项结合起来，即在Cache中为每个存储块都增加一个地址映像标记。该标记可以在主存以存储块的方式调入 Cache 时，将该存储块在主存中的地址作为标记写入 Cache 中的对应位置。当访问主存的地址与 Cache 中的这一地址映像标记相符时，表示所要访问的数据就在 Cache 中（被命中），同时也找到了数据在 Cache 中的存储位置。通常，为了识别一个 Cache 存储块中的数据是否有效，还要在标记中增加一个有效位。

由上述要求可知，Cache 包含两部分内容：其一是存储地址映像表的内容（标记区，包括存储块在主存中的块地址和有效位）；其二是信息块内地址。主存的地址也是由两部分组成的，其中高端地址称为主存块号地址，用于标识出每一个存储块；低端地址称为块内地址或偏移量，用于在块内寻址。由于主存和 Cache 的存储块的存储空间相同，所以主存的块内地址可直接作为 Cache 的块内地址。主存和 Cache 的编址结构如图 3-16 所示。

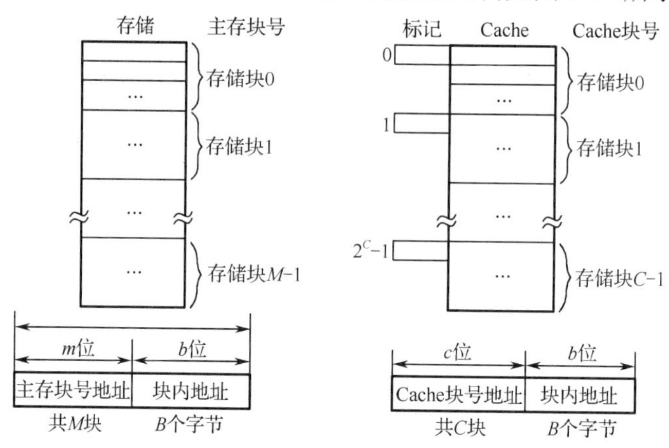

图 3-16　主存和 Cache 的编址结构

在图 3-16 中，主存被分为 $M=2^m$ 个存储块，存储块大小为 2^b 字节（或者字），这样主存地址的总位数为 $n=m+b$ 位。Cache 被分为 $C=2^c$ 个存储块（大写 C 表示存储块数，小写 c 表示位地址数），存储块大小为 2^b 个字节（或者字），Cache 地址的总位数为 k 位，$k=c+b$。

2. Cache 的工作原理

Cache 的存储容量较小，通常由快速的 SRAM 构成，直接集成在 CPU 芯片内，速度几乎与 CPU 一样快。在 CPU 和主存之间设置 Cache，其目的是把主存中被频繁访问的程序和数据复制到 Cache 中。由于程序访问的局部性，在大多数情况下，CPU 能直接从 Cache 中取得程序和数据，而不必访问主存。

（1）Cache 的有效位。在系统启动或复位时，Cache 的每行都为空，其中的数据无效，只有装入了主存的存储块后数据才有效。为了说明 Cache 每行中的信息是否有效，Cache 的每行都需要一个有效位。

通过将有效位清 0 可以“淘汰”Cache 某行中的主存存储块，称为刷新。装入一个新的主存存储块时，再将有效位置 1。

（2）CPU 访问 Cache 的过程。Cache 中存储的数据是主存中使用最频繁的若干存储块的数据副本，当 CPU 访问某主存单元时，先用该主存地址的块号地址去查询地址映像表，判定该主存地址存储单元的副本是否在 Cache 中。若在 Cache 中（称 Cache 被命中），经过地址转换可将主存的块号地址转换为 Cache 的块号地址，并且与块内地址一起生成访问 Cache 的地址。若被访问的主存地址存储单元的副本不在 Cache 中（称 Cache 未命中），这时 CPU 就需要访问主存读取所需存储字，并同时还要将该存储字所在存储单元的存储块调入 Cache。此时如果 Cache 中还有空闲的存储空间，可直接将该存储块装入 Cache 中，同时还要将块号填入地址映像表中。如果 Cache 中的存储空间已经全部被占用，没有存储该存储块的地方，即块冲突，在这种情况下，需要按照某种替换算法替换 Cache 中的某一存储块的数据副本，以便将主存中的存储块装入 Cache 中，并修改地址映像表。CPU 访问 Cache 的过程如图 3-17 所示。

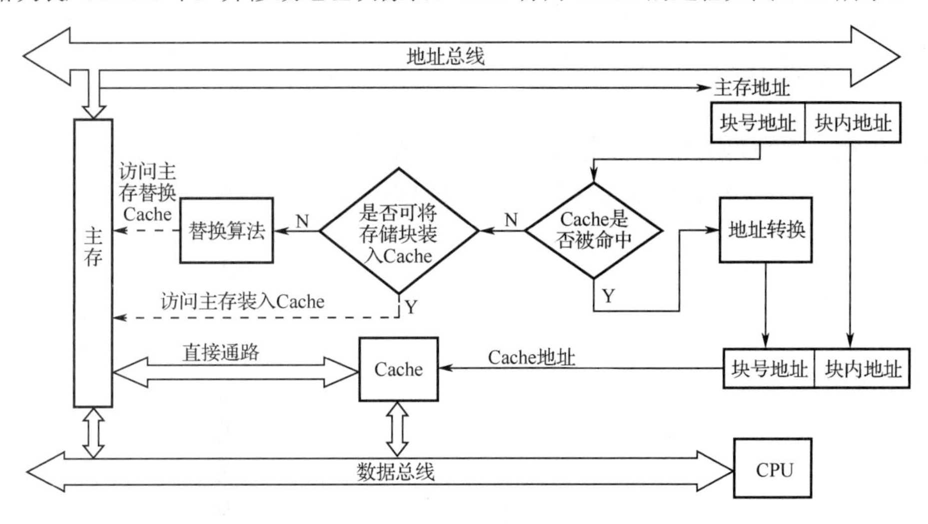

图 3-17 CPU 访问 Cache 的过程

注意：在 Cache 被命中时，首先通过地址转换将其主存地址转换成 Cache 地址；在 Cache 未命中时，不仅要将主存的存储块装入 Cache 中，同时还要将访问的存储字装入 CPU，这一切都是由硬件来实现的。

3. Cache 的性能指标

衡量 Cache 的性能指标不仅有存储芯片本身的各项指标，而且还有 Cache 的命中率、平均存取时间、访问效率和加速比等指标。

CPU 所要访问的数据在 Cache 中的比率称为命中率。设 N_c 表示在 Cache 中完成存取数据的总次数，N_m 表示在主存中完成存取数据的总次数，则命中率 h 为：

$$h = N_c/(N_c+N_m)$$

$1-h$ 表示未命中率。若 t_c 表示 Cache 的存取周期，t_m 表示主存的存取周期，则 Cache、主存系统的平均访问时间 t_a 为：

$$t_a= ht_c+(1-h)t_m$$

Cache 的访问效率 e 为：

$$e = t_c/t_a$$

采用 Cache 后，设主存和 Cache 同时工作，对存储系统而言，其加速比为：

$$S_P = t_m/ t_a$$

例 3.6 在 CPU 执行一段程序时，Cache 完成存取数据的次数为 1900 次，主存完成存取数据的次数为 100 次，已知 Cache 的存取周期 t_c 为 50 ns，主存的存取周期 t_m 为 250 ns，求带有 Cache 的主存系统的命中率 h、平均访问时间 t_a 和访问效率 e。

解：命中率为：

$$h=N_c/(N_c+N_m)=1900/(1900+100)=0.95$$

平均访问时间：

$$t_a=ht_c+(1-h)t_m=0.95\times 50\ \text{ns}+0.05\times 250\ \text{ns}=47.5\ \text{ns}+12.5\ \text{ns}=60\ \text{ns}$$

访问效率为：

$$e=t_c/t_a=50\ \text{ns}/60\ \text{ns}\approx 83.3\%$$

3.3.2 Cache 的地址映像方式

主存和 Cache 之间的数据交换是以固定大小的存储块为基本单位整体进行的，因此，主存与 Cache 的存储空间都应划分成若干个大小相同的存储块。由于 Cache 的存储空间小而主存的存储空间大，因此在地址映像过程中，主存和 Cache 之间的存储块如何进行对应即成为一个关键的环节。在实际中，通常采用直接映像、全相联映像（Fully Associative Mapping）或者组相联映像三种方式来完成地址映像。

1. 直接映像方式

例如，某计算机的主存和 Cache 都按字节编址，其主存的存储容量为 1 MB（地址总线为 20 位），按每个存储块按 512 B 划分，共被划分成 2048 个存储块，块号为 0～2047；Cache 的存储容量为 8 KB，每个存储块的大小也是 512 B，故 Cache 划分成 16 个存储块，块号为 0～15。

在直接映像方式中，首先根据 Cache 的存储容量对主存进行分组，要求主存各组的存储容量都等同于 Cache 的存储容量。在进行地址映像时，规定主存各组中的某一存储块只能映像到 Cache 中的一个固定的存储块中（即主存各组内的块号要与 Cache 的块号相同），这种对应关系称为直接映像方式，如图 3-18 所示。

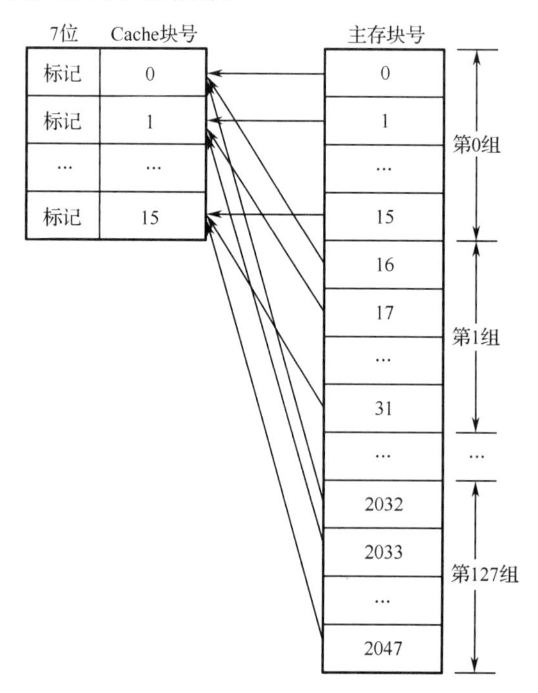

图 3-18 直接映像方式

直接映像方式具有下列对应关系：

$$K=J \bmod 2^c$$

其中，K 为 Cache 块号，J 为主存块号，c 为 Cache 块号的二进制代码位数，2^c 实际上就是主存每组内包含的存储块数量。

在图 3-18 中，主存共有 2048 个存储块，c=4，Cache 共 16 个存储块，主存再被划分 128 组，每组有 16 个存储块（与 Cache 的存储块数相同）。根据直接映像方式的规则可知，主存的第 J（全局序号）个存储块只能映像到与其组内序号（J 除以 16 的余数，即 $J \bmod 2^c$）相同的第 K 个 Cache 存储块。

这样，在直接映像方式下，主存的每个存储块只能被复制到某个固定的 Cache 存储块。基本映像规律是：将主存的 2048 个存储块按顺序分为 128 组，每组的 16 个存储块分别与 Cache 的 16 个存储块是一一对应的。具体而言，主存第 0 块、第 16 块、第 32 块、…、第 2032 块（共 128 个存储块），这些存储块的全局序号 J 与 16 相除以后得余数 K=0，故它们只能映像到 Cache 的第 0 个存储块。

同理，主存的第 1 块、第 17 块、第 33 块、…、第 2033 块（共 128 块），这些块的全局序号 J 与 16 相除以后得余数 K 为 1，故它们就只能映像到 Cache 第 1 个存储块。以此类推，主存其他的存储块在 Cache 中的映像位置，如主存的第 15 块、第 31 块、…、第 2047 块（共 128 块），也只能映像到 Cache 的第 15 个存储块。

当访问主存的数据时，CPU 会先给出一个 20 位的主存地址，其中地址的最高 7 位是主存分组后的组号（范围为 0～127）；随后的 4 位是组内的块号（范围为 0～15）；最后的 9 位是主存存储块中的字节序号（也称为块内地址，范围为 0～511）。因此，该 20 位的主存地址码在逻辑上就被分解成组号（7 位）+组内的块号（4 位）+块内的字节序号（9 位），其结构如图 3-19 所示。

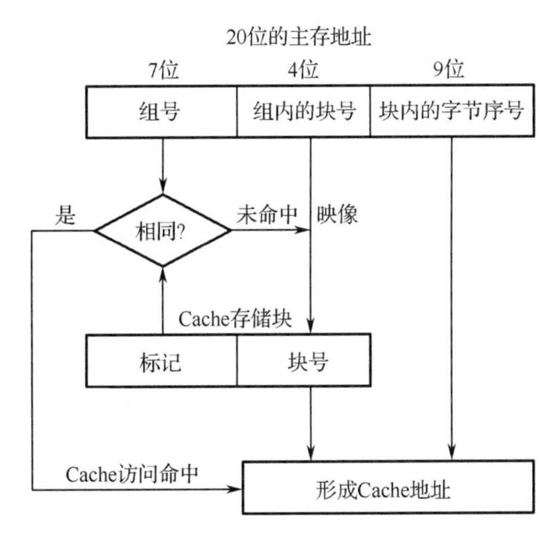

图 3-19 主存地址的结构

在具体映像时，主存的每组中都有一个存储块可以映像到 Cache 的同一存储块上，因而单靠主存地址分解得到的组内块号，只能确定该主存存储块在 Cache 中可能的位置，并不能确定该存储块确实已被映像到对应的 Cache 存储块。例如，主存第 0 组的第 0 块、第 1 组的第 0 块、第 2 组的第 0 块都可以映像到 Cache 的第 0 块上，假设当根据主存的 20 位主存地址访问主存第 1 组的第 0 块时，该块的直接映像位置为 Cache 的第 0 块，但 Cache 的第 0 块就一定是主存第 1 组的第 0 块映像过来的吗？答案是不确定的，也可能是由主存第 0 组的第 0 块或者第 3 组的第 0 块映像过来的。

为了准确地判断 Cache 的某个存储块具体是由哪个主存存储块映像过来的，在 Cache 中为每个存储块设立一个 7 位的 Cache 组号标记，该组号标记与主存分组的组号对应。如果 Cache 的第 0 块是由主存第 16 块（全局序号）映像过来的，则该 Cache 存储块对应的组号标记位设置 1，用以表示当前的 Cache 存储块是由主存第 1 组中的某个存储块映像过来的。根据直接映像方式的规则，该主存存储块必须是第 1 组的第 0 块（组内序号）。因此在访问时，只需两步就可以确定 Cache 访问是否命中。

第一步，根据直接映像方式的规则确定主存存储块对应的 Cache 存储块。

第二步，比较主存地址中的高 7 位（组号）与 Cache 存储块的 7 位组号标记，如果两者相同，则表明主存存储块已被映像到对应的 Cache 存储块中了，Cache 被命中；否则，表示 Cache 未命中。

直接映像方式的优点是在硬件实现方面比较容易，只需容量较小的可按地址访问的组号标记存储器和少量的比较电路，硬件成本很低，映像速率快。其缺点是不够灵活、Cache 存储块的冲突概率很高，可能使 Cache 存储的存储空间得不到充分利用。

例如，需将主存第 0 块和第 16 块同时映像到 Cache 中时，由于它们都只能映像到 Cache 中的第 0 块，即使 Cache 的其他存储块空闲，也始终会有一个主存存储块不能被映像到 Cache 中，这会使 Cache 的命中率急剧下降。

例 3.7 假设某计算机的存储系统采用直接映像方式的 Cache，其存储容量为 8 KB，要求在每个存储块内存储 16 B；主存的存储容量是 512 KB，求：

① 该 Cache 地址结构是如何组成和具体分配的？

② 主存的地址结构是如何组成和具体分配的？

③ 主存第 513 个存储块存储在主存内的组号为多少？将其装入 Cache 后被存储的对应存储块号为多少？

④ 在③的基础上，当 CPU 输出数据的主存地址为 04011H 时，Cache 是否能被命中？如果未命中，则应存储在 Cache 内的哪个存储块中？

解：根据已知条件可知：

① Cache 的地址结构是由块号地址和块内地址组成的。已知存储容量 8 KB=8192 B=2^{13} B，字节地址位数是 13 位。划分的存储块有 8192B/16B=512 块=2^9 块，块号地址共 9 位。块内存储容量 16 B=2^4 B，块内地址（字节地址）共 4 位，即 Cache 的地址位数=块地址+块内地址=9+4=13 位。

② 主存地址结构包括组号地址、块号地址和块内地址。已知主存的存储容量 512 KB=2^{19} B，故按字节编址的总地址位数为 19 位，可被划分为 512 K/8 K=64 组=2^6 组，组号地址共 6 位。组内块号地址和块内地址的分配与 Cache 相同，分别为 9 位和 4 位，即主存地址=组号地址+块号地址+块内地址=6+9+4=19 位。

③ 主存第 513 块所在主存组号为[513/512]=1（从 0 编号），即组号标记为 000001。其中，[ ]表示取整运算。根据主存存储块与 Cache 存储块之间的对应存储关系可知，主存第 513 块映像 Cache 中的 513 mod 512 =1，即第 1 号存储块。主存第 513 块存储在第 1 组第 1 号存储块。或者将 513 转换成二进制数，即 513D=000 0010 0000 0001B，高 6 位为组号地址 000001，

随后 9 位是组内块号地址 0 0000 0001，表示存储在第 1 组第 1 号存储块。结果同上。

④ CPU 输出数据的 19 位主存地址为 04011H，即 000 0100 0000 0001 0001B，此地址所在的主存组号为 000010B（地址高 6 位），即存储在第 2 组。组内地址为 0 0000 0001B（随后 9 位，即第 1 块号）。而主存第 513 块在主存第 1 组第 1 块，由③可知要装入 Cache 中第 1 块，自然就不会命中。采用十进制数分析可知，输出的主存地址为0401H，对应的十进制数为1025，具体存储位置为 1025/512=2 余 1，即存储在主存的第 2 组第 1 块，结果同上，因此 Cache 未命中，Cache 中的第 1 块内容将被替换。本例计算过程如图 3-20 所示。

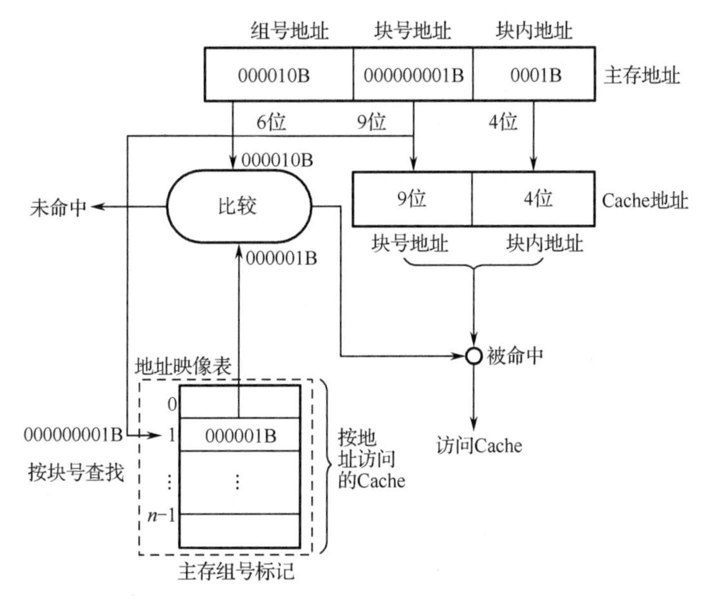

图 3-20 例 3.7 的计算过程

2. 全相联映像方式

全相联映像方式的基本特征是主存和 Cache 均不进行分组，当主存与 Cache 进行数据交换时，主存中的每个存储块可以随机映像到 Cache 中的任意一个存储块。同样，假设某计算机的主存和 Cache 都按字节编址，主存的存储容量为 1 MB（主存地址为 20 位），按每个存储块 512 B 划分，共分成 2048 个存储块，块号为 0～2047；Cache 个存储块的容量为 8 KB，每个存储块的大小也是 512 B，故 Cache 分成 16 个存储块，块号为 0～15。全相联映像方式如图 3-21（a）所示。

采用全相联映像方式时，如果“淘汰”了 Cache 中某一存储块，则可装入主存中任何一个存储块，因而比直接映像方式更加灵活，但也存在一些严重的缺陷。

在全相联映像方式中，由于不存在存储块的分组，因此可以把 CPU 给出的 20 位主存地址看成两个部分，把高 11 位可看成主存的块号地址（0～2047），而把低 9 位看成块内地址（0～511），主存地址结构如图 3-21（b）所示。

由于 Cache 中的每个存储块都可由主存中的 2048 个存储块的任何一个映像过来，因此 Cache 中每个存储块的标记也需要 11 位（与主存块号对应），这样才能通过标记来确定 Cache 中的存储块是由主存中的哪个存储块映像过来的。因此，与直接映像方式相比，在全相联映像方式中 Cache 存储块的标记的位数会增加，从而导致其硬件比较逻辑的成本也有所增加。

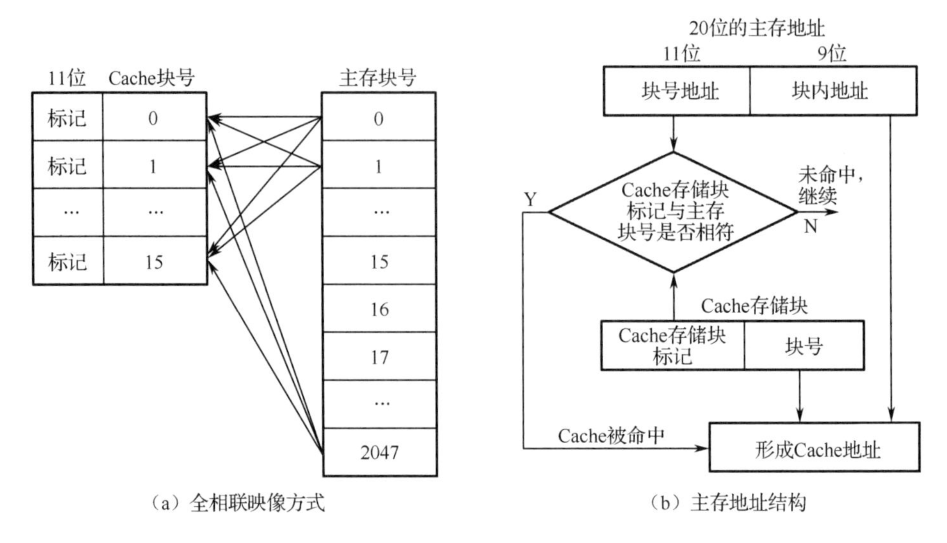

（a）全相联映像方式　　（b）主存地址结构

图 3-21　全相联映像方式及主存地址结构

采用全相联映像方式时，Cache 存储块的冲突概率最低。只有当 Cache 存储块全部装入后才可能出现块冲突，因此这种方式的 Cache 利用率最高。

根据主存地址访问主存时，由于该地址所在的主存存储块可以被映像到 Cache 的任何一个存储块，因此要从 Cache 的第 0 块开始比较其标记与该主存存储块的序号，两者相同则表示 Cache 被命中，否则表示 Cache 未命中。最好情况是第一次比较就判定 Cache 被命中，最差的情况是从 Cache 的第 0 块开始，逐一比较全部 16 个存储块的标记，直到找到符合的标记（Cache 被命中），或者全部比较完后仍无符合的标记（Cache 未命中）为止，最终才能判断本次映像 Cache 是否被命中。因此，全相联映像方式的速率比直接映像方式慢，不能凸显缓存应有的高速性能。为了提高速率而把主存块号与各 Cache 存储块的标记进行比较，则比较电路会较复杂，硬件成本较高。

3．组相联映像方式

组相联映像的基本特征是主存和 Cache 均要分组，先将 Cache 分成若干组，每组若干个存储块（或称为 *n* 路）；再将主存分组，主存中每组包含的存储块数量与 Cache 划分的组数是一样的。

组相联映像就是指当主存与 Cache 之间以存储块为单位进行映像时，主存中的每一个存储块，只能映像到特定 Cache 组中的任意一个存储块，此时要求主存存储块的组内块号与 Cache 存储块所属的组号必须相等，如图 3-22（a）所示。

在 Cache 分组时，若每组包括 2 个存储块，则 Cache 为 2 路，相应的组相联映像方式称为 2 路组相联映像方式。同理，若 Cache 每组包括 4 个存储块，则相应的组相联映像方式称为 4 路组相联映像。

在实际情况中，通常根据速度和命中率来设计组相联映像方式的路数，且 Cache 对程序员是透明的，主存与 Cache 之间的地址转换和存储块替换都是采用硬件来实现的。

在直接映像方式中，要对主存进行分组，主存组内的各存储块只能映像到唯一的 Cache 存储块，两者之间存在固定的映像关系，且主存各组中均有一个存储块映像到某一个特定的 Cache 存储块。在全相联映像方式中，主存和 Cache 均不分组，两者之间以存储块为单位随机映像，没有固定的映像关系。在组相联映像方式中，主存和 Cache 都会进行分组，主存每组内的各存储块只能映像到一个唯一的 Cache 组，但可以与 Cache 组内的存储块是随机映像的，没有固定的映像关系。在组相联映像方式中，在确定主存存储块应该映像到哪一个 Cache 组时，采用的是直接映像方式，当主存存储块映像到某个 Cache 组后，具体再映像到此 Cache 组内的哪一个 Cache 存储块，则采用的是全相联映像方式。由此可见，组相联映像方式实际上是直接映像方式和全相联映像方式的一种折中。

如前所述，组相联映像方式要求主存和 Cache 都进行分组，主存中各组内的存储块数与 Cache 分组的组数相同。图 3-22（a）所示为 2 路组相联映像方式，Cache 分成 8 组（0～7），每组 2 个存储块（0～1）；主存分成 256 组（0～255），每组 8 个存储块（0～7）。

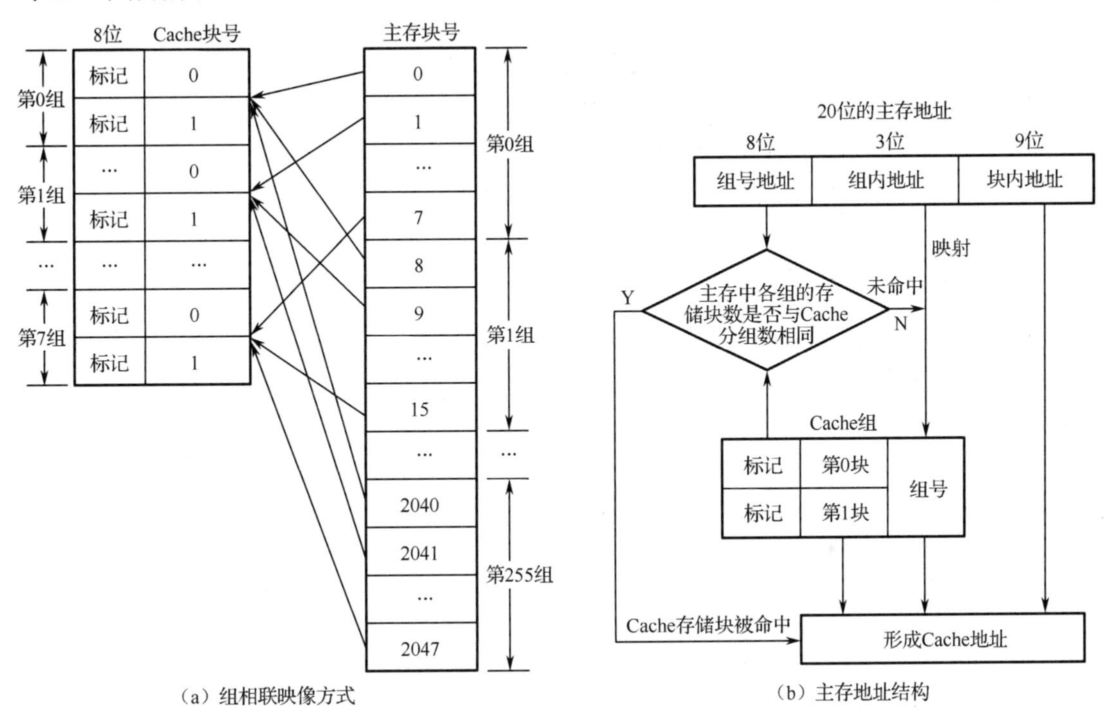

（a）组相联映像方式　　（b）主存地址结构

图 3-22　组相联映像方式及主存地址结构

两者之间的具体映像情况如下：

主存的第 0 块，即第 0 组的第 0 块，应映像到 Cache 第 0 组中任意一个存储块。

主存的第 1 块，即第 0 组的第 1 块，应映像到 Cache 第 1 组中任意一个存储块。

……

主存的第 7 块，即第 0 组的第 7 块，应映像到 Cache 第 7 组中任意一个存储块。

主存的其他存储块，以此类推。

若将 Cache 分成 16 组，每组只包括 1 个存储块（1 路组相联），此时主存应分为 128 组，每组 16 个存储块。按组相联映像方式的规则执行时，主存各组内的存储块先映像到对应的 Cache 组，但由 Cache 组只包括 1 个存储块，此时主存存储块就只能映像到该块位置，故此时的 1 路组相联映像方式便退化成了直接映像方式。反之，若 Cache 只分成 1 组（组号为 0），该组包含 16 个存储块（16 路组相联映像方式，相当于 Cache 未分组），此时主存应分为 2048 组，每组也仅 1 个存储块（组内的块号为 0）。按组相联映像方式的规则执行时，主存存储块应先映像到组号也为 0 的 Cache 组中，由于这个唯一的 Cache 组包含有 16 个存储块，因此主存储块可以进一步映像到这 16 个存储块中的任意块，可见此时的 16 路组相联映像方式等效于典型的全相联映像方式。

当需要访问主存时，CPU 会给出一个 20 位的主存地址，如图 3-22（b）所示。此主存地址可以被分成三段信息：高 8 位实际上是主存的组号地址（0～255），随后的 3 位是代表组内地址（0～7），最低的 9 位是表示主存块内地址（0～511）。因此，CPU 给出的任意 20 位的主存地址，都被分成三段分别表示不同含义的地址：8 位组号块序号+3 位组内+9 位块内地址。

采用组相联映像方式时，主存存储块是按其组内地址映像到特定的 Cache 组中的，进入 Cache 组后，由于每个 Cache 组中可能又有若干个存储块，因此主存存储块再按全相联映像方式随机映像到 Cache 组内的某个存储块。换个角度看，在一个 Cache 组中，某个存储块也可能来自主存的任意一个分组。对于某个 Cache 存储块，通过其所属的 Cache 组号可以断定该存储块是由主存分组中的第几存储块映像而来的，但却不能断定存储块对应的主存组号。因此，为了确保与主存存储块所属组号的映像关系，需要为 Cache 的各存储块再增设一个 8 位的标记。

如图 3-22（b）所示，在判断 Cache 访问是否被命中时，按 2 路组相联映像方式的规则，先将主存地址中的第 2 部分（即组内地址，3 位）映像成 Cache 的组号（0～7），从而确定该主存存储块对应的 Cache 组；再将主存地址码中第 1 部分（即组号，8 位）分别与 Cache 组内的各存储块（序号 0 和 1）设置的标记（8 位）进行逐一比较。如果在该 Cache 组内找到了与主存存储块所属组号一致的 Cache 存储块标记，则表明当前 Cache 存储块被命中，随即生成 Cache 地址，据此把对主存的访问转化为对 Cache 的访问。如果比较结束，在 Cache 组内的 2 个存储块中均未找到与主存组号相同的标记，则表明 Cache 存储块未命中。对于 2 路组相联映像方式，比较标记的次数最多只需 2 次即可判断当前的 Cache 存储块是否被命中。

例 3.8 某计算机的存储系统按字节编址，Cache 共包括 16 个存储块，采用 2 路组相联映像方式，每个存储块的大小为 64 字节，主存第 268 号单元应映像到 Cache 的第几组？

解：Cache 分成 8 组，每组 2 个存储块，则主存对应分成若干组，每组也应是 8 个存储块。对主存第 268 号单元，268÷64=4 余 12，则该单元是主存第 4 块中的第 12 字节，且 4÷8=0 余 4，则该单元属于主存第 0 组内的第 4 块。

在组相联映像方式中，主存块的组内序号与 Cache 的组号对应，则第 268 号单元应装入第 4 组中。

在 Cache 分组时，每组有若干个存储块可以供主存存储块选择，因此它在主存与 Cache 之间进行地址映像时比直接映像方式更加灵活，命中率也更高。Cache 组内的存储块数量有限，因而对标记进行比较时付出的代价也不是很大，2 路组相联映像方式最多只需比较 2 次就可判断 Cache 存储块是否被命中，而全相联映像方式中最多时需要比较 16 次才能判断 Cache 存储块是否被命中，显然组相联映像方式比全相联映像方式速度更快。

存储器三种地址映像方式的特点如下：

（1）在直接映像方式中，主存各组中的任一存储块只能与 Cache 中的某一存储块映像（一对一的关系），在访问时判断比较的地址标记次数少，所用逻辑电路简单、访问速度快，但 Cache 的利用率低，会影响命中率。

（2）在全相联映像方式中，主存中的任意存储块与 Cache 中的存储块随机映像，这样就有了最大的使用灵活性，Cache 的利用率最高，但是其地址标记位数增多，在判断比较地址时影响了速度。由于其标记位数多，所需的硬件开销大，只适合用于 Cache 容量很小的情况。

（3）在组相联映像方式中，主存中的存储块可以与 Cache 中的存储块有限度地随机映像，它是全相联映像方式和直接映像方式的一种折中方案，有利于提高命中率，访问速度较快，地址比较判断逻辑电路适中，是一种比较好的选择方式。

3.3.3　Cache 的读/写策略

CPU 对主存和 Cache 的访问包括读、写两种操作。

1．读操作

当 CPU 访问主存时，一方面将主存地址送往主存，启动读主存，同时将主存地址送往 Cache，按存储系统定义的地址映像方式将主存地址转换为 Cache 地址，如主存组号地址、块号地址和块内地址，定位到 Cache 存储块并读取内容，并将相应的 Cache 存储块标记与主存地址中相应的地址标记进行比较，如果二者相同，则表示 Cache 存储块被命中，直接将 Cache 存储块中的数据读出并送往访问源（如 CPU 中的某寄存器），放弃对主存内容的访问。

如果标记不符合，或者按地址映像方式搜索完全部 Cache 存储块后，仍未找到标记相符的 Cache 存储块，这就表明本次 Cache 存储块未命中。此时只能从主存中读取数据并送给访问源，并且把该数据所在的主存存储块整体调入 Cache 存储块中，同时要修改 Cache 存储块相应的标记。

2．写操作

Cache 中的内容是主存中部分内容的副本，应该和主存中的内容保持一致。但在操作过程中，如果有写操作，则 Cache 中的内容将发生变化。如何保持主存和 Cache 内容的一致性，这就是写操作要解决的问题。

主存处于计算机系统信息传输的中心地位，除处理器外还有其他设备（如 I/O 设备）也要直接在主存中读/写数据。如果 CPU 修改了 Cache 中的内容，却没有同时修改主存中的内容，那么主存中没有及时修改的内容就不能被别的设备使用，否则会出错。反之，如果 I/O 设备修改了主存的内容，而 Cache 中的内容没有同时修改，那 Cache 中没有及时修改的内容就应该作废，不能再用。

在多处理器系统中这个问题会变得更加复杂。在多处理器系统中，系统总线上接有多个处理器，每个处理器都可以带有自己的 Cache，只要有一个处理器的 Cache 中的内容修改了，其他处理器的 Cache 中的内容和主存中的有关内容也应该全部作废，不能再使用。

这里介绍两种保持主存和 Cache 内容一致性的写操作。

（1）全写法。全写法（Write Through）又称为写直达法。当进行写 Cache 命中时，CPU 要将修改的信息同时写入主存和 Cache 之中，这样可保证每次修改后主存和 Cache 内容的一致性。这种方法简单可靠，但是在对 Cache 更新的同时还要修改主存的内容，其整体存取时间就会变长。

（2）写回法。写回法（Write Back）是指当 CPU 写 Cache 命中时，只是修改 Cache 中的内容并做好标记，不立即写入主存。只有当该存储块要被替换时，才将修改过的 Cache 内容写入主存中的相应存储单元。这样在 CPU 的写操作中省去了不必要的每次立即写回主存的操作，减少了 CPU 访问主存的次数，可节约整体存取时间。

采用写回法时，要求在每个 Cache 存储块中都要增添一个修改标记，以反映该存储块在替换前是否被修改过。在当存储块首次被调入 Cache 时，其修改标记置为 0；在 CPU 对其进行写入时，将修改标记置为 1，表示被修改过。当某个存储块被替换时，就按照其修改标记是 0 还是 1 来决定该存储块是被简单地被覆盖，还是需要将已经被修改的内容写回到主存。因此，采用写回法的系统机构相对要复杂一些。

3.3.4 Cache 的替换算法

在 CPU 访问带有 Cache 的主存时，如果 Cache 存储块未命中，CPU 在对主存直接读取相关存储字的同时，还要将该存储字所在的存储块调入 Cache 中。由于地址映像方式的不同，相应地有不同的处理方式。

（1）若采用直接映像方式，则调入的存储块只能存入 Cache 中固定的存储块。如果该存储块位置是空的，则存入该空间；如果该位置已被占用，就需要用新的存储块直接替换掉原有的存储块。

（2）若采用全相联映像方式或组相联映像方式，新调入的位置块可存入 Cache 中任意位置（全相联映像方式）或组内任意位置（组相联映像方式）。如果 Cache 的存储空间或组内空间已被占满，就存在一个新存储块会替换掉原有的哪一个存储块的问题。这就是替换策略（算法）要解决的问题。

常用的替换算法有三种：随机算法、先进先出算法和近期最少使用算法，在选择时要考虑存储器的总体性能，以提高 Cache 的命中率。

1. 随机（RAND）算法

RAND 算法是指从 Cache 中随机取出一个存储块作为替换块，把新的存储块调入即可。RAND 算法容易实现、替换速度快，但该算法没有考虑程序的局部性原理，随机替换的存储块有可能马上又要被访问，会降低命中率和工作效率。

2. 先进先出（FIFO）算法

FIFO 算法的基本思想是按调入 Cache 的先后顺序决定淘汰的顺序，在需要更新 Cache 的存储块时，总是淘汰最先装入 Cache 的存储块。FIFO 算法容易实现，系统开销（为实现替换算法而要求系统花费的时间和代价等）较小，但有些存储块虽然装入较早，但可能仍在继续使用，因此这种替换算法也存在缺陷。

3. 近期最少使用（LRU）算法

LRU 算法的基本思想是先为 Cache 的各存储块建立一个 LRU 目录，该目录按某种方法记录存储块的使用情况。当需要替换存储块时，选择在最近一段时间内最久未被使用或者最少使用的存储块予以替换。显然，近期最少使用和近期最久未被使用是按使用频繁程度和使用情况决定被替换的存储块的，比较合理，能够使 Cache 的命中率较高，因而 LRU 算法使用得较多。但 LRU 算法比 FIFO 算法复杂，系统开销也稍大。

3.3.5 多层次 Cache

随着半导体器件集成度的进一步提高，Cache 已集成到 CPU 芯片中，其工作速度接近于 CPU 的速度，从而能组成两级以上的 Cache 系统。

1. 指令 Cache 和数据 Cache

在计算机开始使用 Cache 时，Cache 是将指令和数据混合存储的，这种结构的 Cache 称为合一型（Unified）Cache。随着计算机技术的发展和处理速度的提高，存取数据的操作会经常与取指令的操作发生冲突，从而会延迟指令的读取，于是将指令 Cache（I-Cache）和数据 Cache（D-Cache）分为两个相互独立的 Cache，这种结构的 Cache 称为分裂型或称哈佛结构 Cache。

在 Cache 的总存储容量不变的情况下，合一型 Cache 有较高的利用率，因为在执行不同程序时，Cache 中指令和数据所占的比例是不同的，在合一型 Cache 中，指令和数据的空间可以自动调节。在新型计算机体系结构中，为了加快执行速度，一般采用将指令 Cache 和数据 Cache 分开的结构，如图 3-23 所示。

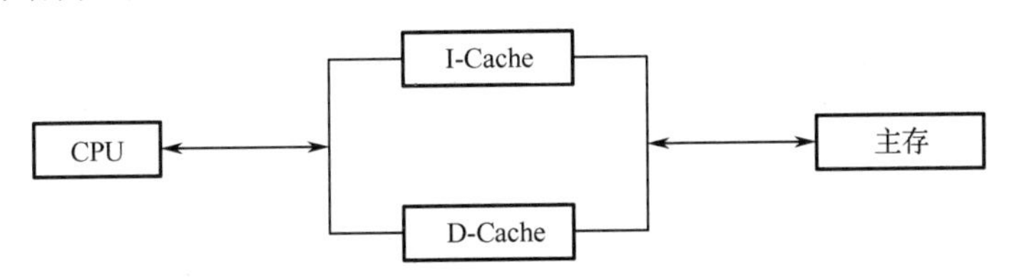

图 3-23 指令 Cache 和数据 Cache 分开的结构

假设指令 Cache 和数据 Cache 的访问时间均为 t_c，主存的访问时间为 t_m，指令 Cache 的命中率为 h_i，数据 Cache 的命中率为 h_d，CPU 取指令的比例为 f_i，则存储系统的等效访问时间为：

$$t_a=f_i[h_it_c+(1-h_i)t_m]+(1-f_i)[h_dt_c+(1-h_d)t_m]$$

例 3.9 某计算机采用主存和 Cache 组成的两级存储系统，高速缓存存取访问时间 t_c=50 ns，主存的访问时间 t_m=400 ns。访问 Cache 的命中率 h_i 为 0.96。

（1）存储系统等效的访问时间 t_a 为多少？

（2）如果将 Cache 分为指令 Cache 与数据 Cache，使等效访问时间减小了 10%。在所有的访问操作中有 20%是访问指令 Cache，而访问指令 Cache 的命中率仍为 0.96（假设不考虑写操作一致性的问题），访问数据 Cache 的命中率应是多少？

解：（1）存储系统的等效访问时间为：

$$t_a= h_it_c+(1-h_i)t_m =0.96\times50+(1-0.96)\times400=64\text{ ns}$$

（2）设改进后的访问数据 Cache 的命中率为 h_d，按公式：

$$t_a=f_i[h_it_c+(1-h_i)t_m]+(1-f_i)[h_dt_c+(1-h_d)t_m]$$

可得：

$$64\times(1-10\%)=0.2[0.96\times50+(1-0.96)\times400]+(1-0.2)[h_d\times50+(1-h_d)\times400]$$

即：

$$280h_d=275.2$$

则：

$$h_d=0.983$$

2．多层次 Cache

当芯片集成度提高后，可以将更多的电路集成在一个 CPU 芯片中，近年来设计的 CPU 芯片都将 Cache 集成在片内，片内 Cache 的读取速度要比片外 Cache 快得多。

受芯片集成度的限制，片内 Cache 的存储容量一般在几十 KB 以内，因此命中率比大容量 Cache 低。为此推出了两级 Cache 方案，其中第一级（L1）Cache 在 CPU 芯片内部；第二级（L2）Cache 在 CPU 芯片外，采用 SRAM，两级 Cache 之间一般都由专用总线相连。

当然，由于 CPU 芯片面积的限制，L1 Cache 的存储容量要小于 L2 Cache 的存储容量，但是 L1 Cache 的速度要快于 L2 Cache 的速度。L1 Cache 和 L2 Cache 又构成了一个新的存储层次，同样 L1 Cache 和 L2 Cache 之间可采用与主存和 Cache 之间类似的映像算法、替换算法和写入策略。

目前高性能的 CPU 已经支持 L3 Cache，哈佛结构的 L1 Cache 和 L2 Cache 被设置在 CPU 芯片内部。例如，Intel 公司 2004 年推出的 Montecito 双核多线程处理器，每个处理器核含有 16 KB 的 L1 指令 Cache、16 KB 的 L1 数据 Cache、1 MB 的 L2 指令 Cache、256 KB 的 L2 数据 Cache 和 12 MB 的 L3 Cache。

3.4 存储器性能的改进技术

由于 CPU 在工作中要频繁地与主存交换数据，因此主存的访问速度成为计算机速度的“瓶颈”。如何加快主存的速度一直都是计算机追求的主要目标之一。通常，为加快主存速度所采取的措施有以下几种方式：

（1）采取高速器件来尽可能缩短主存的访问时间，这要取决于器件的发展水平。

（2）在 CPU 与主存之间增设一级 Cache，以提高主存的等效速度。目前这种方式已经被广泛应用。

（3）加长主存的字位长度。显然，存储器的字位越长，访问一次存储器交换的数据就越多，主存的带宽就越宽。

（4）采取并行主存的方式来提高主存的等效速度。

在计算机中，通常采用双端口存储器、多模块交叉存储器等新技术来实现加快主存的速度。前者为时间并行，后者为空间并行。

3.4.1 分体存储体系结构（哈佛体系结构）

1945 年，冯·诺依曼首先提出了存储程序的概念和二进制原理，后来人们把利用这种概念和原理设计的电子计算机系称为冯·诺依曼体系结构计算机。冯·诺依曼体系结构计算机将指令和数据存储在一个存储器的不同物理位置，因此指令和数据的宽度相同。但是，由于指令和数据共享同一总线的结构，使得数据的传输成为限制计算机性能的瓶颈，影响了数据处理速度的提高。

目前，CPU 大都采用流水线来加快指令的解释，而流水线中的取指部件和执行部件很可能需要同时访问存储器，这就出现了访问冲突。解决访问冲突的一个办法就是采用分体存储体系结构（也称为哈佛体系结构），将指令存储空间和数据存储空间分开为各自独立的存储模块，在执行时可以预先读取下一条指令，使得CPU具有较高的执行效率。分体存储体系结构的特点为：使用两个独立的存储模块来分别存储指令和数据，每个存储模块都具有一条独立的地址总线和一条独立的数据总线，利用公用的地址总线可以访问这两个存储模块，公用的数据总线则用来完成程序存储模块或数据存储模块与CPU之间的数据传输。

3.4.2 双端口存储器

常规的存储器都是单端口存储器，即每次只接收一个地址并且只能访问一个编址单元，从中读取或存入1个字节或1个字。尤其是在执行双操作数指令时，就需要分两次读取操作数，运算速度较低。在高速计算机系统中，主存是信息交换的中心，一方面CPU需要频繁地访问主存，从中读取指令、存取数据；另一方面，外设也需要频繁地与主存交换信息。由于单端口存储器每次只能接收一个访问者（读或写），这也影响了工作速度。因此，在很多系统或部件中，通常使用双端口存储器来加快计算机的工作速度。

双端口存储器具有两个彼此独立的读/写端口，每个读/写端口各自拥有一套独立的地址寄存器和译码电路，可以按各自接收的地址同时进行读/写操作，或一个写入而另一个读出操作。与两个独立的存储器不同，两个读/写端口的访问空间是一个存储块，可以访问存储块内的同一区间、同一单元。

双端口存储器可以在运算器中作为通用寄存器组来快速提供双操作数，或快速实现寄存器间的数据传输。双端口存储器的另一种应用是让其中的一个读/写端口面向CPU，通过专门的存储总线（也称局部总线）连接CPU与主存，使CPU能快速访问主存；让另一个读/写端口则面向外设或输入/输出处理机（IOP），通过共享的系统总线进行连接，具有较大的信息吞吐量。此外，在多处理器系统中常采用双端口存储器甚至多端口存储器作为各CPU的共享存储器，实现多CPU之间的通信。双端口存储器如图3-24所示。

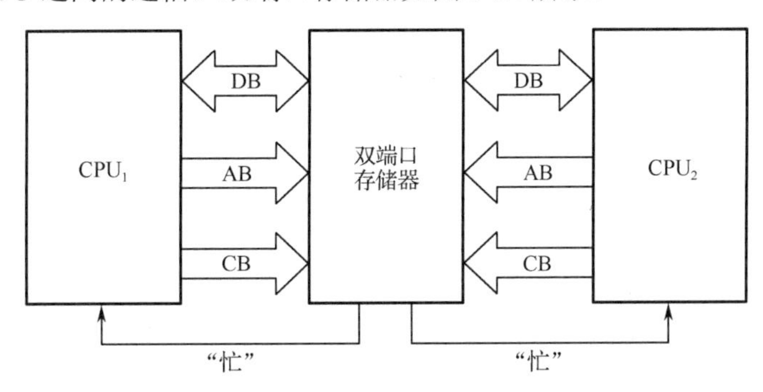

图3-24 双端口存储器

由于双端口存储器内具有两个独立的读/写端口，每个读/写端口都有自己的片选控制信号和输出允许控制信号。若两个读/写端口出现同时访问相同的存储单元时，就会发生读/写冲突，其解决方法是由判断逻辑（优先权）决定暂时将某一个读/写端口延迟，即将其置“忙”。

3.4.3 多模块交叉存储器

在多模块交叉存储器中，常用的有单体多字并行存储器和多体交叉并行存储器两种形式。

1．单体多字并行存储器

常规的主存是指单体单字存储器，其内部只包含一个存储块，访问一次存储器只能读/写一个存储字的信息。例如，一个 4K×16 位的单体单字存储器如图 3-25（a）所示。如果将一个 4K×16 位单体单字存储器分成四个部分，这样每部分都包含 1K×16 位的存储空间，其地址寄存器仍保持是 12 位的，另外为每部分存储空间独立设置一个 16 位的存储器数据寄存器（MDR），即可构成单体 4 字并行存储器，如图 3-25（b）所示。

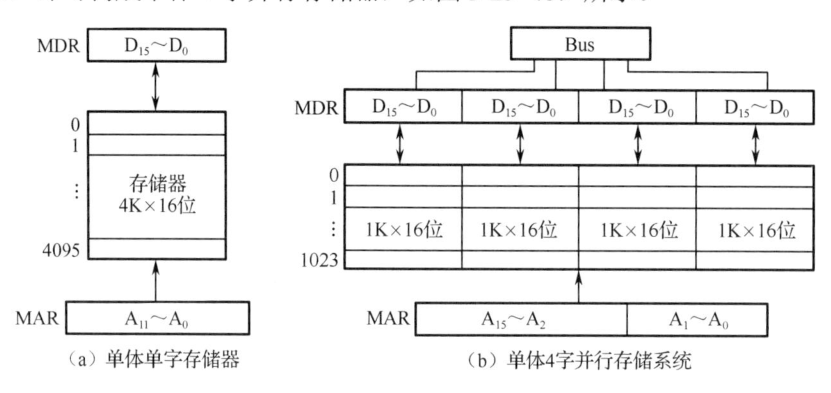

图 3-25　单体单字存储器及单体 4 字并行存储器

当 CPU 访问存储器时，仍需提供 12 位地址。而在存储器内部控制部件的控制下，只需用其高端的 10 位地址（A_{11}～A_2）作为选择单体 4 字并行存储器的地址，这样就可以在一次访问存储器的时间内同时读/写 4 个字的信息到 4 个寄存器中，访问速度大约是单体单字存储系统的 4 倍。余下的低端 2 位地址（A_1～A_0）可用来控制 4 个 MDR 分时使用总线（Bus）进行数据传输。虽然采用单体 4 字并行存储器的访问速度提高了，但是要达到这个要求是有条件的，即同时读出的 4 个字地址必须是特定的连续地址。例如，访问存储器的 4 个地址为 0、1、2、3，4、5、6、7 或 1020、1021、1022、1023…。如果不是这样，那么它就像单体单字存储器一样，每次只能读/写 1 个字的数据。这就是单体多字并行存储器的局限性。

2．多体交叉并行存储器

如果在图 3-25（b）所示的单体 4 字并行存储器中，给每一部分设置独立的地址寄存器，使得它们成为 4 个独立的 1K×16 位存储器，总的存储容量仍然是 4K×16 位，4 体交叉并行存储器的结构如图 3-26 所示。

从图中可以看出，由于存储器的 4 个分体（M_3～M_0）各有自己的 MAR，4K 个地址（0～FFFH）在 4 个分体中是交叉排列分配的，因此称其为 4 体交叉并行存储器。在这种存储器中，只要不产生分体冲突就可一次读/写 4 个字的数据，存储器的等效速度大约提高 4 倍。分体冲突是指有两个访问地址位于同一个分体中。

在多体交叉并行存储器中，CPU 可以在同一个存取周期内访问多个存储块，其结构是 m 个相同的存储块有各自独立的工作电路（m 套），采用的访问方式是 CPU 同时发送的 m 个地址，由存储器分时使用数据总线进行数据传输。其地址的高位作为存储器的地址，低位负责选择数据。

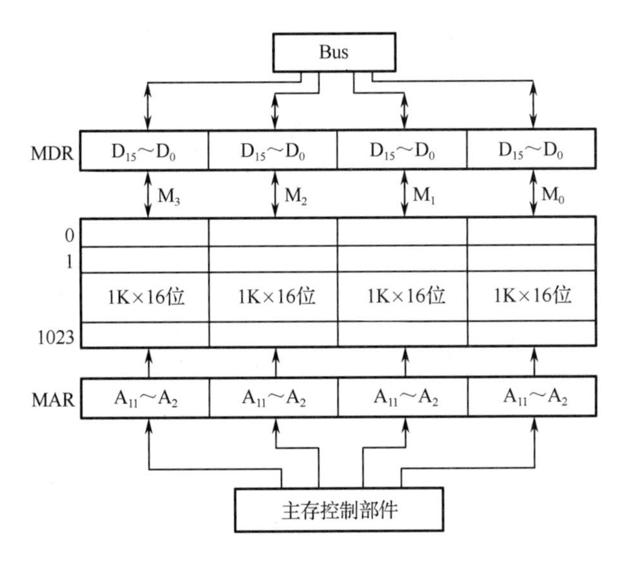

图 3-26　4 体交叉并行存储器的结构

相对来说，多体交叉并行存储器更适合采用流水线方式。当 CPU 连续访问一个字块时，可以较大地提高存储系统的带宽。

3.4.4　相联存储器

在计算机中，查找存储数据的准则称为关键字。在 RAM 中地址是关键字，人们可以按照地址获得相应的数据。相联存储器不是按照地址来进行访问的，而是按照所存数据的全部内容或部分内容进行查找或存储的。这个关键字是数据域的一部分而不是地址。例如，在虚拟存储器中，将虚地址的虚页号与相联存储器中所有行的虚页号进行比较，若有内容相等的行，则将其相应的实页号取出。在 Cache 中的地址映像表也可以用相联存储器构成，它们都是按数据的部分内容来进行检索的。

相联存储器主要由存储块、检索寄存器、屏蔽寄存器、符合寄存器、比较线路、代码寄存器、译码选择电路组成，其组成框图如图 3-27 所示。

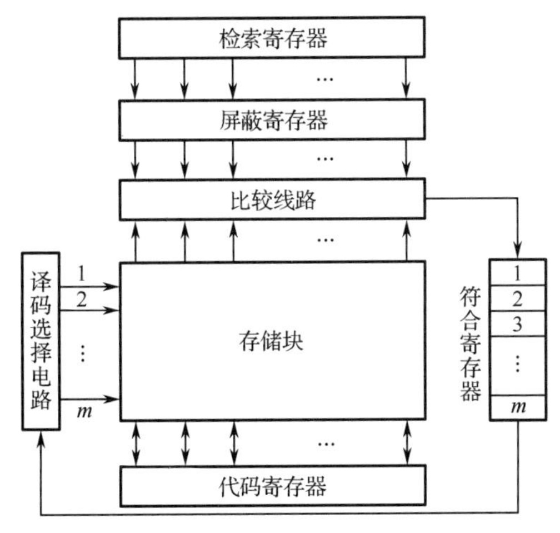

图 3-27　相联存储器的组成框图

（1）检索寄存器。检索寄存器用来存储检索字，其位数和相联存储器的字长相等，在每次检索时，取检索寄存器中若干位为检索项。

（2）屏蔽寄存器。屏蔽寄存器用来存储屏蔽码，其位数和检索寄存器的位数相等。在每次检索时，检索寄存器中作为检索项的部分相对于屏蔽寄存器中的对应位被置为 1，其余位被置为 0。在进行比较时，屏蔽码使相应位不参与比较，不论相应位是 1 还是 0 都不会影响比较结果。例如，假设检索寄存器的位数为 n，则屏蔽寄存器的位数也是 n，在进行某次检索时，取检索寄存器中前 16 位为检索项，那么屏蔽寄存器的前 16 位被置为 1，而屏蔽寄存器的第 17～n 位均被置为 0，这样经过比较线路时就会将检索寄存器中第 17～n 位屏蔽掉，只有前 16 位参加对存储块中所有存储单元的检索比较。

（3）符合寄存器。。符合寄存器用来存储与检索项内容与相符的存储块存储单元地址，其位数等于相联存储器的存储单元数，每一位对应一个存储单元，位的序数是相联存储器的存储单元地址。例如，设相联存储器有 W 个字，那么符合寄存器的字长就是 W 位。如果比较结果是第 i 个字满足要求，则将符合寄存器中第 i 位置为 1，将其余位均置为 0；同时，如果有 m 个字满足要求，则相应地就有 m 位被置为 1。

（4）比较线路。比较线路用来比较检索项和从存储块中读出的所有存储单元内容，如果有某个存储单元和检索项符合，就把符合寄存器的相应位置为 1，表示该字已被检索。

（5）代码寄存器。代码寄存器用来保存从存储块中读出的代码或向存储块中写入的代码。

（6）存储块。存储块通常是高速半导体存储器，以便进行快速存取。

相联存储器的最大优点是可对存储器中所有存储单元的 1 位或部分位同时进行比较。利用这一优点，可以通过相联存储器进行诸如大于、小于、等于、是否处于给定的上/下界范围、求最大值、求最小值等多种类型的逻辑检索。由于相联存储器存储单元、存储器结构都比较复杂，并且造价比较高、功耗也比较大，因此存储容量无法做得太大。相联存储器主要用于快速检索的场合，如主存-Cache 存储层次的地址映像表和虚拟存储器中的快表等。

相联存储器除了可以应用于虚拟存储器与 Cache，还经常用于数据库与知识库中按关键字进行检索。通常，要从按地址访问的存储器中检索出某一存储单元，平均约进行 $m/2$ 次操作（m 为存储单元数）；而在相联存储器中仅需要进行一次检索操作即可，可大大提高处理速度。近年来，相联存储器也应用到了一些新型的并行处理和人工智能系统结构中，如在语音识别、图像处理、数据流计算机等。

3.5 虚拟存储系统

目前计算机的主存主要采用 DRAM，由于技术和成本等原因，主存的存储容量受到限制，并且不同计算机所配置的存储容量也不相同。但在使用中，用户显然不希望受到特定计算机的主存存储容量大小的制约，因此，如何解决这两者之间的矛盾是一个亟须解决的问题。

为了解决上述问题，在计算机中采用了虚拟存储技术。程序员可以在一个不受物理内存空间限制并且比物理内存空间大得多的虚拟逻辑地址空间中编写程序，就好像每个程序都独立拥有一个巨大的存储空间一样。在程序执行过程中，把当前执行到的一部分程序和相应的数据调入主存，其他暂时不用的部分程序和数据仍保留在辅存（如硬盘存储器）中。这种借用辅存为程序提供的很大的虚拟存储空间称为虚拟存储器。

在执行指令时，计算机通过硬件将指令中的逻辑地址（也称虚拟地址或虚地址）转化为主存的物理地址（也称主存地址或实地址）。在地址转换过程中，需要检查是否发生访问信息缺失、地址越界或访问越权。若发生信息缺失，则由操作系统进行主存和辅存之间的信息交换；若发生地址越界或访问越权，则由操作系统进行存储访问的异常处理。由此可以看出，虚拟存储技术既解决了编程空间受限的问题，又解决了多道程序共享主存带来的安全问题。

虚拟存储器是由硬件与操作系统共同协作实现的，涉及计算机系统许多层面，包括操作系统中的许多概念，如存储器管理、虚地址空间、缺页处理等。

3.5.1 虚拟存储器简介

1．虚拟存储器的功能和特点

虚拟存储器指的是主存-辅存层次，它能使计算机具有辅存的存储容量、接近于主存的速度以及辅存的每位成本价格，可以使程序员按比主存大得多的存储空间来编写程序，即按虚存空间编址。当然，主存实际容量的大小也会影响系统的工作效率。如果程序过大而主存容量过小，频繁的替换会使程序运行速度明显下降。辅存只与主存进行信息交换，不能直接运行，需要依靠辅助的软、硬件来实现两者之间的自动调入工作。虚拟存储器的特点如下：

（1）允许用户访问比实际存储空间大得多的地址空间，虚存空间取决于机器所能提供的虚地址长度。

（2）可以将当前和频繁使用的内容自动从辅存调入主存，其他暂时不用的程序和数据则放在辅存中。每次访问都可以自动进行虚、实地址的转换，为用户提供了极大的方便。

2．虚拟存储器与 Cache 的比较

从工作原理的角度来看，主存-辅存层次和主存-Cache 层次之间有很多相似之处。在虚拟存储系统中所采取的地址映像方式同样有全相联映像、组相联映像和直接映像等方式。替换算法也多采用近期最少使用（LRU）算法。实际上，这些替换算法和地址映像方式最早是应用于虚拟存储系统中的，后来才应用到 Cache 中。主存-辅存层次与主存-Cache 层次的对比如表 3-3 所示。

表 3-3　主存-辅存层次与主存-Cache 层次的对比

层　次	不 同 点	相 同 点
主存-辅存层次	时间较长，基本存储单元大（段或页）	采用地址映像方法、替换算法
主存-Cache 层次	时间较短，基本存储单元小（字块）	采用地址映像方法、替换算法

3.5.2 虚拟存储器的管理方式与存储保护

主存-辅存层次的信息传输可采用段、页或段页式三种不同的管理方式。

1．段式管理方式

在虚拟存储器中，实行按程序段或数据段进行分配管理的方式称为段式管理方式。段式

管理方式的优点是段的分界与程序的自然分界相对应，各段的逻辑独立性使它易于编译、管理、修改和保护，也便于多道程序共享。但是正因为各段的长度各不相同，容易在段间留下许多空余的零碎存储空间而无法利用，会造成一定的浪费。

在采用段式管理方式的虚拟存储器中，为了进行地址映像需要为每个用户建立一个段表，通过段表来指明各程序段或数据段在主存中的位置。段式管理方式如图 3-28 所示。

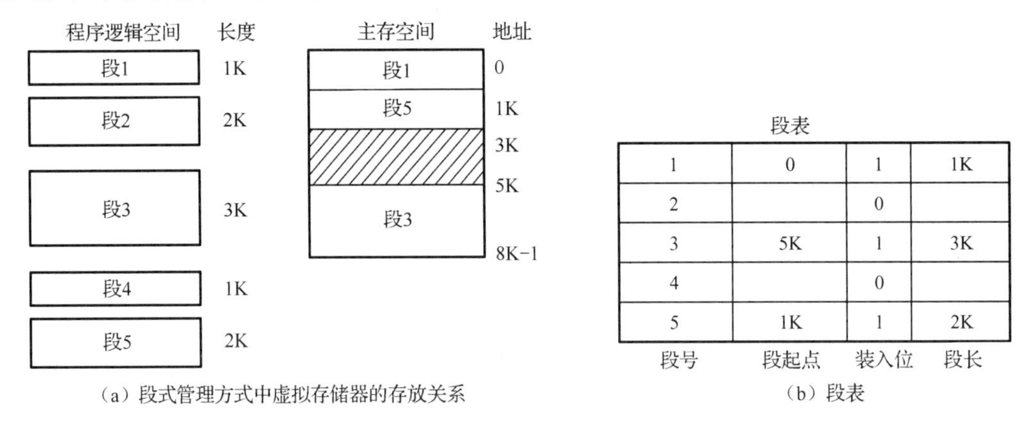

（a）段式管理方式中虚拟存储器的存放关系　　（b）段表

图 3-28　段式管理方式

段表包含段号、段起点、段长、装入位和访问权等。任何一个段都可从 0 地址开始编址，其访问权是指该段所允许的访问形式，便于以段为单位进行存储保护。例如，程序段只允许执行、不允许写，数据段只允许读/写、不允许执行，常数段只允许读、不允许写等。在程序装入主存时，由操作系统自动构造段表。在程序运行时，访问段表自动实现主存和辅存之间的地址映像。段式管理方式的虚拟存储器地址映像过程如图 3-29 所示。

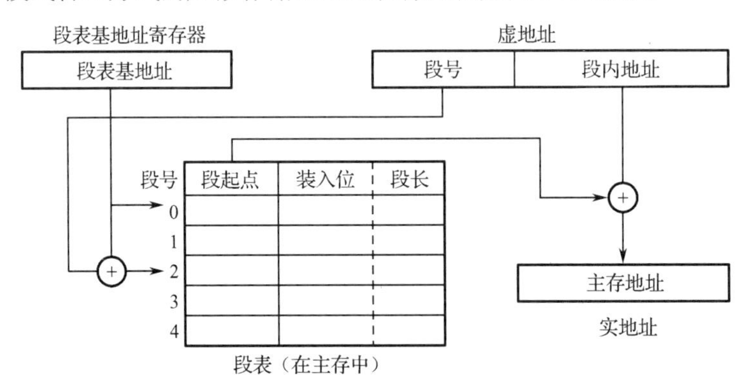

图 3-29　段式管理方式的虚拟存储器地址映像过程

2．页式管理方式

页式管理方式的信息传输是以指定长度的存储页为单位来进行的，所以主存和辅存的存储空间都要被划分为等长的存储页。一般将辅存的存储页称为虚页或逻辑页，而将主存的存储页称为实页或物理页。由于各页的起点和终点地址都是固定的，这样给构建页表带来了方便。主存内新页的调入也很容易，只要有空白页就可以进行。如果在主存中无空白页，就需要进行页的替换。页式管理方式比段式管理方式浪费的存储空间要小得多。由于各存储页不是逻辑上独立的实体，处理、维护、共享和保护等操作都不如段式管理方式方便。

虚地址一般分为两个部分，其中高位字段称为虚页号，低位字段称为页内行地址。实地址也要分为两个部分，其中高位字段为实页号，低位字段为页内行地址。由于两者的页大小一样，所以页内行地址是相同的。虚地址到实地址的映像由存储在主存中的页表来实现，在页表中，每一个虚页有一个表目。页式管理方式如图3-30所示。

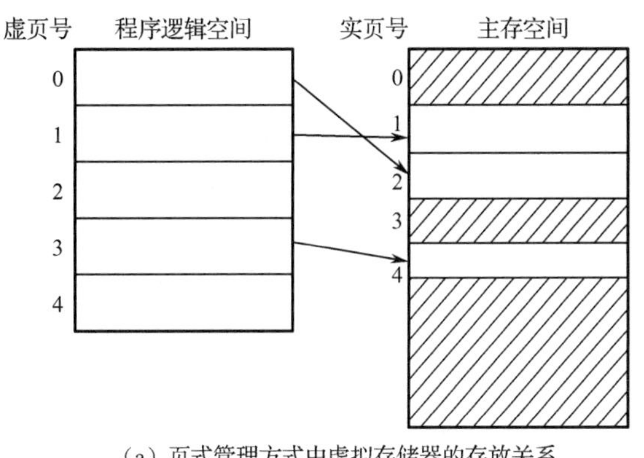

（a）页式管理方式中虚拟存储器的存放关系

虚页号	实页号	装入位
0	2	1
1	1	1
2		0
3	4	1
4		0

（b）页表

图3-30 页式管理方式

页表中至少要包含该虚页对应存储在主存中的页地址（实页号），用它来作为访问实（主存）地址的高位地址字段，然后与虚地址的页内行地址字段相拼接（二者的页内行地址相同），就产生了完整的实地址，据此可访问实存。页式管理方式的地址映像如图3-31所示。

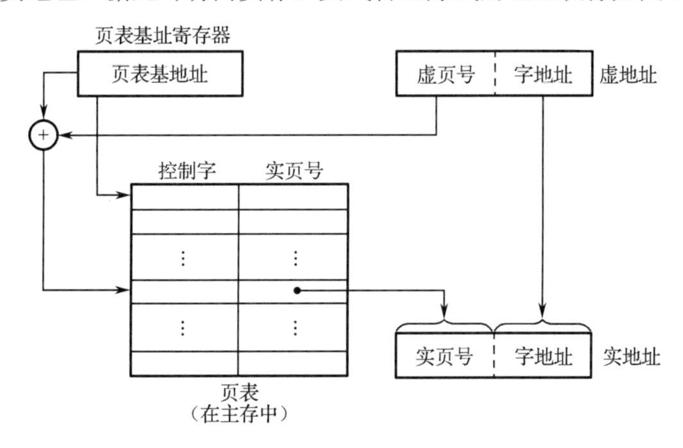

图3-31 页式管理方式的地址映像

通常，在页表的表项中还包括由装入位（有效位）、修改位和保护位等多种标志所组成的控制字段。例如，装入位为1时表示该虚页已从外存调入主存；装入位为0时表示对应的虚页尚未调入主存，这就需要产生页失效中断来启动输入/输出子系统，通过辅存的页表来获得将要被调入的虚页在辅存中的具体地址，由辅存控制器将读出新的虚页存储到主存中。修改位用于表示实页中的内容是否被修改过，在实页被替换时要将其写回辅存。

值得注意的问题是，在页式管理方式中，如果页表存储在主存（称为慢表）中，那么在访问存储器时要先查页表再访问主存才能取得数据。如果出现页失效情况，则需要进行页替换、页修改，访问主存次数就更多了。如果采用把页表的使用最频繁的部分存储在快速存储器（如相联存储器）中（称为快表），就会减少访问主存的次数，缩短访问时间。目前，计算机通常采用快表与慢表相结合的方式来实现内部的地址映像，如图 3-32 所示。

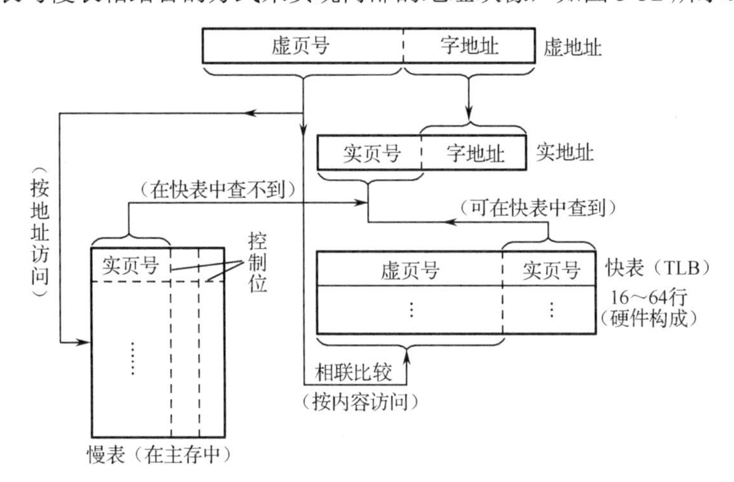

图 3-32　采用快表与慢表相结合的方式实现内部的地址映像

快表也称为转换旁路缓冲器（Translation Lookaside Buffer，TLB），其实际存储空间较小，一般为 16～64 行。快表只是慢表（主存中的页表）的部分副本。在查表时，根据虚页号同时查快表和慢表，当快表中有该虚页号时，就能很快地找到对应的实页号并送入主存地址寄存器，并同时终止对慢表的查找。如果在快表中查不到该虚页号，那么就要花费一个访问主存时间来查询慢表，然后将从慢表中查到的实页号送入主存地址寄存器，并将和该实页号对应的虚页号送入快表中存储。当然，在替换快表中某一行内容的过程中，也同样需要使用替换算法。

3．段页式管理方式

段页式管理方式是段式管理方式和页式管理方式的结合，这种方式将物理空间分页，逻辑（虚存）空间分段，段内分成页。程序对主存的调入/调出是按页进行的，但它又可以按段实现共享和保护。因此，段页式管理方式具有页式管理方式和段式管理方式的优点，这种方式的缺点是在地址映像过程中需要多次查表，这是由于存储系统中的每道程序都是通过一个段表和一个页表来进行定位的。在段表中的各表目都对应一个程序段，在每个表目中都有一个指向该段的页表起始地址（页号）以及该段的控制保护信息。由页表指明该段各页在主存中的位置以及是否装入、修改等状态信息。

如果有多个用户进程在计算机中运行，则称为多道程序。多道程序中的每一道（每个用户）都需要一个基号（用户标志号），可由它指明该道程序的段/表起点（存储在基址寄存器中），这样虚地址就应包括基号、段号、页号、页内行地址。在段页式管理方式中，在虚地址向实地址的映像过程中至少需要查找两次表（段表与页表）才能获得实地址。

4．存储保护

为使计算机存储系统能正常工作，不仅要防止由于一个程序出错而破坏其他的程序和系统软件，还要防止一个程序不合法地访问不是分配给它的主存区域。为此，系统应提供存储保护。目前在进行存储保护时，主要采用存储区域保护和访问方式保护两种方式。

（1）存储区域保护。在主存中一般采用界限寄存器方式，由系统软件经特权指令设置上下界寄存器，为每个程序划定存储区域，禁止越界访问。在虚拟存储器中，由于一个程序的各页可能被离散地存储在主存中，通常需要采用段表和页表保护、键保护以及环保护等方式。

① 段表和页表保护。每个程序都有自己的段表和页表，段表和页表本身都设置有自己的保护功能。无论地址如何出错，也只能影响到相应的几个实页。这种段表和页表保护方式是在没有形成实地址前的保护。若在地址映像过程中出现了错误，那么这种保护就是无效的，因此还需要其他保护方式。

② 键保护。键保护的基本思想是为主存的每页分配一个位，称为存储键，它相当于一把“锁”。存储键是由操作系统赋予的，每个用户的实页的存储键都相同。为了打开这个“锁”必须有“钥匙”，称为访问键。访问键赋予每道程序，存储在该道程序的状态寄存器中，当数据要写入主存的某一页时访问键要与存储键相比较，若两键相符则允许访问该页，否则拒绝访问。

③ 环保护。以上两种保护方式都是保护别的程序区域不被破坏，而正在运行的程序本身则得不到保护。环保护则可以对正在执行的程序本身进行保护。环号的大小表示保护的等级，环号越大，等级越低。所以系统程序应在内层（环号小），用户程序（环号大）应在外层，内层允许访问外层的存储区域，而外层不能访问内层的存储区域。

（2）访问方式保护。主存内的信息有读（R）、写（W）和执行（E）三种方式，其中，执行是针对指令的。相应的访问方式保护就有 R、W、E 三种以及由这三种方式形成的逻辑组合。访问方式保护可以与存储区域保护方式结合起来使用，以上所讲的存储区域保护都是由硬件实现的。在一些计算机系统中，还可通过特权指令来实现保护。

3.5.3 虚拟存储器的工作过程

虚拟存储器往往包含主存空间、辅存（磁盘存储器）空间和虚存空间三种地址，分别对应主存地址、辅存地址和虚地址，程序员在虚存空间中编写程序。在直接寻址方式下，由指令的地址码给出的地址就是虚地址，虚地址是指辅存的逻辑地址，由虚页号及页内行地址组成。当访问辅存时，还需要进行虚地址与辅存实地址之间的映像。以磁盘存储器为例，其辅存实地址包括磁盘机号、柱面号、磁头号、块号和块内地址。

虚拟存储器具有虚地址到辅存实地址的映像功能。辅存一般是按存储块进行编址的，而不是按字进行编址的。若一个存储块的大小等于一个虚面的大小，这样就只需把虚页号 N_v（不含页内行地址）映像成实页号（不含辅存块内地址）即可完成虚地址到辅存实地址的映像。在采用页表式管理方式时，将由虚页号 N_v 转换成辅存实页号 N_{vd} 的表称为外页表，而把由 N_v 转换成主存实页号的表称为内页表。例如，在一个具有 Cache 和页式管理方式的虚拟存储器中，CPU 的一次访问操作可能涉及快表、内页表、外页表、Cache、主存和辅存。在具体的访问过程中，CPU 首先给出访存所需的虚地址 VA，然后判断对应页是否在快表中。如果在快表中，则直接将虚地址映像为实地址，然后进行访问 Cache 的一系列操作。如果不在快表中，则访问工作过程如图 3-33 所示。图 3-33 所示为虚拟存储器的工作过程。

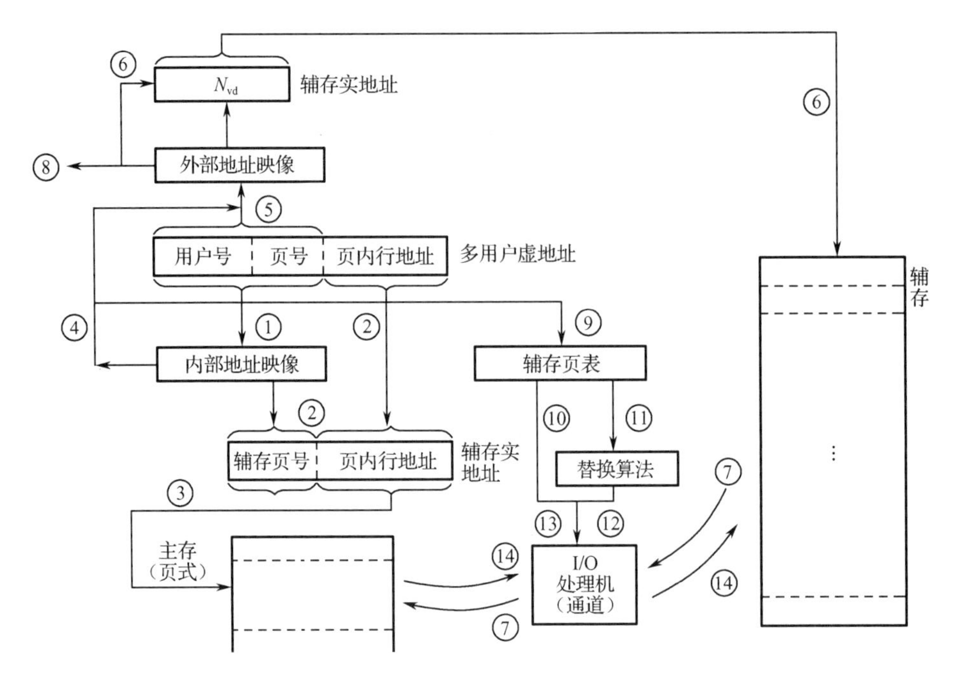

图 3-33 虚拟存储器的工作过程

在图 3-33 中，CPU 通过查找内页表来判定辅存是否被命中。若被命中，则从内页表中得到实页号，并与页行内地址构成访问辅存实地址，然后修改快表，并使用该实地址直接访问 Cache，详见图 3-33 中的①、②和③。若不命中则需完成三项任务：

（1）向 CPU 发出缺页中断，如图中④所示，执行中断程序到辅存中调页。

（2）通过外部地址映像（见图中⑤），通过查外页表得到该页的辅存实地址 N_{vd}；到辅存中去选页（见图中⑥），将该页内容通过 I/O 处理机或数据通路调入主存中（见图中⑦），并在实存中调整相应页表（见图中⑨），填写好外页表。

（3）查找实页分配表，若主存中还有空闲页，则将从辅存取出的页直接写入实存的空闲页中，并填写好内页表（见图中⑩）。若主存空间已满，则需根据所采用的替换算法确定当前被替换的页，并填写好内页表。把确定了的实页号送入 I/O 处理机进行替换。在进行页替换时，如果被替换的页调入主存后一直未修改过，则不送回辅存；如果已修改过，则先将它送回辅存原来的位置，再把调入的页装入主存（见图中⑦）。如果所需的页未装入辅存，还需进行中断，进行出错处理或其他处理（见图中⑧），然后才能用虚地址去访问主存。这时肯定是辅存被命中，经地址映像后，可直接访问主存，完成一次访问虚拟存储器的过程。

3.6 辅助存储器

计算机中的存储器可分为主存储器（主存）和辅助存储器（辅存）两大类。主存用来存储需要立即使用的程序和数据，要求存储速度快，通常由半导体存储器构成。辅存用于存储当前不需要立即使用的信息，一旦需要，再和主存进行数据交换。辅存作为主存的后备和补充，通常是主机的外设，又称为外存。

辅存的特点是容量大、成本低，通常在断电后仍能存储信息，是非易失性存储器。计算机系统使用各种类型的存储器构成了多层次的存储系统，很好地解决了速度、成本、容量之间的矛盾，提高了计算机系统的性价比。

3.6.1 辅助存储器简介

当前市场上流行的辅存主要有磁表面存储器、光存储器和U盘。磁表面存储器是将磁性材料沉积在盘片（或带）的基体上形成记录介质，并以绕有线圈的磁头与记录介质的相对运动来写入或读出信息的。光存储器主要是光盘存储器，光盘存储器的工作原理不同于磁表面存储器，它是利用激光束在具有感光特性的表面上存储信息的。U盘是一种非易失性的半导体存储器，不仅存储速度较快，而且体积小、便于携带。

辅存的主要技术指标有存储密度、存储容量和寻址时间等。

1．存储密度

存储密度是指单位长度或单位面积所能存储的二进制信息量。对于磁表面存储器，如磁盘存储器，可用道密度和位密度表示，沿磁盘存储器半径方向单位长度的磁道数称为道密度。道密度的单位是道/英寸（tpi）或道/毫米（tpmm）。单位长度磁道所能记录二进制信息的位数称为位密度或线密度，单位是位/英寸（bpi）或位/毫米（bpmm）。

2．存储容量

存储容量指存储器所能存储的二进制信息总量，一般以字节为单位。

3．寻址时间

磁表面存储器采取直接存取方式，其寻址时间包括两部分：一是磁头寻找目标磁道所需的找道时间 t_s；二是找到磁道以后，磁头等待所需要读/写的区段旋转到它的下方所需要的等待时间 t_w。目前，主流磁盘机的转速 Y 为5400～15000转/分钟（rpm）不等。由于寻找相邻磁道和从最外面磁道找到最里面磁道所需的时间不同，磁头等待不同区段所花费的时间也不同，因此取它们的平均值，称为平均寻址时间 T_a，它由平均找道时间 T_s 和平均等待时间 T_a 组成：

$$T_a=T_s+T_w=(t_{smax}+t_{smin})/2+(t_{wmax}+t_{wmin})/2$$

平均寻址时间是磁表面存储器的一个重要指标。例如，硬盘存储器的平均找道时间一般在10 ms，平均等待时间为盘片转半圈的时间。

光盘存储器的寻址时间是指光盘驱动器随机寻找光盘存储器上的任意位置的数据所需要的时间，时间越短，表示光盘驱动器的工作速度越快，一般单速机为800～1000 ms，双速机为300～400 ms。

4．数据传输速率

存储器在单位时间内向主机传输数据的字节数称为数据传输速率，数据传输速率与存储设备和主机接口逻辑有关。从主机接口逻辑来看，应有足够快的传输速率从设备接收或向设备发送数据。从存储设备来看，假设磁表面存储器的旋转速度为 r 转/秒，每条磁道的存储容量为 N 字节，则数据传输速率 D_r 为：

$$D_r=r\times N\text{（B/s）}$$

或

$$D_r=D\times v\text{（B/s）}$$

其中，D 为位密度，v 为磁表面存储器旋转的线速度，磁表面存储器的数据传输速率可达几十 B/s。

光盘存储器的数据传输速率表示光盘驱动器连续读取大量数据的速率，是辅存的一个最重要的指标，单速机为 150 KB/s、双倍速机为 300 KB/s，目前还有 48 倍速等高速机。

5．误码率

误码率是衡量存储器出错概率的参数，它等于从辅存读出数据时，出错数据位数和读出的总数据位数之比。

6．价格

通常用位价格来比较各种存储器，位价格是设备价格除以存储容量。在所有存储器中，磁表面存储器和光盘存储器的位价格是最低的。

3.6.2　磁表面存储器

1．磁表面存储器的工作原理

磁表面存储器是利用磁性材料具有两种不同的磁化状态来表示二进制中的 0 和 1 的。将磁性材料均匀地涂抹在圆形的铝合金等载体上就可形成磁盘。

磁头是磁表面存储器用来实现电-磁转换的重要装置，一般由铁磁性材料制成，上面绕有读/写线圈，在贴近磁表面处开有一个很窄的缝隙。在写入数据时，在磁头上的写线圈中通以一定方向的脉冲电流，磁头铁芯内产生一定方向的磁通，在磁头缝隙处产生很强的磁场会构成一个闭合回路，磁头下的一个很小区域被磁化形成一个磁化元（即记录单元）。若在写线圈中通以相反方向的电流，该磁化元则向相反的方向磁化。如果前面写入的数据是 1，后面写入的数据就是 0。待脉冲电流消失后，该磁化元将保持原来的磁化状态不变，从而达到写入并存储数据的目的。

在读出数据时，磁头和磁层做相对运动，当某一磁化元运动到磁头下方时，磁头中的磁通将发生大的变化，于是在读线圈中产生感应电动势，其极性与磁通变化的极性相反，即当磁通由小变大时，感应电动势为负极性；当磁通由大变小时，感应电动势为正极性。不同方向的感应电动势，经放大、检波、整形后便可鉴定读出的数据是 0 还是 1，完成读出功能。

对于磁表面存储器来说，其记录方式是指采用什么形式的脉冲电流使磁化元能向两个方向磁化，用来分别记录数据 1 或 0。图 3-34 给出几种常见记录方式的写入脉冲电流波形。

（1）归零制（RZ）。在归零制记录方式中，给磁头写线圈送入的正脉冲电流表示 1，负脉冲电流表示 0。在两位数据之间，线圈中的脉冲电流为 0，这是归零制的特点。由于磁层为硬磁材料，采用这种方法去磁比较麻烦。

（2）不归零制（NRZ）。在记录数据时，如果磁头线圈中没有正向脉冲电流就必有反向脉冲电流。由于不存在无脉冲电流的状态，所以称为不归零制。当连续写入1或0时，脉冲电流的方向是不改变的。因此，这种记录方式比归零制减少了磁化翻转方向的次数。

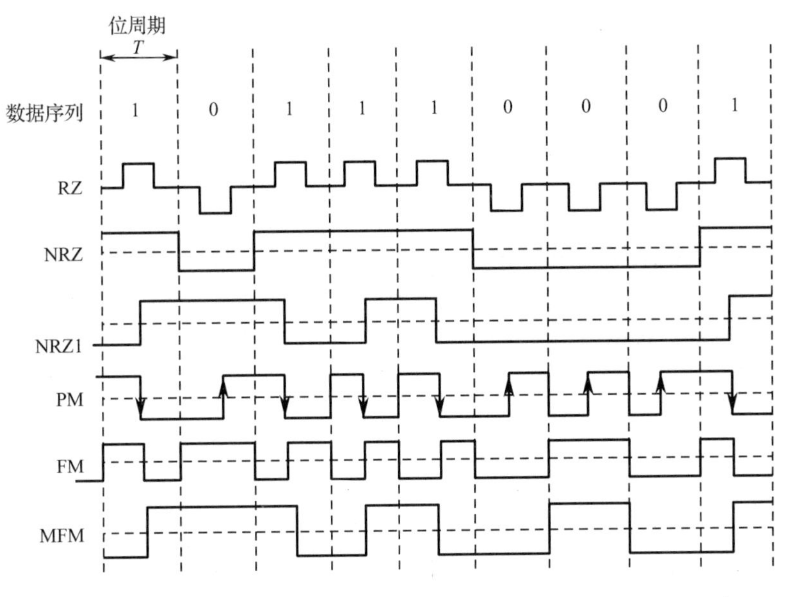

图3-34 几种常见记录方式的写入脉冲电流波形

（3）见1就翻的不归零制（NRZ1）。与不归零制一样，这种方式在记录数据时，磁头线圈中始终有脉冲电流通过。与NRZ不同的是，NRZ1方式下流过磁头的脉冲电流只有在记录1时改变方向，使磁层磁化方向翻转；在记录0时，脉冲电流方向不变，磁层保持原来的磁化方向。

（4）调相制（PM）。调相制又称为相位编码（PE），它是利用两个相位相差180°的磁化翻转方向代表数据0和1的。也就是说，假定在记录数据0时，规定磁化翻转的方向是从负变为正，则在记录数据1时，磁化翻转的方向是从正变为负。当连续出现两个或两个以上的1或0时，为了维持上述原则，在位周期起始处也要翻转一次。

（5）调频制（FM）。调频制的记录规则是在记录数据1时，不仅在位周期的中心翻转磁化方向，而且在位与位之间也必须翻转磁化方向。在记录数据0时，位周期中心不翻转磁化方向，但位与位之间的边界处要翻转一次磁化方向。由于记录数据1时翻转磁化方向的频率为记录数据0时的2倍，因此又称为倍频制。

（6）改进调频制（MFM）。这种记录方式与调频制基本相同，即记录数据1时在位周期中心翻转一次磁化方向，在记录数据0时不翻转磁化方向。它与调频制的区别在于它只有连续记录2个或2个以上的0时，才在位周期的起始位置翻转一次磁化方向，而不是在每个位周期的起始处都翻转磁化方向。

自同步能力是指从单个磁道读出的脉冲序列中，自动提取同步信号（时间基准信号）的能力。从磁表面存储器读出信号时，为了分离出数据必须有同步信号。从专门设置的用来记录同步信号的磁道中获得同步信号的方法称为外同步，直接从磁盘读出的信号中提取同步信号的方法称为自同步。

自同步能力的大小可以用最小磁化方向翻转间隔与最大磁化方向翻转间隔的比值R来衡量。R越大，自同步能力就越强。例如，NRZ和NRZ1记录方式是没有自同步能力的，因为当连续记录 1 时，NRZ 记录方式磁层不发生磁化方向翻转。而当连续记录 0 时，NRZ 和 NRZ1 记录方式的磁层都不发生磁化方向翻转。然而，RZ、PM、FM、MFM 记录方式是有自同步能力的。例如，FM 记录方式的最大磁化方向翻转间隔是位周期 *T*，而它的最小磁化方向翻转间隔是 *T*/2，因此 *R*=0.5。

除了上述几种记录方式，还有成组编码（GCR）以及游程长度受限码（Run Length Limited Code，RLLC）等记录方式。

2. 硬盘存储器

硬盘存储器是指记录介质为硬质圆形盘片的磁表面存储器，也称为硬磁盘存储器（Hard Disk）。硬盘存储器主要由磁记录介质、磁盘控制器、磁盘驱动器三大部分组成。磁盘控制器包括控制逻辑与时序、数据并/串转换电路和串/并转换电路。磁盘驱动器包括写入电路与读出电路、读/写转换开关、读/写磁头与磁头定位伺服系统等。硬盘存储器的工作流程和物理组成如图 3-35 所示。

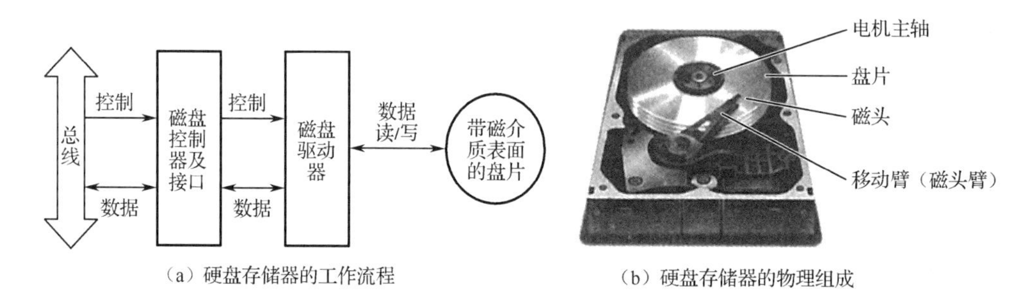

（a）硬盘存储器的工作流程　　（b）硬盘存储器的物理组成

图 3-35　硬盘存储器的工作流程和物理组成

目前，广泛应用的硬盘存储器也称为温彻斯特盘，简称温盘，它的主要特点是将盘片、磁头、定位机构、读/写驱动电路，以及电机主轴封装在一个密封的盘盆中，不可随意拆卸，所以它的防尘性能好、可靠性高。通常，计算机的系统软件（操作系统）、编译系统和应用软件都存储在硬盘存储器上。磁盘驱动器使用一个可移动的读/写磁头来读/写硬盘，其内部通常包含 1～4 张盘片。

硬盘存储器是由磁层来记录数据的，磁层涂敷或者镀在由金属合金或塑料制成的载磁体上，即盘片。每张盘片有两个磁盘面，盘片直径为 1 英寸到 3.5 英寸不等。每个盘面被分成许多称为磁道（Track）的同心圆，一般每个盘面有 10000～50000 条磁道，数据存储在磁道上，磁道从外向内编址，最外面的为磁道 0。硬盘存储器的结构如图 3-36 所示。

从图 3-36 中可以看出，一个磁盘机由多个盘片构成，每个盘片的两面均可存储数据。这样给每个盘面设置一个磁头，并统一安装在磁头臂上，由电机控制磁头臂沿径向移动以寻找磁道。每个盘面由外向内分成许多同心圆，称为磁道。每个盘面分成同样大小的扇区，同一个扇区内各个磁道上可存储同样数量的信息。由于各道的周长不同，显然外圈磁道上的位密度低于内圈的磁道。不同盘面上的同一磁道可构成一个圆柱面，当要求读/写的数据超过一条磁道上的数据时，则将数据存储在同一圆柱面的其他磁面上的相同磁道号上，这样可减少换磁道的时间，加快访问速度。

由于主存与硬盘存储器之间数据交换是以扇区（或数据块）为单位进行的，所以在访问硬盘存储器时，需要提供如下的地址结构：磁盘机号、磁道号（柱面号）、磁面号（磁头号）、扇区号（数据块号）。

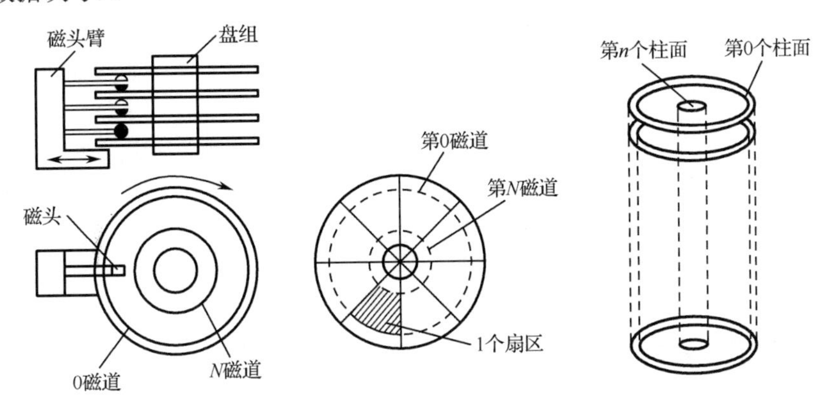

图 3-36　硬盘存储器的结构

数据存储在盘片上，由磁头读出或写入。在硬盘存储器通电后，盘片高速旋转，硬盘存储器从系统接到一个读数据指令后，磁盘控制器首先找到是哪一台磁盘机，再找是哪个柱面和哪个磁面上的哪个扇区，等待该扇区的起始地址转到磁头所在位置即可开始读/写操作。常常将找道和等待两个时间的总和称为硬盘存储器的寻址时间。实际上它会比读/写一个扇区的数据所需的时间长得多，这就是硬盘存储器的访问速度慢的主要原因。

例 3.10　盘组中有 2 片盘面，每个盘面有 2 个记录面。存储区域内径为 20 cm，外径为 30 cm，道密度为 2000 道/cm，内层位密度为 100000 位/cm，转速为 6000 r/min。问：

（1）盘组的总存储容量是多少？

（2）数据传输速率多少？

（3）采用定长数据块记录格式，直接寻址的最小单位是什么？

解：（1）有效存储区域为 30/2−20/2=15−10=5（cm）。因为道密度为 2000 道/cm，所以共有 2000×5=10000 道，即 10000 个柱面。内层磁道周长为 $2\pi R=2\times3.14\times10=62.8$ cm，每道数据量为 100000 位/cm×62.8 cm=6280000 位=785000B，每面数据量为 785000 B×10000=7850000000 B，盘组的总存储容量为 7850000000 B×4=31400000000 B。

（2）数据传输速率 $D_r=rN$=6000 转/60 s×785000 B=100×785000 B=78500000 B/s。

（3）采用定长数据块格式时，直接寻址的最小单位是 1 个数据块（1 个扇区），每个数据块记录固定字节数的数据。

20 世纪 90 年代，一种优化硬盘存储器的技术——ZBR（Zoned Bit Recording，分区域记录）被提了出来。ZBR 的盘面每轨道拥有的扇区数和位数不同，而保持磁道的位密度相同。这增加了外围轨道的记录位数，因此增加了磁盘驱动器的存储容量。

3．磁盘阵列存储器

磁盘阵列存储器也称为磁盘冗余阵列（Redundant Arrays of Inexpensive Disk，RAID），是并行处理技术在磁盘系统中的应用，它把多台小型的磁表面存储器（或光盘存储器）按一定的条件组织成同步化的阵列，利用类似于存储器中的多体交叉技术，将数据分散存储在多个磁盘上，可提高数据传输速率，并可利用冗余技术提高系统的可靠性。由于磁盘阵列存储器具有容量大、功耗低、体积小、成本低、响应快速、便于维护和可以提供自动数据备份等优点，其应用前景十分广泛。

虽然 RAID 技术于 1987 年由在美国加利福尼亚大学伯克利分校工作的戴维·帕特森（David A. Patterson）教授等正式提出，但是由于它所具有的优势，在短短不到十年的时间里，已经广泛地应用于高性能计算机、计算机网络和多媒体系统中。

RAID 技术的核心是采用分条（Stripping）、分块（Declustering）和交叉存取（Interleaving）等方式对存储在多个磁盘中的数据和校验数据进行组合处理，支持并行读/写操作。戴维·帕特森教授定义了RAID0～RAID6共7种不同的组织方式来实现这个特性，例如具有镜像功能、校验位或校验带等形式，可提高系统的可靠性。

3.6.3 光盘存储器

光盘存储器主要由光盘、光盘驱动器组成，目前已成为计算机不可缺少的存储设备之一。光盘的主要特点是存储容量大、可靠性高，只要存储介质不发生问题，光盘上的数据就可长期存储。

读取光盘数据时需要使用光盘驱动器，通常称为光驱。光驱的核心部分由激光头、光反射透镜、电机系统和处理信号的集成电路组成。

1. 光盘的种类

光盘是用光学方式进行读/写数据的盘片，其特点是高密度存储。激光技术使高密度存储成为可能，盘面数据的写入和读出都是使用激光来实现的。激光的主要特点是可以聚焦成能量高度集中的极小光点，为超高密度存储提供了技术基础。根据性能和用途的不同，光盘可分为只读型光盘和可记录光盘。

（1）只读型光盘。目前应用最广的只读型光盘是 CD-ROM，其盘片中的信息由生产厂家预先写入，用户只能读出，不能写入。CD-ROM 适用于存储数字化的文字、声音、图像、图形、动画以及视频影像，可提供高达 680 MB 的存储空间。CD-ROM 在计算机领域中主要用于文献数据库以及其他数据库的检索，也可用于计算机辅助教学等。按盘片中记录格式和功能的不同，CD-ROM 又有激光唱盘、VCD 和 DVD 等不同的产品。

（2）可记录光盘。可记录光盘包括只写一次式光盘（CD-R）和可重复擦写式光盘（CD-RW）两种形式。在 CD-R 上，用户可使用专用的写入器在空的光盘上写入数据。一旦写入完成后，可以多次读出这些数据，但不能再次写入别的数据，主要用于系统中的文件存档或写入的数据不用再修改的场合。在 CD-RW 上，用户可使用专用的写入器在空的光盘上多次写入和擦除数据，根据结构组成，具体可分为磁光型（MO）和相变型（PCB）两种类型，目前主要用于大容量数据的存储和交换。

2. 光盘的读/写方式

光盘的基片材料通常采用透明的聚合物材料（如聚碳酸酯等）制成，经过精密加工后形成直径为 2.5 英寸、5.25 英寸等的圆盘。光盘的表面覆盖着合金等反射层，最上面涂有防氧化的漆膜保护层。光盘的基片上浇注了以 360° 为一圈的螺旋状物理轨迹，从光盘的内部一直旋转到最外圈，这也称为物理光道。

在向光盘中写入数据时，可使用激光束在光盘记录表面上存储数据。对于 CD-R，在写入时，激光束聚焦成直径为 1 μm 左右的微小光点，产生的热量可融化光盘表面上的合金薄膜，在薄膜上形成小凹坑，表示 1，无凹坑表示 0；在读出时，在读出激光束的照射下，有凹坑处和无凹坑处反射光的强度是不同的，可以读出 0 和 1 两种数据。鉴于读出激光束的功率极小，仅为写入激光束功率的 1/10，因此不会产生新的凹坑。

3．光盘存储器的组成

光盘存储器主要由光盘、光盘驱动器等组成，其中光盘驱动器是读/写光盘的基本设备，分为只读型光盘驱动器和可擦写光盘驱动器。光盘驱动器由读/写光学头、找道定位机构、主轴驱动机构以及光学系统组成。读/写光学头的作用是从光盘中读出数据和向光盘中写入数据。光学系统中的激光器产生的激光束经光束分离器，90%的激光束用于写入激光束，10%的激光束作为读出激光束。写入激光束在调制器中经调制信号调制后变成记录激光束，由聚焦系统射向光盘写入数据。读出激光束首先经几个反射镜后反射到光盘上，读出激光束由光敏半导体器件输出。

由于光盘的记录密度大，为了准确地读出数据，光盘驱动器采用了 3 个伺服系统：

（1）聚焦伺服系统：其作用是将激光束的焦点聚焦在光盘上。

（2）径向道跟踪伺服系统：其作用是将聚焦后的激光束射到光盘的物理光道上。

（3）光盘转速控制系统：其作用是控制光盘的转速。

由这 3 个伺服系统紧密配合，读/写光学头可获得正确稳定的信号，经过数据格式化成为计算机可识别的数据。目前，常用的光盘驱动器接口标准有 SCSI、EIDE、USB 和 SATA 等。

3.6.4 U 盘和固态硬盘

1．U 盘

U 盘即 USB 闪存盘，它是基于 USB 接口、无须驱动器的新一代存储设备，目前得到了广泛的应用。U 盘的存储介质是 Flash 存储器，它和一些外围数字电路连接在电路板上，并封装在塑料壳内构成 U 盘。

Flash 存储器（简称闪存）是一种长寿命的非易失性的存储器，数据是以固定的区块为单位（区块大小一般为 256 KB～20 MB）进行读取、写入和删除的。Flash 存储器是电可擦除只读存储器（EEPROM）的变种，数据更新速度比 EEPROM 快。由于在断电时仍能保存数据，Flash 存储器通常用来存储设置信息，如在计算机的 BIOS（基本输入/输出程序）、PDA（个人数字助理）、数码相机中存储资料等。但由于存储速度等原因，Flash 存储器还不能取代 RAM。

Flash 存储器在存储数据的过程中无机械运动，运行非常稳定，从而提高了它的抗振性能，使它成为所有存储设备里面最不怕振动的设备之一。另外 Flash 存储器具有体积小、可以进行热插拔、无外接电源、携带非常方便等特点。U 盘最主要的功能是存储数据，其次是启动和硬件加密功能。此外，通过外加硬件还可实现诸如 MP3 播放等功能。

2．固态硬盘

固态硬盘（Solid State Disk，SSD）也称为电子硬盘，它并不是一种磁表面存储器，而是一种使用 NAND Flash 存储器组成的辅存。固态硬盘与 U 盘并没有本质差别，只是其存储容量更大、存储性能更好，它用 Flash 存储器代替了磁表面存储器作为存储介质，以区块写入和抹除的方式进行数据的读/写。电信号的控制使得固态硬盘的内部数据存储速度远远高于常规硬盘。有测试显示，使用固态硬盘以后，Windows 的开机速度可以提升至 20 s 以内，这是基于常规硬盘的计算机系统难以达到的速度。

与常规硬盘相比，除了速度性能，固态硬盘还具有抗振性好、安全性高、无噪声、能耗低、发热量低和适应性高的特点。由于不需要电机、盘片、磁头等机械部分，固态硬盘在工作过程中没有机械运动和振动，因而抗振性好，使数据安全性得到成倍的提高，并且没有常规硬盘的噪声。由于不需要电机工作，固态硬盘的能耗也得到了大幅降低，只有常规硬盘能耗的 1/3 甚至更低，延长了靠电池供电的设备的连续运转时间。由于没有电机等部件，其发热量大幅降低，延长了其他配件的使用寿命。此外，固态硬盘的工作温度范围很宽（-40～85 ℃），其使用范围上也远比常规硬盘广泛。

目前固态硬盘的读/写性能超越了常规硬盘，且价格也在不断下降。固态硬盘的接口规范和定义、功能及使用方法与常规硬盘完全相同，在产品外形和尺寸上也与常规硬盘一致，主要有 2.5 英寸与 1.8 英寸两种尺寸；使用 SATA 和 IDE 接口；在访问性能方面，目前固态硬盘的平均访问速度大约是常规硬盘的 1.5 倍，写入速度可达常规硬盘的 1.5 倍，读取速度可达常规硬盘的 2～3 倍。

固态硬盘目前主要的问题是使用寿命，由于 Flash 存储器的擦写次数有限，所以频繁地擦写会降低其使用寿命。

思考题和习题 3

一、名词概念

SRAM、DRAM、存取时间、存取周期、动态刷新、数据传输速率、Cache、命中率、闪存 Flash、相联存储器、双端口存储器、直接映像方式、全相联映像方式、组相联映像方式、LRU 算法、FIFO 算法、虚地址、实地址、虚拟存储器、快表（TLB）、存储保护

二、单项选择题

（1）计算机的存储器采用分级存储体系的主要目的是________。

（A）便于读/写数据　　（B）减小机箱的体积

（C）便于系统升级　　（D）解决存储容量、价格和存储速度间的矛盾

（2）存取周期是________。

（A）存储器的读出时间

（B）存储器的写入时间

（C）存储器进行连续读/写操作所允许的最短时间间隔

（D）存储器进行连续写操作所允许的最短时间间隔

（3）主存的速度表示中，t_a（存取时间）与 t_c（存取周期）的关系是________。

（A）$t_a > t_c$　　（B）$t_a < t_c$　　（C）$t_a = t_c$　　（D）无关系

（4）计算机的存储系统是指________。

（A）RAM　（B）ROM　（C）主存　（D）Cache、主存和辅存

（5）某计算机字长是 64 位，其存储容量为 128 MB，若按字编址，则它的寻址范围是________。

（A）8 MB　（B）16 MB　（C）32 MB　（D）64 MB

（6）某计算机字长是 32 位，其存储容量为 16MB，若按双字编址，则它的寻址范围是________。

（A）2 MB　（B）4 MB　（C）8 MB　（D）16 MB

（7）在存储系统中，增加 Cache 是为了________。

（A）提高主存速度

（B）扩充存储系统的容量

（C）解决 CPU 和主存之间的速度匹配问题

（D）方便用户编程

（8）若存取周期为 250 ns，每次读出 16 位，则该存储器的数据传输速率为________。

（A）4×10^6 B/s　（B）4 MB/s　（C）8×10^6 B/s　（D）8 MB/s

（9）在计算机中，CPU 访问各类存储器的频率由高到低的顺序为________。

（A）Cache、内存、磁盘存储器、磁带存储器

（B）内存、磁盘存储器、磁带存储器、Cache

（C）磁盘存储器、内存、磁带存储器、Cache

（D）磁盘存储器、Cache、内存、磁带存储器

（10）关于静态随机存取存储器（SRAM）、动态随机存取存储器（DRAM），下面叙述中正确的是________。

（A）SRAM 的速度较快，但集成度稍低；DRAM 的速度稍慢，但集成度高

（B）DRAM 依靠双稳态电路的两个稳定状态来分别存储 0 和 1

（C）SRAM 的速度较慢，但集成度稍高；DRAM 的速度稍快，但集成度低

（D）SRAM 依靠电容中的暂存电荷来存储数据，有电荷时为 1，无电荷时为 0

（11）计算机系统中的存储系统是指________。

（A）RAM、CPU　（B）ROM、RAM

（C）主存、RAM 和 ROM　（D）主存、外存、ROM

（12）下列有关 RAM 和 ROM 的叙述中，正确的是________。

① RAM 是易失性存储器，ROM 是非易失性存储器

② RAM 和 ROM 都采用随机存取方式进行访问

③ RAM 和 ROM 都可用于 Cache

④ RAM 和 ROM 都需要进行刷新

（A）①和②　（B）②和③

（C）①、②和③　（D）②、③和④

（13）假定用若干个 2K×4 位存储芯片组成一个 8K×8 位存储器，则地址 0B1FH 所在存储芯片的最小地址是________。

（A）0000H　（B）0600H　（C）0700H　（D）0800H

（14）某一 RAM，其存储容量为 512×8 位，除电源和接地端外，该芯片引出线的最小数目应是________。

(A) 23　　(B) 25　　(C) 50　　(D) 19

(15) DRAM 的刷新是以________为单位进行的。

(A) 存储单元　　(B) 行　　(C) 列　　(D) 都可以

(16) 某计算机主存的存储容量为 64 KB，其中 ROM 区为 16 KB，其余为 RAM 区，按字节编址。现要用 8K×4 位的 ROM 芯片和 16K×4 位的 RAM 芯片来设计该存储器，则需要上述规格的 ROM 芯片数和 RAM 芯片数分别是________。

(A) 4、6　　(B) 2、3　　(C) 1、6　　(D) 4、4

(17) 在某个计算机系统中，主存的存储容量为 12 MB，Cache 的存储容量为 400 KB，则存储系统的总存储容量为________。

(A) 12 MB + 400 KB　　(B) 12 MB

(C) 400 KB　　(D) 12 MB−400 KB

(18) 下列说法正确的是________。

(A) 主存和 Cache 统一编址，Cache 的地址空间是主存地址空间的一部分

(B) 主存由易失性的随机存取存储器构成

(C) 单体多字存储器主要解决访问速度的问题

(D) 以上都对

(19) 关于 Cache 的三种基本地址映像方式，下面叙述中正确的是________。

(A) Cache 的地址映像方式有全相联映像、页相联映像、多路组相联映像三种

(B) 在全相联映像方式中，主存单元与 Cache 单元随意对应，线路过于复杂，成本较高

(C) 多路组相联映像是全相联映像和页相联映像的一种折中方案，有利于提高命中率

(D) 多路组相联映像是全相联映像和页相联映像的一种折中方案，有利于提高失效率

(20) 在 Cache 中，常用的替换策略有：随机算法、先进先出算法、近期最少使用算法，其中与程序局部性原理相关的是________。

(A) 随机算法　　(B) 近期最少使用算法

(C) 先进先出算法　　(D) 以上都不是

(21) 在 Cache 中，当程序正在执行时，由________完成地址映像。

(A) 程序员　　(B) 硬件　　(C) 软件和硬件　　(D) 操作系统

(22) 当访问 Cache 失效时，不仅主存向 CPU 传输数据，同时还需要将数据写入 Cache，在此过程中传输和写入数据的宽度分别为________。

(A) 块、页　　(B) 字、字　　(C) 字、块　　(D) 块、块

(23) 某计算机系统的存储系统由主存和 Cache 组成。某程序执行过程中访问 1000 次，其中访问 Cache 缺失（未命 中）50 次，则 Cache 的命中率是________。

(A) 5%　　(B) 9.5%　　(C) 50%　　(D) 95%

(24) 在下列因素中，与 Cache 的命中率无关的是________。

(A) Cache 存储块的大小　　(B) Cache 的存储容量

(C) 主存的存取时间　　(D) 都无关系

(25) 在下列 Cache 替换算法中，比较好的一种是________。

(A) 随机算法　　(B) 先进先出算法

(C) 后进先出算法　　(D) 近期最少使用算法

(26) 相联存储器是按________进行寻址的存储器。

（A）地址方式　　（B）堆栈方式
（C）内容指定方式　　（D）地址方式与堆栈方式

（27）双端口存储器之所以能高速进行读/写，是因为采用________。
（A）高速芯片　　（B）两套相互独立的读/写电路
（C）流水技术　　（D）新型器件

（28）双端口存储器在________情况下会发生读/写冲突。
（A）左端口与右端口的地址码相同　　（B）左端口与右端口的地址码不同
（C）左端口与右端口的数据码不同　　（D）左端口与右端口的数据码相同

（29）在 4 体交叉并行存储器中，每个存储模块的存储容量是 64K×32 位，存取周期为 200 ns，下述说法中________是正确的。
（A）在 200 ns 内，存储器能向 CPU 提供 256 位二进制数据
（B）在 200 ns 内，存储器能向 CPU 提供 128 位二进制数据
（C）在 200 ns 内，存储器能向 CPU 提供 64 位二进制数据
（D）在 200 ns 内，存储器能向 CPU 提供 32 位二进制数据

（30）采用 4 体交叉并行存储器，设每个体的存储容量是 32K×16 位，数据周期为 400 ns，下述说法中________是正确的。
（A）在 0.1 μs 内，存储器能向 CPU 提供 2^6 位二进制数据
（B）在 0.1 μs 内，每个体能向 CPU 提供 32 位二进制数据
（C）在 0.2 μs 内，存储器能向 CPU 提供 2^6 位二进制数据
（D）在 0.4 μs 内，存储器能向 CPU 提供 2^6 位二进制数据

（31）CPU 通过指令访问虚拟存储器所用的程序地址称为________。
（A）实存地址　　（B）物理地址　　（C）逻辑地址　　（D）真实地址

（32）采用虚拟存储器的主要目的是________。
（A）提高主存的存储速度
（B）扩大主存的存储空间，并能进行自动管理和调度
（C）提高外存的存储速度
（D）扩大外存的存储空间

（33）常用的虚拟存储系统由________两级存储器组成，其中辅存是大容量的磁表面存储器。
（A）主存-辅存　　（B）快存-主存
（C）快存-辅存　　（D）通用寄存器-主存

（34）在虚拟存储器中，当程序正在执行时，由________完成地址映像。
（A）程序员　　（B）编译器　　（C）装入程序　　（D）操作系统

（35）常用的虚拟存储器管理方式有段式、页式和段页式管理方式，在它们在与主存交换数据时的单位，以下表述中正确的是________。
（A）段式管理方式采用页　　（B）页式管理方式采用块
（C）段页管理方式式采用段和页　　（D）段页式和页式管理方式都采用页

（36）某虚拟存储器采用页式管理方式，使用 LRU 替换算法。假定内存的存储容量为 4 页，且开始时是空的。考虑下面的页访问地址流（每次访问在一个时间单位中完成），1、8、1、7、8、2、7、2、1、8、3、8、2、1、3、1、7、1、3、7，则页被命中的次数是________。

（A）24　　（B）14　　（C）16　　（D）6

（37）下列命令组合情况中，一次访问过程中，不可能发生的是________。

（A）TLB 未命中，Cache 未命中，页未命中

（B）TLB 未命中，Cache 被命中，页被命中

（C）TLB 被命中，Cache 未命中，页被命中

（D）TLB 被命中，Cache 被命中，页未命中

（38）在磁表面存储器的记录方式中，不具备自同步能力的是________。

（A）NRZ、NRZ1　　（B）PM、RZ

（C）FM、ZRZ　　（D）MFM、NRZ1

（39）磁盘上的磁道是________。

（A）记录密度不同的同心圆　　（B）记录密度相同的同心圆

（C）一条阿基米德螺线　　（D）以上都不是

（40）磁盘驱动器向盘片磁层记录数据时采用________方式写入。

（A）并行　　（B）串行　　（C）并行-串行　　（D）串行-并行

（41）磁盘存储器的平均寻址时间是指________。

（A）平均等待时间　　（B）平均找道时间

（C）最大找道时间加上最小找道时间　　（D）平均找道时间加上平均等待时间

（*42）采用指令 Cache 和数据 Cache 分离的主要目的是________。

（A）降低 Cache 的缺失损失　　（B）提高 Cache 命中率

（C）降低 CPU 平均访存时间　　（D）减少指令流水线资源冲突

（*43）下列关于闪存（Flash 存储器）的叙述中，错误的是________。

（A）数据可读/写，并且读、写速度一样快

（B）存储单元由 MOS 管组成，是一种半导体存储器

（C）掉电后数据不丢失，是一种非易失性存储器

（D）采用随机访问方式，可替代计算机的外存

（*44）某存储器的存储容量为 64 KB，按字节编址，地址 4000H～5FFFH 为 ROM 区，其余为 RAM 区. 若采用 8K×4 位的 SRAM 芯片进行设计，则需要该芯片的数量是________。

（A）7　　（B）8　　（C）14　　（D）16

（*45）某计算机系统的主存地址空间为 256 MB，按字节编址。虚地址空间为 4 GB，采用页式管理方式，页大小为 4 KB，TLB（快表）采用全相联映像方式，有 4 个页表项，内容如表所示。

有效位	标　记	页　号	…
0	FF180H	0002H	…
1	3FFF1H	0035H	…
0	02FF3H	0351H	…
1	03FFFH	0153H	…

则对虚地址 03FF F180H 进行虚/实地址映像的结果是________。

（A）015 3180H　　（B）003 5180H　　（C）TLB 缺失　　（D）缺页

三、综合应用题

（1）存储器的主要功能是什么？为什么要把存储系统分成不同的层次？

（2）某存储器的数据总线为64位，存取周期为200 ns，试问该存储器的带宽是多少？

（3）设计一个512K×16位的存储器，要求内部采用64K×1位的RAM芯片构成（芯片内是4个128行×128列存储器阵列），问：

① 该系统共需要多少个RAM芯片？

② 采用分散刷新方式，如存储单元刷新间隔不超过2 ms，则刷新信号的周期是多少？

③ 如采用集中刷新方式，设存取周期 T=1 μs，存储器刷新一遍最少需要多长时间？

（4）设有一个具有20位地址和64位字长的存储器，问：

① 该存储器能存储多少字节的数据？

② 如果存储器采用256K×8位SRAM芯片构成，则需要多少个芯片？

③ 需要多少位地址进行芯片选择？说明其理由。

（5）设CPU共有地址总线 A_{15}～A_0，数据总线为8位，并用于访问控制信号，由R/$\overline{W}$线控制读/写。要求存储芯片地址分配为：0～8191为系统程序区，8192～32767为用户程序区。

① 计算选用的存储芯片类型及数量。

② 存储系统采用全译码方式，画出CPU与存储芯片的连接图。

（6）设CPU有16条地址线、8条数据线，并用于访问控制线号，用R/$\overline{W}$读/写控制信号。采用8 KB的ROM和RAM芯片，画出CPU和存储芯片的连接图。要求：

① 最高16K×8位的ROM地址是系统程序区，最低地址的8K×8位的RAM是用户程序区，写出每片芯片的类型及地址范围（用十六进制表示）。

② 用3-8译码器作为芯片外的高地址译码器，画出全译码方式下存储系统连接逻辑图。

（7）试比较Cache的各种地址映像方式。

（8）某计算机的主存地址位数为32位，按字节编址。假定数据Cache中最多存储128个存储块，存储块的大小为64字节，每个存储块设置了1位有效位。采用一次性写回策略，为此设置了1位“脏”位。要求：

① 采用4路组相联映像方式，分别指出主存地址各部分的组成位置和位数。

② 计算该方式下数据Cache的判断标志区的位数。

（9）假设上题已知条件不变，如果分别采用直接映像方式和全相联映像方式，回答上述问题。

（10）在Cache管理中，当新的存储块需要装入Cache时，有几种替换算法？说明各种算法的特点。

（11）某计算机系统的主存中，已知Cache存取周期为45 ns，主存的存取周期为200 ns。CPU执行一段程序时，CPU访问主存共4500次，其中访问主存的次数为340次，问：

① Cache命中率是多少？CPU访问主存的平均访问时间是多少？

② Cache-主存系统的访问效率是多少？

（12）某计算机的Cache共有16个存储块，采用2路组相联映像方式（即每组2个存储块），每个存储块的存储容量为32字节，按字节编址。求主存129号存储单元所在存储块应装入的Cache组号。

（13）设某计算机系统有一个指令和数据合一的Cache，已知Cache的存取时间为10 ns，主存的存取时间为 100 ns，指令的命中率为 98%，数据的命中率为 95%。在执行程序时，约有 1/5 指令访问操作数。在指令流水线不堵塞的情况下，问：

① 在有 Cache 时的平均访问时间是多少？

② 设置 Cache 与不设置 Cache 相比，计算机的存取速度可大约提高多少倍？

（14）设某计算机采用直接映像方式，已知主存的存储容量为 4 MB，Cache 的存储容量 4 KB，存储块的大小为 8 个字（32 位/字）。求：

① 写出反映主存与 Cache 映像关系的主存地址各字段的分配情况。

② 设 Cache 初始状态为空，若 CPU 依次从主存第 0，1，…，99 号单元读出 100 个字（主存一次读出一个字），并重复按此顺序读 10 次，问命中率为多少？

③ 如果 Cache 的存取时间是 50 ns，主存的存取时间是 500 ns，根据②题求出的命中率，求平均存取时间。

④ 计算主存-Cache 系统的存储效率。

（15）设 Cache 的存取速度比主存的存取速度快 10 倍，且 Cache 的命中率为 90%，则该计算机采用 Cache 后，对存储系统而言，其加速比是多少？

（16）何谓单体多字并行存储器？何谓多体交叉并行存储器？

（17）简述页式管理方式中虚拟存储器的工作过程。

（18）假设主存的存储容量为 4 MB，虚拟存储的存储容量为 1 GB，虚地址和实地址各为多少位？根据寻址方式计算出来的有效地址是虚地址还是实地址？如果页大小为 4 KB，页表长度是多少？

（19）如题（19）图所示的使用快表（页表）的虚/实地址映像条件，快表存储在相联存储器中，其中容量为 8 个存储单元。问：

① 当 CPU 按虚地址 1 访问主存时，主存的实地址是多少？

② 当 CPU 按虚地址 2 访问主存时，主存的实地址是多少？

③ 当 CPU 按虚地址 3 访问主存时，主存的实地址是多少？

页号	该页在主存中的起始地址
33	42000
25	38000
7	96000
6	60000
4	40000
15	80000
5	50000
30	70000

虚地址	页号	页内地址
1	15	0324
2	7	0128
3	48	0516

题（19）图

（20）说明 NRZ、NRZ1、FM、MFM 记录方式，并写出各记录方式的脉冲电流波形特点。

（21）画出记录 110101001 的 PE、FM 和 MFM 的脉冲电流波形，设初始电流为 I。这三种记录方式是否具有自同步能力？

（22）一个磁表面存储器共有 5 个盘片，每面有 204 条磁道，每条磁道有 12 个扇区，每个扇区的大小为 512 B，磁盘机以 7200 rpm 速度旋转，平均找道时间为 8 ms。求：

① 计算该磁表面存储器的存储容量。

② 计算该磁表面存储器的平均寻址时间。

（23）一个盘组共有 10 个磁面，每个盘片有 200 条磁道，数据传输速率为 983040 b/s，磁盘转数为 3600 rpm。假设每个记录块有 1024 B，且系统可以挂 16 台这样的磁盘机。求：

① 计算磁表面存储器的总容量。

② 设计磁盘地址格式。

（24）设磁表面存储器的平均找道时间为 10 ms，磁盘转数为 6000 rpm，每个扇区的大小为 512 B，每条磁道的容量为 3072 B。计算磁表面存储器读/写一个扇区的平均访问时间。

（25）有一台磁盘机，机器平均找道时间为 20 ms，平均旋转等待时间为 7 ms，数据传输速率为 2.5 MB/s，磁盘机上存储了 500 个文件，每个文件中平均大小为 1 MB。现欲将所有文件逐一读出并检查更新，然后写回磁盘机（即两倍的时间），每个文件平均需要 2 ms 的额外处理时间。试问：

① 检查并更新所有文件需要使用多少时间？

② 若磁盘及旋转速度和数据传输速率都提高 1 倍，则检查并更新所有文件需要使用多长时间？

（26）设某盘片有 4 个记录面，内直径为 2 英寸，外直径为 5 英寸，道密度为 5000 tpi，内直径处的位密度为 100000 bpi，转速为 6000 rpm。求：

① 该盘片的存储容量为多少？

② 数据传输速率是多少？

③ 设找道时间为 10～40 ms，计算写 10000 B 的数据的平均时间。

第4章 指令系统

本章主要介绍计算机指令系统的基本概念、指令格式、典型寻址方式与指令类型等，以及在设计一台计算机指令系统时应考虑的主要因素。本章要求读者理解扩展操作码的应用，掌握操作数的寻址方式及其有效地址的计算方法，了解 CISC 和 RISC 的基本概念。

4.1 指令系统概述

计算机中能直接识别和运行的软件程序是由该计算机指令系统中的指令代码组成的，CPU 的工作主要是执行指令。在设计计算机系统时首先应确定其硬件能直接执行哪些操作，这些操作表现为一组指令的集合，称为该计算机指令系统。指令系统与计算机系统的运行性能、硬件结构等是密切相关的。

4.1.1 指令与指令系统

指令是指示计算机执行某种操作的命令，在计算机内部用二进制代码的形式表示，能够被计算机直接识别和理解。下面是有关指令的几个概念。

（1）指令字：代表指令的一组二进制代码信息。

（2）指令字长：一个指令字中包含二进制代码的位数。

（3）机器字长：即计算机字长，指计算机能直接处理的二进制数据的位数，它决定了计算机的运算精度。

指令系统是指一台计算机中所有指令的集合，即一台计算机所能执行的全部操作，是表征一台计算机性能的重要因素。指令系统反映了计算机具有的功能，是软件和硬件的主要接口，其格式与功能不仅会直接影响计算机的硬件结构，而且也会直接影响系统软件，以及计算机的使用范围。

指令系统与计算机硬件结构紧密相关，反映了计算机的基本功能。不同型号的 CPU 有不同的指令系统，包含的指令种类和数目也不同。因此，在设计指令系统时，应考虑指令格式、指令类型及指令操作功能。

用户惯用的高级语言，其语句和用法与具体计算机的硬件结构及指令系统无关，采用高级语言编写的程序要经过编译或解释，成为与指令形式对应的机器语言后才能在计算机中运行。而所谓的低级语言，通常是指机器语言和汇编语言，它们是面向计算机硬件的语言，与具体计算机的指令系统密切相关。

4.1.2 指令系统的性能要求

指令系统的性能决定了计算机的基本功能，其设计直接关系到计算机硬件结构的复杂程度和用户需要。一个完善的指令系统应满足以下 4 个方面的要求：

（1）完备性：要求指令系统丰富、功能齐全和编程方便。

（2）高效性：指利用该指令系统所编写的程序能够高效率地运行，高效率主要表现在程序占据的主存空间少、运行速度快。

（3）规整性：指指令和数据使用规则统一、简单，且易学易记，包括指令系统的对称性、匀齐性，指令格式和数据格式的一致性。

（4）兼容性：系列机各机种之间具有相同的基本结构和共同的基本指令集，因而指令系统是兼容的，即各机种上基本软件可以通用。但由于不同机种推出的时间不同，在结构和性能上有所差异，要做到所有软件都完全兼容是不可能的，兼容性要求至少做到“向前兼容”，即在同一系列的低档计算机上运行的程序可以在高档计算机上直接运行。

在实际设计中，要完全同时满足上述要求并非易事，但这些要求可以为设计合理的指令系统提供指导。

4.2 指令格式

一般来说，指令中应包含操作的种类与性质、操作数的存放地址、操作结果的存放地址，以及下一条指令的存放地址等信息。

指令格式是指在指令中用不同的代码字段表示上述信息，这种代码字段的划分和含义就是指令的编码方式。指令格式与计算机字长、存储系统容量及其读/写方式、支持的数据类型、计算机硬件结构的复杂程度、追求的运算性能等有关。在设计指令系统时要对指令格式进行合理规划，从而设计出功能齐全而高效的指令系统。

4.2.1 指令格式简介

在计算机内部，CPU 能执行的每一条指令都是用一定位数的二进制代码来表示的。指令字长一般与计算机的字长相等，但也可以使用多字长指令，其目的是提供足够的地址位数来解决访问主存（内存）中任何存储单元的寻址问题。但主要缺点是必须两次或多次访问主存以取出一条完整的指令，不仅会降低 CPU 的运算速度，还会占用更多的存储空间。从指令字长的角度来看，指令可分为两种结构：

（1）等长指令字结构：各种指令的字长是相等的，这种指令的结构简单，且指令字长是不变的。

（2）变长指令字结构：各种指令的字长随指令功能而异，这种指令的结构灵活，能充分利用指令字长，但指令的控制较复杂。

通常，一条指令是由操作码（Opcode，OP）和地址码两个字段组成的，其基本格式如下所示：

操作码（OP）	地址码（A）

操作码（OP）用于表征该指令的操作特性与功能，指示计算机“做什么”。例如，是执行算术运算的加、减法等运算，还是逻辑运算的与、或等运算；是对主存进行操作还是对外设进行操作；是读操作还是写操作等。每条指令都有一个对应的操作码，若操作码有 n 位，则可表示 2^n 条不同的指令，即 2^n 种不同的操作。一台计算机可能有几十条到几百条指令，每条指令都有一个对应的操作码，操作码是反映计算机的操作类型、区分不同指令的关键信息，计算机是通过操作码来完成不同的操作的。

地址码（A）用于给出操作数的信息，指出计算机“做”的对象。在个别情况下，指令中直接给出参与操作的操作数，所以也称为操作数字段。在大多数情况下，给出的是参与操作的一个或多个操作数的存放地址。

从上述的指令格式可以看出，指令字长主要取决于操作码的长度和地址码的长度。不同计算机的指令字长各不相同。通常，同一系列计算机中，其指令系统中的不同指令也可采用不同的指令字长。例如，Intel 8086 计算机的指令字长可以为 1～6 字节。为了提高指令的执行速度和有效利用存储空间，指令字长一般取 8 的整数倍字节，而且尽可能把常用的指令设计成较短字长格式的指令。

在一条指令中，如何安排指令字长、如何分配操作码和地址码这两部分所占的位数（长度）、如何安排操作数的个数，以及如何表示和使用一个操作数的地址（寻址方式）等，都是设计指令系统时需要关注的重要问题。

4.2.2　地址码的格式

不同的指令使用不同数目、不同的源与目的、不同用法的操作数，必须采用适当方式尽量把它们统一起来，并安排在指令的地址码字段中。

CPU 通过地址码提供的信息可以取得所需的操作数，操作数包括源操作数或目的操作数。地址码给出的操作数地址信息，可以是寄存器地址、主存地址或 I/O 接口的地址，以及下一条（后继）指令的地址等。根据一条指令中地址码的不同形式，即有几个操作数地址，可将该指令称为几操作数指令或几地址指令，典型的有三地址指令、二地址指令、一地址指令和零地址指令。

1. 三地址指令

三地址指令中有 3 个操作数地址，其指令格式如下：

```
OP   A1   A2   A3
```

OP 为操作码，表示操作性质，以下类同。A1 为源操作数 1 的地址，A2 为源操作数 2 的地址，A3 为目的操作数（运算结果）的地址。

该指令的功能是对源操作数地址 A1 和 A2 中的内容进行指定的操作，将操作结果存放到目的操作数地址 A3 中，可表示为：

```
(A1)OP(A2)→A3
```

其中，(A)表示地址为 A 的存储单元中的数，或运算器中地址为 A 的通用寄存器中的数；→表示把操作（运算）结果保存到指定的地址。

2．二地址指令

二地址指令中有 2 个操作数地址，也称为双操作数指令，是最常用的一种指令格式，其指令格式如下：

```
OP   A1   A2
```

该指令的功能是对源操作数地址 A1 和 A2 中的内容进行指定的操作，产生的结果存放到 A1 中，可表示为：

```
(A1)OP(A2)→A1
```

此处 A1 既是源操作数的地址，又是存放本次操作结果的目的操作数的地址。

例如，在 Intel 8086 计算机指令系统中，加法指令为：

```
ADD AX,BX
```

该指令执行的操作是将累加器 AX 的内容加上寄存器 BX 的内容，操作结果送入 AX 中。

在二地址指令中，从操作数的物理位置来说，又可归结为以下三种类型。

（1）存储器-存储器（SS）型指令：操作数都放在主存中，从某个存储单元中取操作数，操作结果存放至另一个存储单元中，执行这类指令需要多次访问主存，速度慢。

（2）寄存器-寄存器（RR）型指令：从寄存器中取操作数，将操作结果存放到另一寄存器，由于不需要访问主存，执行这类指令的速度较快。

（3）寄存器-存储器（RS）型指令：执行此类指令时，既要访问寄存器，又要访问主存。

3．一地址指令

一地址指令的指令格式如下：

```
OP   A
```

该指令中只给出了一个操作数地址 A，可以是存放操作数的寄存器名或存储器地址，该指令可分为以下两种情况：

（1）该地址既是源操作数的地址又是操作结果的地址，如 Intel 8086 计算机指令系统中的加 1 指令“INC SI”等；

（2）该地址是源操作数的地址，另一个操作数的地址是隐含的，运算结果存放在隐含的地址中。如 Intel 8086 计算机指令系统中的乘法指令“MUL BL”隐含了操作数地址 AL，执行的是累加器 AL 的内容与寄存器 BL 的内容相乘，结果送入累加器 AX 中。

4．零地址指令

零地址指令的指令格式如下：

```
OP
```

该指令中只有操作码，没有地址码，也称为无操作数指令。零地址指令也可分为以下两种情况：

（1）不需要操作数，如 Intel 8086 计算机指令系统的空操作指令“NOP”、停机指令“HLT”等。

（2）操作数的地址是默认的，使用约定的某一个或几个操作数，无须在指令中加以指示。例如，Intel 8086 计算机指令系统的字符串传输指令“MOVSB”，默认的操作数地址是源变址寄存器 SI 和目标变址寄存器 DI；又如，十进制调整指令“DAA”默认的操作数地址是累加器 AL。

在上述几种结构的指令中，零地址指令和一地址指令的执行速度较快，硬件实现简单；二地址指令和三地址指令的功能强，便于编程。在冯・诺依曼体系结构的计算机中，指令和数据一般存放在存储器中，指令的地址由计算机确定、数据的地址由指令确定。

由于指令字长、存储空间和存取操作数的时间等因素，目前指令系统中二地址指令和一地址指令的使用频率较高。

4.2.3 操作码的格式

通常，不同的指令是用不同的操作码来表示的。操作码的位数一般取决于计算机指令系统的规模。从指令操作码的组织与编码方案来看，操作码的长度既可以是固定的，也可以是变化的，这样就可以分为以下两种情况。

1．定长操作码指令格式

定长操作码指令格式规定操作码的位置和位数是固定的，一般在指令字的高位部分分配固定的若干位（定长）用于表示操作码。例如，分配 8 位，则有 2^8=256 个编码状态，故最多可以表示 256 条指令。这种格式有利于简化计算机的硬件设计，提高指令译码和识别的速度，常用于字长较长的大中型计算机、超级小型机及精简指令系统计算机（RISC）上，如 VAX-11、IBM 370、Intel 8086 等计算机就采用这种方案。

2．扩展操作码指令格式

扩展操作码指令是指操作码长度可变的指令，操作码的位置和位数不固定，可根据需要使操作码的位数动态变化。

当计算机的字长与指令字长较短时，如果单独为操作码划分固定的一些位数，则留给地址码的位数就会显得不足。为此可采用扩展操作码技术，使操作码的长度随地址码位数的减少而增加，力求在一个较短的指令字中，既能表示较多的指令，又能尽量满足相应的操作数地址的要求。这种扩展操作码指令格式可有效地压缩操作码的平均长度，在不增加指令字长的情况下可以表示更多的指令，但同时会增加译码和分析难度，使控制器的设计变得较复杂，需更多硬件的支持。扩展操作码指令格式广泛应用于微机中。

例 4.1 假设某计算机指令系统的指令字长为 16 位，要求可以给出三地址、二地址、一地址或零地址指令格式，每个地址码占 4 位。试设计一种扩展操作码指令的方案。

解：图 4-1 所示是采用扩展操作码设计指令的一种方案。其中，指令字长 16 位，若需要给出都是 3 个 4 位的地址 A1、A2、A3，则会占用 12 位，只剩 4 位可用于操作码。这 4

位若全部用于操作码，共有 2^4=16 条。但这样把 16 种编码状态全部占用，就无法扩展其他类型的指令了。采用扩展操作码技术，在操作码中至少要留一个编码状态作为扩展操作码标志（如 1111），才能扩展其他指令。

15～12	11～8	7～4	3～0	
0000	A1	A2	A3	15条三地址指令
0001	A1	A2	A3	
…	…	…	…	
1110	A1	A2	A3	
1111	0000	A2	A3	15条二地址指令
1111	0001	A2	A3	
…	…	…	…	
1111	1110	A2	A3	
1111	1111	0000	A3	15条一地址指令
1111	1111	0001	A3	
…	…	…	…	
1111	1111	1110	A3	
1111	1111	1111	0000	16条零地址指令
1111	1111	1111	0001	
…	…	…	…	
1111	1111	1111	1111	

图 4-1 一种采用扩展操作码设计指令的方案

从图 4-1 可以看出，当操作码取 4 位时，最多可以有 15 条三地址指令。对于二地址指令，操作码可以取 8 位，其中的最高 4 位（第 15～12 位）固定取 1111 作为二地址指令的扩展操作码标志，将第 11～8 位扩展为操作码，同样取其中 15 种组合（0000～1110），可表示 15 条二地址指令，留下了 11111111 编码作为扩展操作码标志。111111111111 作为一地址指令的扩展操作码标志，最多可以有 15 条一地址指令。零地址指令的扩展操作码标志是第 15～4 位全为 1，这样最多可以有 16 条零地址指令。按照以上扩展操作码的方案，共可以设计出 61 条指令。设计扩展操作码方案的关键在于设置扩展操作码标志，使得在地址码的位数较少时可以把更多的位数用于操作码，极端情况就是在无操作数指令中使用 16 位的操作码。

不难看出，除了图 4-1 所示的方案，还有其他多种方案可供选择。例如，形成 15 条三地址指令、14 条二地址指令、31 条一地址指令和 16 条三地址指令等，读者可自行尝试设计。

4.3 寻址方式

寻址方式可分为指令寻址方式和操作数寻址方式两大类，前者比较简单，后者较为复杂。

4.3.1 指令寻址方式

指令寻址方式就是形成下一条要执行的指令地址的方式，可分为顺序寻址和跳跃寻址两种方式。顺序寻址方式可通过程序计数器（PC）自动加“1”来形成下一条指令的地址，跳跃寻址方式可通过控制转移类指令来实现。

（1）顺序寻址方式。在计算机中，PC 用来存放下一条要取出或要执行的指令的地址。当执行一条指令时，CPU 首先需要根据 PC 中存放的指令地址，将该条指令由主存取到指令寄存器中，此过程称为取指令（取指），再经过译码分析等过程可完成该指令的执行。每取出 1 个字节的指令后，PC 中的地址值通过自动加“1”指向下一条指令的地址，由此可实现顺序寻址。

（2）跳跃寻址方式。在计算机执行指令过程中，当遇到诸如转移和调用等控制转移类指令，以及中断和复位等操作时，PC 中的值就变（跳跃）为下一条指令的地址，例如，相对寻址就属于跳跃寻址。

4.3.2 操作数寻址方式

操作数寻址方式是指寻找操作数存放地址的方式，操作数的来源、去向及其在指令字中的地址安排有多种情况。这里所说的操作数的来源（称为源操作数）、去向（称为目的操作数）是指指令中的操作数要从哪里读取，以及写到哪里去。不同的指令使用不同数目、不同来源、不同去向的操作数，因此，地址码的编码是灵活多样的，这就要求在操作数寻址时遵照编码原则，采用不同的寻址方式。通常，源和目的操作数的地址可以是 CPU 内部的通用寄存器、主存的某个存储单元、I/O 设备（接口）中的某个寄存器。

在指令的执行过程中，对操作数寻址有多种方式，不同类型的指令系统，其寻址方式的分类和名称也不尽相同。下面，主要以 Intel 8086/8088 计算机指令系统为例介绍几种常用的寻址方式。

1. 立即数寻址

立即数寻址是指操作数直接在指令字中给出，即指令字的地址码给出的不是操作数的地址，而是操作数本身（称为立即数）。使用该寻址方式时，在取指的同时也会取操作数（取数），并可立即使用，所以称其为立即寻址或立即数寻址。

立即数寻址如图 4-2 所示，PF 表示立即数寻址；imm 表示立即数，采用的是补码形式。

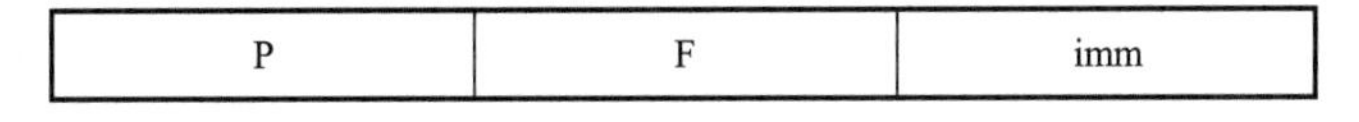

图 4-2　立即数寻址

立即数寻址的优点是只要取出指令，便可立即得到操作数，不必再访问存储器或寄存器，从而可提高指令的执行速度。其缺点是操作数的长度受指令地址码长度的限制，不能太长，并且操作数是指令的一部分，不便修改，只适用于操作数固定的情况。这种寻址方式的主要用途是给通用寄存器或存储单元提供常数、设置初始值等。

2. 寄存器寻址

当操作数存放在 CPU 的通用寄存器中时，可采用寄存器寻址。此时，指令字的地址码给出的是操作数所在的通用寄存器编号。

寄存器寻址如图 4-3 所示，操作数在由 R*i*（编码）所指的通用寄存器中。

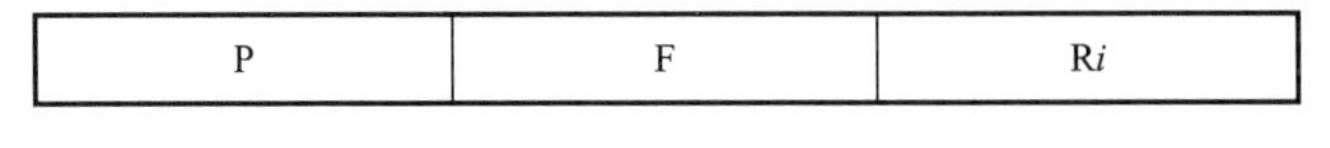

图 4-3 寄存器寻址

通用寄存器中的内容可能是指令处理用到的数据，也可能是其他指令的某一操作数地址，或指令地址等相关的信息。由于 CPU 中通用寄存器的数目较少，表示通用寄存器编号占用的位数也较少，一般为 2～5 位，这样有利于缩短指令字长。通过通用寄存器存取数据或运算，无须访问主存，速度较快，故寄存器寻址是计算机中常用的寻址方式。

3. 直接寻址

在直接寻址中，指令字的地址码直接给出操作数在主存中的地址，根据给出的直接地址就可以从主存中读出所需要的操作数。直接寻址如图 4-4 所示。

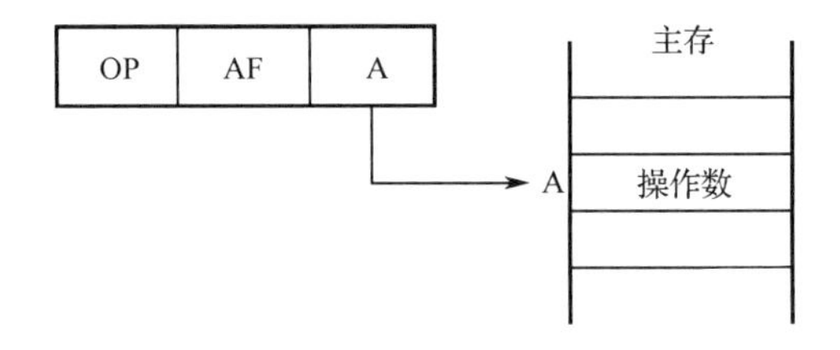

图 4-4 直接寻址

直接寻址的优点是简单直观，便于硬件实现。但操作数的地址 A 是指令的一部分，不便修改，只能用来访问固定的存储单元，同时 A 的位数限制了操作数的寻址范围。

4. 寄存器间接寻址

在寄存器间接寻址中，指令字给出的是寄存器的编号，该寄存器中的内容不是操作数，而是操作数的地址，该地址是操作数在主存中的存放地址，可以用这一地址去访问主存，从而读/写主存中的操作数。

寄存器间接寻址如图 4-5 所示，R*i* 寄存器中的内容是操作数所在存储单元的地址，即有效地址 EA=（R*i*）=A，可通过有效地址访问主存操作数。

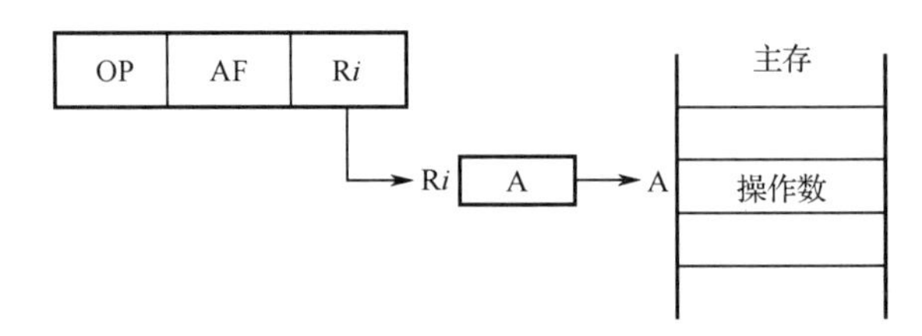

图 4-5 寄存器间接寻址

例 4.2　在 16 位计算机中，（DS）=1000H、（SI）=2000H、（12000H）=80H、（12001H）=C6H。试分析指令“MOV AX,[SI]”的寻址过程。

解：在指令“MOV AX,[SI]”中，源操作数采用寄存器间接寻址，由 SI 寄存器给出源操作数的地址，默认段寄存器是 DS；目的操作数采用寄存器寻址；指令执行结果是“AX←((SI))”。具体寻址过程如下：源操作数地址是以寄存器间接寻址给出的，物理地址是(DS)×10H+(SI)=10000H+ 2000H=12000H，完成的功能是将 12000H 存储单元开始的一个字的内容送入累加器 AX，根据高地址内容送高字节、低地址内容送低字节的规则，该指令执行后得到(AX)=C680H，如图 4-6 所示。

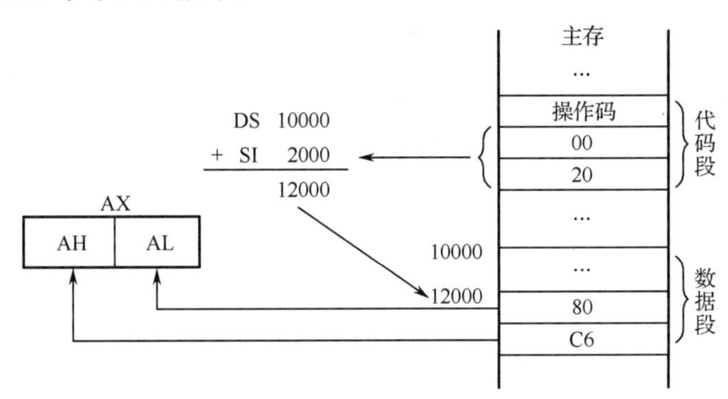

图 4-6　例 4.2 指令的寻址过程

寄存器间接寻址是间接寻址的一个实例，也是最基本、最常用的寻址方式之一。寄存器间接寻址的优点是编程比较灵活，可以选取某个寄存器作为地址指针，使它指向操作数在主存中的存放地址。指令保持不变，只要改变寄存器的内容，就可以访问不同地址的存储单元。其缺点是需要访问存储器，速度会受影响，不过因为有效地址存放在寄存器中，与存储器间接寻址相比少了一次访存，执行速度较快；同时，指令中给出的寄存器编号比主存地址的位数少得多，而寄存器本身又可以有很多位，足以提供较长的地址码。因此，采用寄存器间接寻址可以减少指令中地址码的位数。

5. 存储器间接寻址

如果指令字中地址码所给出的形式地址 A 并不是操作数的有效地址 EA，而是指出操作数的 EA 所在的存储单元地址，即有效地址 EA 是由形式地址 A 间接提供的，则称为存储器间接寻址。

存储器间接寻址如图 4-7 所示，指令字中地址字段 A 表示的是操作数地址的地址，即有效地址 EA=(A)。此时，读/写操作数需要两次访问主存，速度较慢。

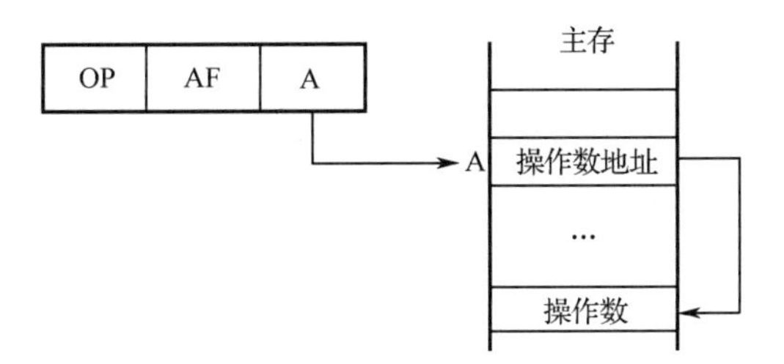

图 4-7　存储器间接寻址

6．变址寻址

变址寻址是指将指令中给出的一个变址寄存器的内容与一个形式地址(称为变址偏移量)相加来形成操作数的有效地址 EA，按照有效地址 EA 去访问主存，即可从相应存储单元中读/写操作数。注意：指令中给出的一般是变址寄存器的编号。

变址寻址如图 4-8 所示，指令地址码中表示的是变址寄存器编号 R*x* 和变址偏移量 D，将指定的变址寄存器 R*x* 的内容 A 与变址偏移量 D 相加，其操作数有效地址 EA=A＋D。

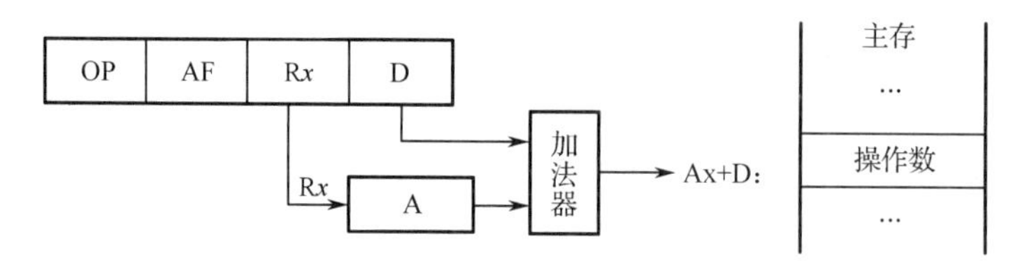

图 4-8　变址寻址

例 4.3　已知指令“MOV AX, [SI+60H]”，设(DS)=1000H，(SI)=2000H，(12060H)=B6H，(12061H)=30H。试分析该指令的寻址过程。

解：该指令采用变址寻址。源操作数的有效地址为变址寄存器 SI 的内容与变址偏移量之和，默认段寄存器是 DS，物理地址是(DS)×10H+(SI)+60H=10000H+2000H+60H=12060H，完成的功能是将 12060H 存储单元开始的一个字的内容送入累加器 AX，根据高地址内容送高字节、低地址内容送低字节的规则，执行“AL←(12060H)，AH←(12061H)”，指令执行后累加器 AX 的内容是 30B6H，如图 4-9 所示。

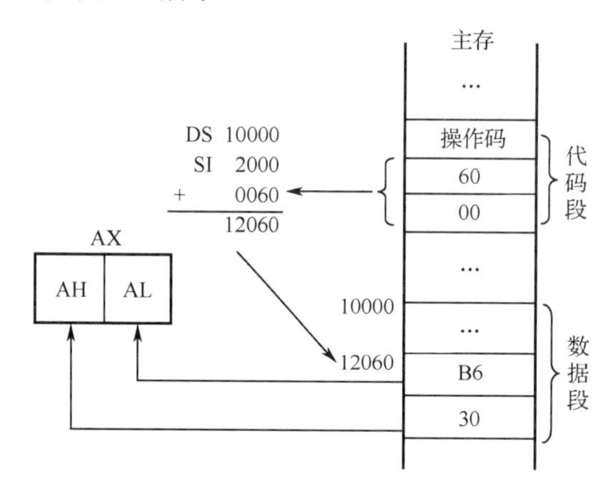

图 4-9　例 4.3 指令的寻址过程

变址寻址是一种在计算机中被广泛应用的寻址方式，可以通过地址计算使地址灵活可变。有些计算机设置了自动对变址寄存器内容增量或减量的操作功能，每读/写完一个数据后，可通过变址寻址得到的地址自动指向下一个数据。变址寻址适用于处理数组型数据和编写循环程序，目的是实现程序块的规律变化。

7．基址寻址

基址寻址是指在指令中给出一个基址寄存器的编号，用该基址寄存器中的内容与一个给定的形式地址（称为位移量）相加来形成操作数的有效地址，按照该有效地址去访问主存，即可从相应存储单元中读/写操作数。

基址寻址如图 4-10 所示，指令地址码给出的是基址寄存器的编号 Rb 和形式地址 D，将指定的基址寄存器 Rb 的内容 Ab 与位移量 D 相加可得到操作数的有效地址，即 EA=Ab+D。

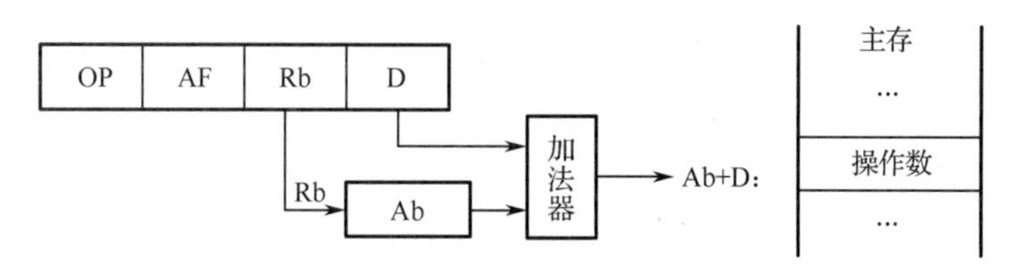

图 4-10　基址寻址

基址寻址与变址寻址在形式上有些类似，但二者的用法是有差别的。基址寻址的主要作用是在浮动地址程序或多道程序中重定位存储器空间。通常，用户使用高级语言编写的程序经过编译成为目标程序，目标程序需要在操作系统的管理下调入主存运行。而用户在使用高级语言编程时，使用的是与实际主存地址无关的逻辑地址，并不知道这段程序将被安排在主存的什么位置，当运行程序时再将逻辑地址自动转换为操作系统分配给该程序的实际地址，即物理地址，这类问题称为重定位。在多道程序运行中同样存在重定位问题，因为这些程序可能是由不同的用户分别独立编制的，编程时也只能使用逻辑地址，将来再由操作系统决定调入哪段程序在前台运行，并进行重定位。采用基址寻址就能够较好地解决这个问题，即在实现重定位时，基址寄存器中的值由操作系统用特权指令设定，通常不允许用户在自己的程序中对其进行修改，在执行程序时就可以自动形成物理地址。

从应用目的来看，基址寻址是面向系统的，主要用于逻辑地址到物理地址的转换，以解决程序在主存中的重定位问题，以及在有限字长指令中扩大寻址空间等；变址寻址是面向用户的，用于字符串、数组和向量等成批数据的处理。从使用方式来看，在使用基址寻址时，一般由基址寄存器提供基准量，其位数足以指向整个主存，而指令给出的形式地址作为位移量，其位数可以较短；在变址寻址时，一般由指令提供的形式地址作为基准地址，而变址寄存器提供修改量。在实际应用中，不同计算机的具体用法可以有不同的变化方式。

8．相对寻址

相对寻址是指把程序计数器（PC）中的内容加上指令中给定的形式地址而形成下一条要执行指令的地址。PC 中的内容就是当前指令的地址，形式地址作为位移量可为正值或负值（采用补码表示）。也就是说，在当前指令位置的基准下，相对进行向前（正）或向后（负）的位移定位，形成新的目标 PC 值，寻址下一条要执行指令的地址，故称为相对寻址。相对寻址属于跳跃指令寻址。

相对寻址如图 4-11 所示，地址码给出的是位移量 D，程序计数器（PC）中的内容（即本条指令的地址）A 与位移量 D 相加，可得到操作数有效地址，即 EA=A+D，然后根据有效地址访问主存，从 A+D 存储单元取指。

相对寻址主要用于转移指令。在程序执行过程中遇到转移指令（包括调用指令和返回指令）时，如果转移条件得到满足，就改变执行顺序。此时，修改程序计数器（PC）中的内容就能使程序转移到新地址继续执行。例如，Intel 8086 计算机指令系统的条件转移指令 JC、JG 等都采用相对寻址。

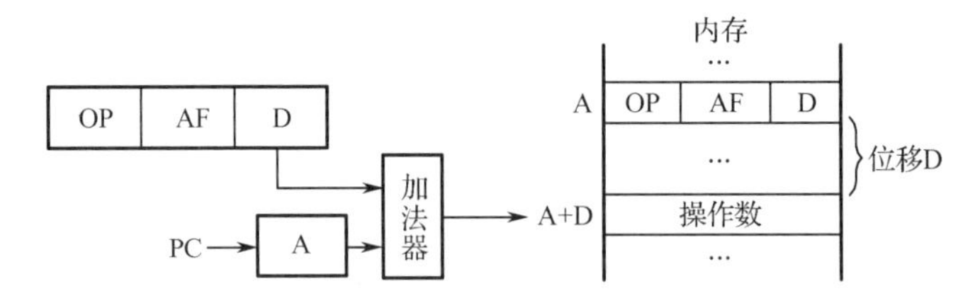

图 4-11　相对寻址

相对寻址的特点是转移地址不固定，它随 PC 中的内容变化而变化，因此无论程序装入存储器的任何位置均能正确运行，这种寻址方式非常适合用于浮动程序。当程序在主存中浮动时，可以保持原有程序的功能。

例 4.4　某计算机字长为 16 位，主存按字节编码，转移指令采用相对寻址，由 2 个字节组成，第 1 个字节为操作码，第 2 个字节为位移量。假定取指时，每取 1 个字节则 PC 自动加“1”。某转移指令在主存中的地址为 2000H。

（1）若位移量为 08H，求该转移指令成功转移后的目标地址。

（2）若位移量为 F8H，求该转移指令成功转移后的目标地址。

解：

（1）转移指令在主存中的地址为 2000H，即当前(PC)=2000H。由于是双字节指令，取出该指令后，源地址(PC)=(PC)+2=A=2002H。位移量 D=08H，则目标地址(PC)=源地址(PC)+D=A+D=2002H+0008H=200AH，所以指令转移后的目标地址为 200AH。

（2）若 D=F8H，目标地址(PC)=A+D（符号扩展）=2002H+0FFF8H=1FFAH。这里位移量 F8H 实际是−8 的补码，转移后，相当于在当前指令位置 2002H 的基准下，移动了−8 个单元。因此，转移后新的指令地址，即目标地址为 1FFAH。

9. 堆栈寻址

堆栈寻址是一种特殊的数据寻址方式，是按照后进先出（LIFO）原则进行存取的存储结构。目前，广泛应用的是存储器堆栈寻址。

存储器堆栈是指在主存中划出一段区间作为堆栈区，堆栈区有两端，作为起点的一端是固定的，称为栈底，在开辟堆栈区时由程序设定栈底地址。另一端称为栈顶，随着将数据压入堆栈，栈顶位置自底（地址码较大）向上（地址码减小）浮动。也就是说，堆栈区在主存中的位置可由程序设置，其大小可在一定范围内变化。对堆栈的读/写都是对栈顶单元进行的，读出又称为出栈，写入又称为压栈。为了指示栈顶的位置，在 CPU 中设置一个具有加、减计数功能的寄存器作为堆栈指针（Stack Pointer，SP），SP 中的内容就是栈顶单元地址。随着数据的压入或弹出，SP 中的内容将自动修改。按照前述自底向上的生成方式，若将数据压入堆栈，则 SP 内容减小，即栈顶向上浮动；若从堆栈中弹出数据，则 SP 内容增大，即栈顶向下浮动，弹出之后原栈顶单元内容不再存在。因此，对堆栈的压入就像自底向上地堆放东西，相应地对堆栈的弹出就像从顶端取走东西；后存储的东西先取走，即后进先出（LIFO）；先存入的东西被压在栈底，即先入后出（FILO）。

堆栈寻址是专门用于访问堆栈的寻址方式，操作数存放在堆栈中，指令隐含约定由堆栈指针（SP）提供栈顶单元地址来进行读出或写入。堆栈寻址如图 4-12 所示，如果执行指令要求从堆栈中读出一个操作数，并不需要给出堆栈地址，而是从 SP 中读取操作数地址 A，据此访问主存，从堆栈的栈顶单元读取操作数 S，读取后 SP 内容加“1”，指向的下一个存储单元就是新的栈顶。

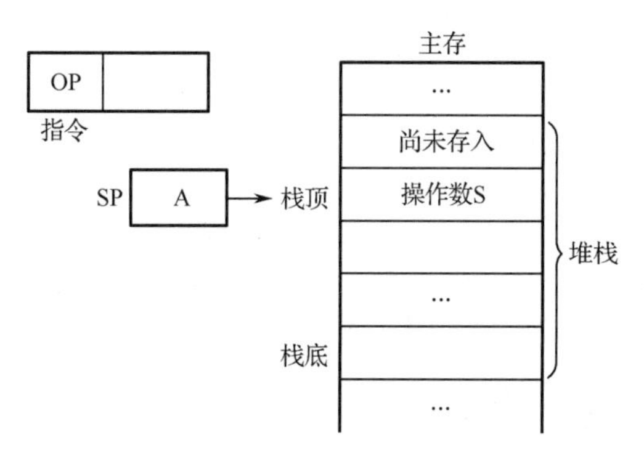

图 4-12　堆栈寻址

堆栈是一个重要的概念，这种存储结构广泛用于子程序的调用与返回、中断处理等。几乎所有的计算机都在硬件上支持堆栈，并设有堆栈指针（SP）。

随着向堆栈压入数据，堆栈的存储空间会增大，称为堆栈生长。图 4-12 描述的堆栈生长方式属于自底向上生长方式，其特征是栈顶的地址码小于栈底地址码。习惯上，在画存储单元框图时，地址码小的存储单元（如 0000H 单元）位于上面，地址码大的存储单元（如 FFFFH 单元）位于下面，这与编写程序时的地址顺序是相吻合的。大部分计算机的堆栈都采取自底向上的生长方式，个别的计算机也有采取自顶向下的生长方式或者栈顶固定的生长方式。

例 4.5　对堆栈的连续压入与连续弹出（自底向上的生长方式）。

基本的堆栈操作指令有两种：压入指令 PUSH（进栈、压栈），将指定的操作数存入栈顶；弹出指令 POP（出栈），将栈顶数据读出，送入指定目的地址，如图 4-13 所示。

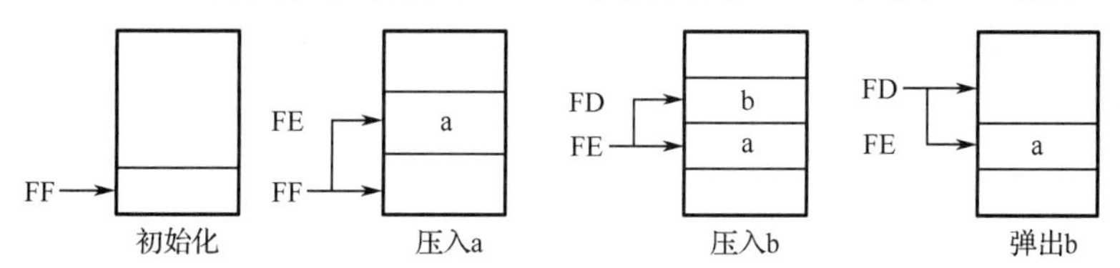

图 4-13　堆栈的压入与弹出

（1）初始化。将栈底地址，即初始值送入堆栈指针（SP），本例假定初始值为 00FFH。在某些实际系统中，将压入数据的第一个堆栈单元称为栈底，SP 则初始化为栈底地址+“1”。

（2）压入第一个数据 a。

① (SP)−1→SP。即先修改 SP 的内容，指向待存入的新栈顶。在本例中，SP 的内容 00FFH 减“1”后，修改为 00FEH。

② 压栈。将 SP 的内容 00FEH 送入主存地址寄存器，将待存数据 a 送入 00FEH 单元，于是 00FEH 单元成为新栈顶。

（3）压入第二个数据 b。

① (SP)−“1”→SP。SP 内容由 00FEH 修改为 00FDH。

② 压栈。将待存数据 b 送入 00FDH 单元，00FDH 单元成为新栈顶。

（4）弹出。

① 将 SP 的内容 00FDH 送入主存地址寄存器，从栈顶将最后压入的数据 b 读出，送入指定的目的地址。

② (SP)+“1”→SP。在弹出数据后再修改 SP 的内容，即让 SP 的内容加“1”，由 00FDH 修改为 00FEH，指向存有数据的新栈顶。

以上介绍了 9 种寻址方式，它们都是计算机中常用的寻址方式，灵活掌握这些寻址方式的使用方法，可以更好地理解指令系统的格式和设计原理，有助于加深对计算机内数据的流程和整机工作过程的理解。

4.4 指令的功能与类型

指令系统反映了计算机硬件所能实现的基本功能，不同的计算机有着不同的指令系统。从指令功能上划分，一个较完善的指令系统应当包含数据传输类指令、算术/逻辑运算类指令、程序控制类指令和输入/输出类指令等，这些指令的功能具有普遍意义，下面分别加以介绍。

4.4.1 数据传输类指令

数据传输指令是计算机中最基本的指令，用来实现数据的传输，典型的应用有寄存器与寄存器之间、寄存器与存储单元之间、存储单元与存储单元之间的数据传输。数据传输指令一次可以传输一个数据或一批数据。需要注意一点，数据从源地址传输到目的地址，而源地址中的数据保持不变，因此数据传输指令实际上是复制数据。

堆栈操作也属于数据传输，但是，从堆栈中弹出（读取）数据后，由于堆栈指针向下移动（一般是增量调整），指向了新的栈顶，因此源操作数虽然并未改变，但该操作数不再存在，这与一般的传输有所不同。

4.4.2 算术/逻辑运算类指令

计算机的基本任务是对数据进行运算，运算可分为算术运算和逻辑运算两大类，其中还包含移位操作。

（1）算术运算指令。几乎所有计算机都设置了一些最基本的算术运算指令，如加法、减法、比较、加 1、减 1 和求补等。通常根据算术运算的结果设置（或影响）标志寄存器的状态位，其中常用的状态位有 C（结果是否有进位或借位）、V（结果是否溢出）、Z（结果是否为 0）、N（结果是否为负值）等。每次运算的单位可以是字节、字或双字等，对更高精度的多位字长运算，多数是通过软件来实现的。

主流的微机中还设置了定点数乘法、除法运算指令，十进制数运算指令，浮点数的加、减、乘、除法等运算指令。巨型机中还可能设有向量运算指令，可以对整个向量或矩阵进行求和、求积等运算。

（2）逻辑运算指令。与、或、非是三种最基本的逻辑运算，逻辑函数可以变化无穷，但都可以由这三种最基本的逻辑运算组合实现。异或逻辑是一种常用的逻辑函数，所以计算机指令系统通常都设置了四种最基本的逻辑运算指令：与、或、非、异或。逻辑运算指令是按位进行逻辑运算的，各位之间没有进位、借位关系，因此又称为位操作指令。通常，逻辑运算指令的操作结果也会相应地影响标志寄存器的状态位。

有些计算机按位操作功能设置了专门的位操作指令，如位测试（测试指定位的值是否为1）、位清除（将指定位清0）和位求反（将指定位求反）等指令。

（3）移位操作指令。移位也是一种常用的操作，例如，在乘法运算中需要右移，在除法运算中需要左移，在代码处理中也经常需要移位操作。在一些计算机中，将移位指令归入算术/逻辑运算类指令。移位可分为算术移位和逻辑移位，又有左移和右移之分，可以对寄存器或存储单元中的数据进行移位，一次可以只移一位，也可以按指令中的设定移若干位。

4.4.3 程序控制类指令

在一般情况下，CPU按照顺序逐条执行程序中的指令，但有时需要改变这种顺序，程序控制类指令就是用来控制程序的执行顺序的，即选择程序的执行方向，并使程序具有测试、分析与判断的能力。例如，在什么情况程序要进行转移、往何处转移等。按转移性质的不同，程序控制类指令可分为无条件转移、条件转移、过程调用、返回以及陷阱等。

4.4.4 输入/输出类指令

输入/输出也可以看成一种数据传输，其功能是完成CPU和外部设备（外设）之间的数据传输。数据由外设传输到CPU称为输入（Input），数据由CPU传输给外设称为输出（Output）。

有些计算机将外设的I/O接口和存储器分别独立编址，用专门的输入/输出指令（I/O指令）访问外设的I/O接口。这种独立编址的优点是I/O接口的地址长度比较短，译码速度快；其缺点是I/O指令的种类和寻址方式不如访问存储器的指令丰富，程序设计的灵活性稍差。

4.4.5 其他指令

除了上述几种比较典型的指令，还有其他指令，如控制处理器的某些功能的指令（如停机指令、等待指令、空操作指令、设置或清除CPU状态字标志位的指令等），面向操作系统的特权指令，以及存储管理的指令等。

总之，CPU的种类繁多，指令系统也不尽相同，指令的助记符和指令的功能、数目也有差别。要使用某种CPU的指令编写程序，可参考其指令系统手册。

4.5 指令格式示例

不同计算机的指令格式可能差别很大，这里列举几种较典型的格式，以便读者结合4.2节到4.4节所述内容来理解指令系统。

1. 8 位微机的指令格式

8 位微机的字长只有 8 位，其指令结构是一种变长指令字结构，包含单字长、双字长、三字长指令等，如图 4-14 所示。

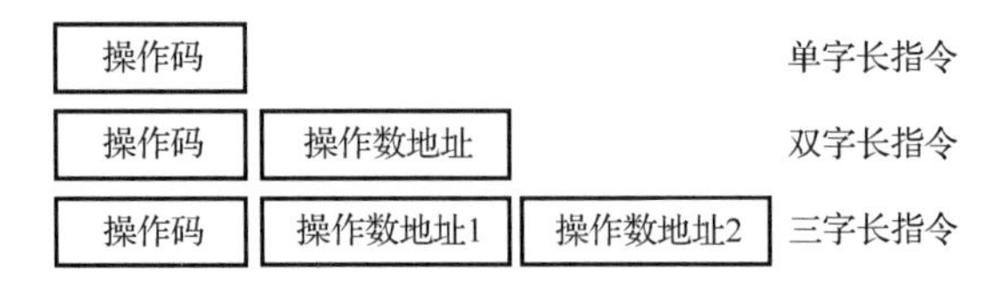

图 4-14　8 位微机的指令格式示例

主存一般按字节编址，所以对于单字长指令来说，每执行一条指令后，程序计数器（PC）中的指令地址加 1 。对于双字长指令或三字长指令来说，每执行一条指令时，指令地址要加 2 或加 3，多字长的指令不利于提高计算机速度。

2. PDP-11 系列机的指令格式

PDP-11 系列机的字长为 16 位，指令字长有 16 位、32 位和 48 位三种，采用扩展操作码技术，有二地址指令、一地址指令和零地址指令等。PDP-11 系列机的 16 位指令字长格式如表 4-1 所示。

表 4-1　PDP-11 系列机的 16 位指令字长格式

指令位 指令类型	15	14	13	12	11	10	9	8	7	6	5	4	3	2	1	0
一地址指令	操作码（10 位）										地址码（6 位）					
二地址指令	操作码（4 位）				源操作数地址（6 位.）						目的操作数地址（6 位）					
转移指令	操作码（8 位）								位移量（8 位）							
转子指令	操作码（7 位）							寄存器号								
子程序返回指令	操作码（13 位）															
条件码操作指令	操作码（11 位）											S	N	Z	V	C

从表 4-1 中可以看出，在 PDP-11 系列机中，操作码是不固定的，其长度也不相同，这样做可以扩展操作码以包含较多的指令。但是操作码不固定，会使得控制器的设计变得较为复杂。

例 4.6　某计算机字长为 16 位，主存地址空间大小为 128 KB，按字编址，采用字长指令格式，指令各字段定义如下：

15　　12	11	6	5	0
OP	Ms	Rs	Md	Rd

其中，OP 表示操作码，Ms 和 Md 分别表示源、目的操作数的寻址方式，Rs 和 Rd 分别表示源、目的寄存器。转移指令采用相对寻址方式，位移量用补码表示，寻址方式定义如表 4-2 所示。

表 4-2　例 4.6 的寻址方式定义

Ms/Md	寻 址 方 式	助 记 符	含　义
000B	寄存器寻址	R*n*	操作数=(R*n*)
001B	寄存器间接寻址	(R*n*)	操作数=((R*n*))
010B	寄存器间接寻址、自增	(R*n*)+	操作数=((R*n*))，(R*n*)+1→R*n*
011B	相对寻址	D(R*n*)	转移目标地址=(PC)+ (R*n*)

注：(X)表示存储地址 X 或寄存器 X 中的内容。

请回答下列问题：

（1）该指令系统最多可有多少条指令？该计算机最多有多少个通用寄存器？存储器地址寄存器（MAR）和存储器数据寄存器（MDR）至少各需多少位？

（2）转移指令的目标地址范围是多少？

（3）若操作码 0010B 表示加法操作（助记符为 add），寄存器 R4 和 R5 的编号分别为 100B 和 101B，R4 中的内容为 1234H，R5 中的内容为 5678H，地址 1234H 中的内容为 5678H，地址 5678H 中的内容为 1234H，则指令“ADD(R4)，(R5)+”（逗号前为源操作数，逗号后为目的操作数）对应的机器码是什么（用十六进制表示）？该指令执行后，哪些寄存器和存储单元的内容会改变？改变后的内容是什么？

解：（1）该指令系统的指令格式中操作码占第 15～12 位（共 4 位，$2^4=16$），可知该指令系统最多有 16 条指令。通用寄存器字段中源寄存器 Rs 和目的寄存器 Rd 的编码都是 3 位，所以该计算机最多有 $2^3=8$ 个通用寄存器。计算机字长为 16 位，且采用字长指令格式，所以存储器地址寄存器（MAR）和存储器数据寄存器（MDR）至少都需 16 位。

（2）主存地址空间大小为 128 KB，按字（16 位）编址为 64K。转移目标地址=(PC)+(R*n*)，PC 为 16 位，相对偏移量在 16 位寄存器 R*n* 中用补码表示，范围是–32768～+32767，所以转移指令的目标地址范围是 0～2^{16}–1，即 0～65535 的 64K 空间。

（3）指令“ADD(R4)，(R5)+”执行的操作为“((R4))+((R5))→((R5))；(R5)+1→R5”，各字段对应的指令代码如下：

OP	Ms	Rs	Md	Rd
0010	001	100	010	010

所以，该指令对应的机器码是 2315H。该指令执行后，R5 寄存器和存储单元 5678H 中的内容会改变。改变后 R5 自增 1，(R5)=5679 H；(1234H)+(5678H)= 5678H+1234H=68ACH，存储单元 5678H 中的内容变为 68ACH。

4.6　指令系统的发展

指令系统不仅会影响控制器乃至整个处理器的设计，还会影响用户的编程效率。在计算机的发展过程中，指令系统经历了从简到繁，由繁到简再到繁的过程，也就是由复杂指令集计算机（Complex Instruction Set Computer，CISC）到精简指令集计算机（Reduced Instruction

Set Computer，RISC），再到两者结合的过程。

早期的计算机硬件结构很简单，因而其指令系统也很简单，寻址方式和指令种类很少，功能也很简单。随着计算机的发展，计算机硬件成本的降低及软件成本的不断增加，促使CPU的设计者在指令系统中增加更多的指令，以及设置更加复杂、功能更强的指令，使指令系统变得越来越复杂。

通过增加指令系统的功能和指令的复杂度，可以用一条指令来代替一小段程序，从而可以增强汇编语言的功能，使之更加接近于高级语言。

另外，各厂家均推出了系列计算机，系列计算机的各机种都会做到在指令上“向前兼容”。这就要求后开发的CPU的指令系统一定要在包括此前CPU的全部指令条件下增设新的指令，绝不允许减少以前的指令。这就使得系列计算机的指令系统越来越复杂，Intel的80x86系列计算机就是一个典型的例子。

正是由于上述原因使指令系统由简单向复杂发展，人们将具有复杂指令系统的计算机称为复杂指令集计算机（CISC）。

4.6.1 复杂指令集计算机

以前，人们热衷于在指令系统中增加更多和更复杂的指令来提高操作系统的效率。在设计计算机时，利用成熟的微程序技术增设各种各样的复杂、面向高级语言的指令，使指令系统变得越来越庞大。另外，为了使同一系列计算机的软件能够兼容，同一系列计算机的新机器和高档机的指令系统只能扩充指令而不能减去任意一条。这样，指令系统就变得越来越复杂了，某些计算机的指令多达几百条，寻址方式种类繁多。按这种思路和方法设计的计算机称为复杂指令集计算机（CISC）。例如，Intel公司的80x86系列计算机等均为CISC。CISC的主要特点如下。

（1）指令系统复杂，寻址方式繁杂，指令数目多达200～3000条。

（2）指令长度不固定，有更多的指令格式和更多的寻址方式。

（3）CPU内部的通用寄存器比较少。

（4）有更多可以访问主存的指令。

（5）指令种类繁多，但各种指令的使用频度差别很大。

（6）不同指令的执行时间相差很大，一般都需要多个时钟周期才能完成。

（7）控制器大多采用微程序控制器。

（8）难以用优化编译的方法获得高效率的目标代码。

CISC要求处理器具有更多的指令、更强的指令功能、更多的寻址方式，但复杂的指令系统对后期的升级工作会造成更多的困难。

4.6.2 精简指令集计算机

在使用CISC过程中，人们发现一种规律：典型程序中80%的语句仅使用指令系统中20%的指令，这就是80:20规律。在这些典型程序中，使用频度高的（80%）指令都是一些简单的基本指令，如传输、转移、加指令等，复杂指令的使用频度是很低的（20%）。

指令越复杂，其硬件设计也越复杂，设计成本就越高，也更容易出错。指令系统中功能简单的指令与功能复杂的指令相差甚多，很难实现流水线操作。同时，由于复杂指令的存在，使指令的执行速度无法提高。

由于 CISC 存在的种种问题，精简指令集计算机（RISC）应运而生，其出发点是精简 CPU 的指令系统，只采用指令系统中最经常使用的 20%的指令。通过精简指令可以使 CPU 的结构更加简单、合理，从而提高执行速度。一般来说，CPU 的执行速度受三个因素的影响，即程序中的指令数 I_N、每条指令执行所需的平均 CPI 和 CPU 时钟周期 T_C，它们之间的关系为：

$$\text{CPU 的执行时间 } T_{CPU} = I_N \times \text{CPI} \times T_C$$

由上式可以看出，减小 I_N、CPI 和 T_C 三个因素都能有效减少 CPU 的执行时间，提高其执行速度。

在 RISC 中，用硬件实现少量的简单指令，可以提高 CPU 的时钟频率，降低时钟周期。由于只用少量的简单指令，则每条指令执行的平均时钟周期数将比 CISC 大大减少，大多数的指令可在 1 个时钟周期内完成。因此，实现相同功能的程序，RISC 所用指令要比 CISC 多 20%～40%，但 RISC 的性能是 CISC 的 2～5 倍。

RISC 指令系统是 CISC 指令系统的改进，其设计思想是只保留功能简单的指令，功能较复杂的指令用子程序来实现。大部分 RISC 具有以下特征：

（1）优先选取使用频度最高的一些简单指令，指令条数较少。

（2）指令长度固定，寻址方式简单，指令译码简单且格式统一。

（3）只有取数/存数（LOAD/STORE）指令可以访问主存，其余指令的操作都是在寄存器之间进行的。

（4）CPU 中的寄存器数量很多。

（5）大部分指令可在 1 个时钟周期内完成。

（6）硬连线控制器以控制逻辑为主，不用或少用微程序控制器。

（7）支持指令流水线。

（8）一般用高级语言编程，特别重视编译优化，以减少 CPU 的执行时间。

虽然 RISC 尽量以简单有效的方式支持高级语言，但是编译后生成的代码还是比 CISC 生成的代码长，主要难度在于编译程序的编写与优化。

指令系统经历了由简到繁，再由繁向简的过程。技术的发展，以及硬件集成度的不断提高，也直接影响到 CPU 指令系统的设计。促使指令系统的两种设计理念相互影响、相互借鉴，使得 RISC 和 CISC 正逐渐融合。随着芯片密度和硬件速度的提高，RISC 系统已经越来越复杂，有的 RISC 的指令系统已十分复杂，功能非常强大。同时，CISC 设计也关注 RISC 的技术焦点，如增加通用寄存器数量和强调指令流水线设计等。CISC 和 RISC 的互相融合，对提高处理器的性能很有益处。例如，Pentium 系列处理器就在 CISC 中融入了 RISC 的许多优点。

未来的 CPU 的指令系统将是 RISC 和 CISC 结合在一起的。CISC 与 RISC 指令系统的主要特征如表 4-3 所示。

表 4-3　CISC 与 RISC 指令系统的主要特征对比

指 令 系 统	CISC	RISC
指令系统规模	复杂、庞大	简单、精简
指令数	一般大于 200 条	一般小于 100 条

续表

指令系统	CISC	RISC
指令格式	一般大于 4 字节	一般小于 4 字节
指令字长	一般大于 4 字节	一般小于 4 字节
寻址方式	不固定	固定 32 位
可访问主存的指令	不加限制	只有 LOAD/STORE 指令
各种指令使用频度	相差很大	相差不大
各种指令执行时间	相差很大	绝大多数在 1 个时钟周期内完成
优化编译实现	很难	较容易
程序源代码长度	较短	较长
控制逻辑实现方式	绝大多数为微程序控制器	绝大多数为硬连线控制器

4.6.3 超长指令字和显示并行指令代码

超长指令字（Very Long Instruction Word，VLIW）是一种非常长的指令组合，它把许多指令连在一起，可提高运算的速度。在这种指令系统中，编译器把多条简单、独立的指令组合到一个指令字中。当这些指令字从主存中取出送到处理器中执行时，它们被分解成多条简单的指令，这些简单的指令会分派到一些独立的执行单元去执行。

显示并行指令代码（Explicitly Parallel Instruction Code，EPIC）是从 VLIW 衍生而来的，通过将多条指令放入一个指令字，这种方式可以有效地提高 CPU 各个计算功能部件的利用率，提高计算机的性能。

思考题和习题 4

一、名词概念

指令、操作码、地址码、寻址方式、有效地址、立即寻址、直接寻址、寄存器寻址、寄存器间接寻址、变址寻址、基址寻址、CISC、RISC

二、单项选择题

（1）采用直接寻址时，操作数存放在________中。

（A）主存　（B）寄存器　（C）硬盘存储器　（D）光盘存储器

（2）为了缩短指令中某个地址段的位数，有效的方法是采取________。

（A）立即寻址　（B）变址寻址　（C）间接寻址　（D）寄存器寻址

（3）指令系统采用不同寻址方式的目的是________。

（A）实现存储程序和程序控制

（B）缩短指令长度，扩大寻址空间，提高编程灵活性

（C）可以直接访问外存

（D）提供扩展操作码的可能，并降低指令译码难度

（4）假设寄存器 R 中的数值为 200，主存地址为 200 和 300 的存储单元中存放的内容分别是 300 和 400，则________方式下访问到的操作数为 200。

（A）直接寻址　　（B）寄存器间接寻址
（C）存储器间接寻址　　（D）寄存器寻址

（5）I/O 指令的功能是________。

（A）进行算术运算和逻辑运算
（B）进行主存和 CPU 之间的数据传输
（C）进行 I/O 设备和 CPU 之间的数据传输
（D）改变程序执行的顺序

（6）以下说法中，不正确的是________。

（A）指令系统是软件和硬件的分界线
（B）指令系统以上是软件，以下是硬件
（C）指令系统由计算机组成决定
（D）指令系统是程序员可见的实际指令的集合

（7）关于一地址指令的叙述中，正确的是________。

（A）仅有一个操作数，其地址由指令的地址码提供
（B）可能有一个操作数，也可能有两个操作数
（C）一定有两个操作数，另一个是隐含的
（D）指令的地址码字段存储的一定是操作码

（8）关于二地址指令的叙述中，正确的是________。

（A）指令的地址码字段存储的一定是操作数
（B）指令的地址码字段存储的一定是操作数地址
（C）指令的地址码字段存储的一定是寄存器编号
（D）运算结果通常存储在其中一个地址码所提供的地址中

（9）某计算机存储系统按字（16 位）编址，每取出一条指令后 PC 的值自动加 1，说明其指令长度是________。

（A）1 B　　（B）2 B　　（C）3 B　　（D）4 B

（10）下列说法中正确的是________。

（A）寻址方式是指令如何给出操作数据或操作数地址的方式
（B）所有指令的寻址方式都相同
（C）所有指令都有操作码和地址码
（D）指令的功能与寻址方式无关

（11）在寄存器间接寻址方式中，操作数存放在________中。

（A）寄存器　　（B）堆栈栈顶　　（C）累加器　　（D）主存单元

（12）为实现程序浮动提供了较好支持的寻址方式是________。

（A）变址寻址　　（B）相对寻址
（C）间接寻址　　（D）寄存器间接寻址

（13）下列不属于程序控制指令的是________。

（A）无条件转移指令　　（B）条件转移指令
（C）中断隐指令　　（D）循环指令

（14）在基址寻址中，操作数的有效地址等于________。

（A）基址寄存器的内容加上形式地址（位移量）

（B）变址寄存器的内容加上形式地址（位移量）

（C）程序计数器的内容加上形式地址（位移量）

（D）堆栈寄存器的内容加上形式地址（位移量）

（15）设相对寻址的转移指令占 2 个字节，第 1 个字节是操作码，第 2 个字节是位移量（用补码表示）。当 CPU 从存储器取出第 1 个字节时，即自动完成“(PC)+‘1’→PC”。若当前 PC 中的内容为 2008H，要求转移到 2000H，则该转移指令第 2 个字节的内容应为________。

（A）08H　　（B）09H　　（C）F6H　　（D）F7H

（16）某计算机字长为 16 位，主存按字节编址，转移指令采用相对寻址，由 2 个字节组成。第 1 个字节为操作码，第 2 个字节为位移量。假定在取指时，每取 1 个字节，PC 值就自动加“1”。若某相对转移指令所在主存地址为 2000H，相对位移量为 06H，则该转移指令成功转移后的地址是________。

（A）1006H　　（B）2007H　　（C）2008H　　（D）2009H

（17）在指令格式中采用扩展操作码的设计方案是为了________。

（A）减少指令字长度

（B）增加指令字长度

（C）保持指令字长度不变而增加指令操作的数量

（D）保持指令字长度不变而增加寻址空间

（18）扩展操作码是________。

（A）在操作码字段外辅助操作字段的代码

（B）在操作码字段中用来进行指令分类的代码

（C）在指令格式中不同字段设置的操作码

（D）操作码长度随地址数的减少而增加，不同的地址数指令可以有不同的操作码长度

（19）以下关于 CISC 与 RISC 的叙述中，错误的是________。

（A）RISC 的指令系统比 CISC 的指令系统简单

（B）RISC 中的通用寄存器比 CISC 多

（C）CISC 采用的微程序比 RISC 多

（D）CISC 可以比 RISC 更好地支持高级语言

（20）某计算机器字长为 16 位，主存按字节编址，转移指令采用相对寻址方式，由 2 个字节组成，第 1 字节为操作码，第 2 字节为位移量。假定在取指时，每取 1 个字节 PC 中的内容将自动加“1”。若转移指令所在主存地址为 2000H，位移量为 06H，则该转移指令成功转移后的目标地址是________。

（A）2006H　　（B）2007H　　（C）2008H　　（D）2009H

（21）下列关于 RISC 的叙述中，错误的是________。

（A）RISC 普遍采用微程序控制器

（B）RISC 中大多数指令可在 1 个时钟周期内完成

（C）RISC 的内部通用寄存器数量相对 CISC 多

（D）RISC 的指令数、寻址方式和指令格式种类相对 CISC 要少

（22）假设变址寄存器 R 的内容为 1000H，指令中的形式地址（位移量）为 2000H；地

址 1000H 中的内容为 2000H，地址 2000H 中的内容为 3000H，地址 3000H 中的内容为 4000H，则采用变址寻址方式下访问到的操作数是________。

（A）1000H （B）2000H （C）3000H （D）4000H

（23）某指令格式如下所示：

OP	M	I	D

其中 M 为寻址方式，I 为变址寄存器编号，D 为形式地址。若采用先变址后间接寻址的寻址方式，则操作数的有效地址是________。

（A）I+D （B）（I）+D （C）（（I）+D） （D）（（I））+D

三、综合应用题

（1）某计算机字长为 32 位，采用单字长指令，指令系统中具有二地址指令、一地址指令和零地址指令各若干条，已知每个地址长 12 位，采用扩展操作码方式。问该指令系统中的二地址指令、一地址指令和零地址指令最多能有多少条。

（2）指令字长为 12 位，每个地址码为 3 位，采用扩展操作码的方式。设计 4 条三地址指令、16 条二地址指令、64 条一地址指令和 16 条零地址指令。

① 给出一种扩展操作码的方案。

② 计算操作码的平均长度。

（3）某计算机字长为 16 位，采用一地址格式的指令系统，允许直接、间接、变址和基址寻址，变址寄存器和基址寄存器均为 16 位，试回答：

① 若采用单字指令，则能完成 116 种操作，画出指令格式，并指出直接寻址和一次间址的寻址范围各为多少。

② 若采用双字指令，操作码位数和寻址方式不变，指令可直接寻址的范围又是多少？画出指令格式。

（4）设有一台字长为 16 位的计算机，存储器按字编址，其指令长度为 16 位，指令格式如下：

15 … 11	10 … 8	7 … 6	5 … 0
OP	R	M	D

其中，OP 为操作码，占 5 位；R 为寄存器编号，占 3 位，用来指定目标空间；M 为寻址方式特征码，占 2 位，与 D 一起决定源操作数。规定如下：M＝00，为立即寻址，D 为立即数；M＝01，为变址寻址，D 为位移量；M＝10，为相对寻址，D 为位移量。

① 该指令系统最多可有多少条指令？

② 现假定要执行的指令为加法指令，存放在 2000H 存储单元中，操作码 10001B 表示加法操作，目标空间为 R2，编号为 010，指令中的形式地址 D 的二进制代码为 001000B，变址寄存器的内容为 2002H，R2 的内容为 3018H。该指令执行前存储器的存储情况如题（4）图所示，其内容用十六进制表示。

当该加法指令的源操作数寻址方式为立即寻址、变址寻址和相对寻址时，对应的机器码各是什么（用十六进制表示）？分别写出指令执行之后 R2 和 PC 中的内容。

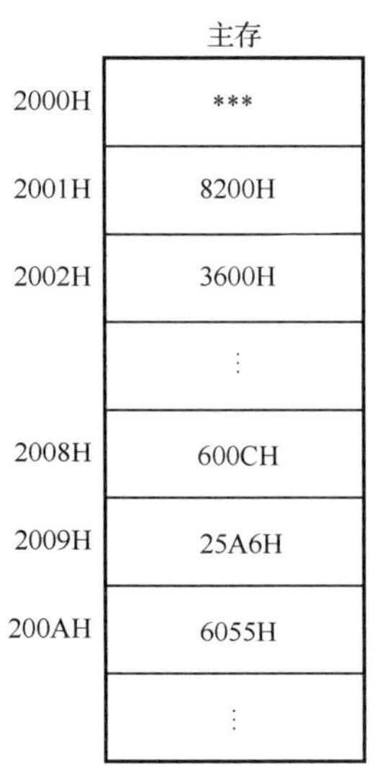

题（4）图

（5）设相对寻址的转移指令占4个字节，其中第1个和第2个字节是操作码，第3个和第4个字节是位移量（用补码表示）。

① 设当前PC的内容为3006H，要求转移到300EH的地址，则该转移指令第3个和第4个字节的内容应为多少？

② 设当前PC的内容为3008H，要求转移到3006H的地址，则该转移指令第3个和第4个字节的内容应为多少？

（6）某计算机系统中，存储器堆栈的栈顶内容是8000H，堆栈采用自底向上的生长方式。设堆栈指针寄存器（SP）中的内容是0100H，一条双字长的子程序调用指令位于存储器地址2000H和2001H处，指令第2个字是地址字段，内容为6000H。问以下三种情况下PC、SP和栈顶的内容各为多少？

① 子程序调用指令被读取之前。

② 子程序调用指令被执行之后。

③ 从子程序返回之后。

（7）指令长度和计算机字长有什么关系？单字长指令、双字长指令分别表示什么意思？

（8）某计算机字长为16位，主存地址空间大小为128 KB，按字编址，采用定长指令格式，指令名字段定义如下：

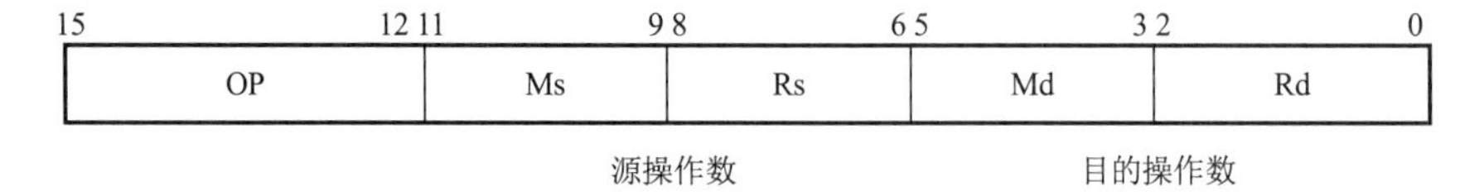

转移指令采用相对寻址方式，相对偏移是用补码表示，寻址方式定义如下：

Ms/Md	寻 址 方 式	助 记 符	含　义
000B	寄存器寻址	R*n*	操作数=(R*n*)
001B	寄存器间接寻址	(R*n*)	操作数=((R*n*))

续表

Ms/Md	寻址方式	助记符	含义
010B	寄存器间接寻址、自增	(R*n*)+	操作数=((R*n*))，(R*n*)+1→R*n*
011B	相对寻址	D(R*n*)	转移目标地址=(PC)+(R*n*)

注：(X)表示存储地址X或寄存器X的内容。

请回答下列问题：

① 该指令系统最多可有多少条指令？该计算机最多有多少个通用寄存器？存储器地址寄存器（MAR）和存储器数据寄存器（MDR）至少各需多少位？

② 转移指令的目标地址范围是多少？

③ 若操作码0010B表示加法操作（助记符为add），寄存器R4和R5的编号分别为100B和101B，R4中的内容为1234H，R5中的内容为5678H，地址1234H中的内容为5678H，5678H中的内容为1234H，则指令“add(R4)，(R5)”（逗号前为源操作数，逗号后为目的操作数）对应的机器码是什么（用十六进制表示）？该指令执行后，哪些寄存器和存储单元的内容会改变？改变后的内容是什么？

第 5 章
中央处理单元

本章介绍的内容是全书的重点和难点，要求读者能正确理解中央处理单元（Central Processing Unit，CPU）的功能、组成和时序控制方式；当给定某计算机的具体组成结构后，能够写出执行指令的微操作序列和所需的控制信号；掌握微程序控制的基本原理、微程序设计技术，以及两种控制器的设计方法，同时还要理解 CPU 的流水线技术。

5.1 CPU 的功能与结构

本节主要介绍 CPU 的功能、组成结构、时序系统和时序控制方式等内容。

5.1.1 CPU 的功能和性能指标

1. CPU 的功能

CPU 的基本功能是周而复始地执行指令，但是在执行指令过程中可能会遇到一些异常情况和外部中断。例如，在对指令操作码进行译码时，可能会发现“非法操作码”；在访问指令或数据时，可能会发现“缺页”（即要访问的信息不在主存中）；外设可能会请求中断 CPU 执行指令的过程。因此，CPU 除了要能执行指令，还要能够发现和处理异常情况及中断请求。

计算机的基本功能是执行程序，程序是用于完成某种运算处理功能的一个指令代码序列，指令是计算机能够完成和用户可以应用的最小的功能单位。在执行指令的过程中，每一条指令通常要经过取指、译码、执行、存储结果等几个阶段。因此，CPU 的基本功能可以归纳为如下几个部分：

（1）指令控制。计算机的所有工作都可归纳为程序的运行，程序是指令的有序集合，这些指令在逻辑上的关系是固定的，CPU 必须控制指令的执行，以保证指令序列的正确执行。

（2）操作控制。CPU 在执行一条指令时需要分为几个操作步骤来进行，因此 CPU 必须控制这些操作步骤的实施，产生完成这些操作步骤所需要的操作控制信号。

（3）时间控制。一条指令运行的各种操作控制信号在时间上有严格的定时关系，以保证指令的正确执行，这些严格的定时关系也是由 CPU 来完成的。

（4）数据处理。数据处理主要包括对数据进行算术运算、逻辑运算、移位等操作。

（5）异常处理。在 CPU 执行指令的过程中，CPU 要具有处理非正常情况（如中断）的能力。

除上述基本功能，目前 CPU 内部集成了更多的功能部件，因此还具有存储管理、总线管理和电源管理等扩展功能。

2. CPU 的主要性能参数

CPU 的性能直接决定了一个计算机系统的性能，CPU 的主要性能参数如下：

（1）字长。CPU 的字长是指在单位时间内能同时处理的二进制数据的位数，根据处理数据位数的不同，CPU 可以分为 8 位 CPU、16 位 CPU、32 位 CPU 以及 64 位 CPU 等。

（2）内部工作频率。内部工作频率又称为主频，它是衡量 CPU 运算速度的重要参数。CPU 的主频表示在 CPU 内数字脉冲信号的振荡频率，主频仅仅是 CPU 性能表现的一个方面，并不代表 CPU 整体性能的全部。内部时钟频率的倒数是时钟周期，这是 CPU 中最小的时间元素，每个动作至少需要 1 个时钟周期。

（3）外部工作频率。除了主频，CPU 还有另一种工作频率，称为外部工作频率，它是由主板为 CPU 提供的基准时钟频率。前端总线（Front Side Bus，FSB）是 CPU 和外设交换数据的最主要通路，主要连接主存、显卡等数据吞吐率较高的部件，因此前端总线的数据传输速率对计算机整体性能影响很大。

在 Pentium 4 处理器出现之前，前端总线频率与外部工作频率（外频）是相同的，因此往往直接称前端总线的频率为外频。随着计算机技术的发展，需要前端总线频率高于外频，使得前端总线频率成为外频的 2 倍、4 倍，甚至更高。

（4）工作电压。工作电压指的是 CPU 正常工作所需的电压。早期 CPU 的工作电压一般为 5 V，导致 CPU 的发热量太大，使得其寿命缩短。随着 CPU 制造工艺与主频的提高，近年来 CPU 的工作电压有逐步下降的趋势，以解决内部自身发热的问题。目前，一般台式机的 CPU 工作电压已低于 3 V，甚至达到 1.2 V，这使得其功耗大大减少。

（5）地址总线宽度。地址总线宽度决定了 CPU 可以访问的最大物理地址空间，如 Pentium 处理器有 32 位地址线，可寻址的最大容量为 2^{32}=4096 MB，即 4 GB。

（6）数据总线宽度。数据总线宽度决定了 CPU 与 Cache、主存以及 I/O 设备之间进行一次数据传输的位数。如果数据总线宽度为 32 位，则每次最多可以读/写主存中的 32 位数据；如果数据总线宽度为 64 位，则每次最多可以读/写主存中的 64 位数据。

数据总线宽度反映了芯片间的数据传输能力，而地址总线宽度则反映了 CPU 可以访问多少个主存的存储单元。

（7）制造工艺。线宽是指芯片内线路与线路之间的距离，可以用线宽来描述制造工艺。线宽越小，意味着芯片上包括的晶体管数目就越多。例如，Pentium 4 处理器芯片内部的线宽是 0.18 μm，晶体管数达到 42000000 个。

5.1.2 CPU 的组成结构

计算机硬件系统是由运算器、控制器、存储器、输入设备和输出设备五大部分组成的，目前将运算器和控制器合称为中央处理单元（CPU）。随着计算机应用领域的扩大和超大规模集成电路的发展，CPU 芯片内集成了越来越多的功能部件，如存储管理单元（Memory

Management Unit，MMU）、浮点处理单元（Floating Processing Unit，FPU）、高速缓冲存储器（Cache）、多媒体扩展（MMX）单元等，使CPU的组成越来越复杂，功能越来越强大。甚至可以在一个CPU芯片中集成了多个处理器核。但是，不管CPU多复杂，它都可看成由数据通路和控制部件两大部分组成。

通常将指令执行过程中数据所经过的路径，包括路径上的部件称为数据通路，如算术逻辑单元（ALU）、通用寄存器、状态寄存器、Cache、MMU、FPU、异常和中断处理逻辑等都是指令执行过程中数据流经的部件，都属于数据通路的一部分。通常把数据通路中专门进行数据运算的部件称为执行部件（Execution Unit）或功能部件。数据通路由控制部件控制，控制部件根据每条指令功能的不同生成对数据通路的控制信号，并正确控制指令的执行流程。

CPU的基本功能决定了CPU的组成结构。图5-1是CPU的组成结构框图。

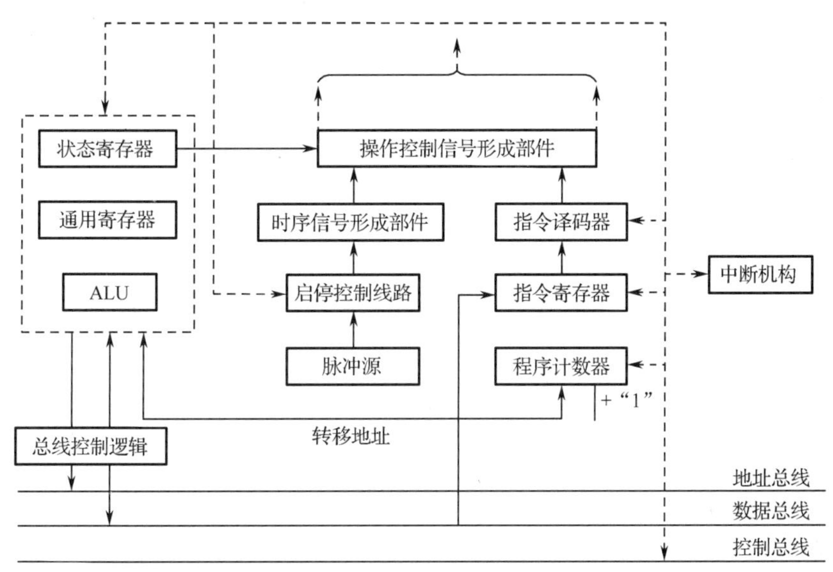

图5-1 CPU的组成结构框图

CPU中的运算器由ALU及相关寄存器等组成，主要完成对数据的运算处理功能，具体的可分为处理整型数据的定点数运算器和处理浮点型数据的浮点数运算器。控制器用于控制计算机各部件协同运行、连续地执行指令。控制器从组成结构上，可分为硬连线（组合逻辑）控制器和微程序控制器两种类型。

图5-1中的数据通路非常简单，只给出了最基本的部件，如ALU、通用寄存器和状态寄存器等，其余都是控制逻辑（用虚线表示控制信号流程）或与其密切相关的逻辑。

1．通用寄存器

通用寄存器组是一组可编程访问的、具有多种功能的寄存器统称。在实际中可以编程指定使用其中的某个寄存器，对用户来说是“看得见”的寄存器。它们可提供操作数、保存运算结果，或用于地址指针、基址寄存器、变址寄存器和计数器等，因而称为通用寄存器组。

为了减少对存储器的访问次数、提高运算速度，现代计算机往往在CPU中设置了大量的通用寄存器，多则几十个。注意，通用寄存器是可以由程序编址访问的寄存器。例如，累加寄存器（ACC）就是一个通用寄存器，它可以用来暂时存放ALU的运算结果。在执行一个加法运算前，先将一个操作数暂时存放在 ACC 中，再从主存中取出另一个操作数，然后同ACC 中的内容相加，所得的结果保存在 ACC 中。

2．专用寄存器

专用寄存器是专门用来完成某一种特殊功能的寄存器，CPU 中至少要有程序计数器（PC）、指令寄存器（IR）、指令译码器（ID）、程序状态标志字寄存器（PSWR）、存储器数据寄存器（MDR）、存储器地址寄存器（MAR）等。

（1）程序计数器（PC）：又称指令计数器或指令指针（IP），用来存放指令的地址。指令地址的形成有两种可能：

① 在顺序执行时，可通过 PC 中的内容+“1”来形成下一条指令的地址。有的计算机 PC 本身具有+“1”计数功能，这里的“1”指一条指令的长度，有的计算机可借用运算部件完成。

② 在需要改变程序执行顺序时，通常由转移类指令形成转移地址并送到 PC 中，作为下一条指令地址。在每个程序开始执行之前，总是把程序中第一条指令的地址送到 PC 中。

（2）指令寄存器（IR）：用以存放现行指令。每条指令总是先从主存中取出后才能在 CPU 中执行，指令取出后存放在 IR 中，以便送入指令译码器（ID）中进行译码。为了提高指令的执行速度，现在大多数计算机都将 IR 扩充为指令队列或指令栈，允许预取若干条指令。

（3）指令译码器（ID）：对 IR 中的操作码部分进行分析解释，产生相应的译码信号并提供给操作控制信号形成部件。

（4）程序状态字寄存器（PSWR）：用来记录算术和逻辑运算指令运行或测试结果的各种条件码信息，如进位标志、零标志、符号标志、溢出标志等。RSWR 可用于其后的条件转移指令，作为决定程序流向的因素之一。此外，PSWR 还保存了中断和程序的工作状态等信息。

（5）存储器数据寄存器（MDR）：用来暂时存放从主存中读出的一条指令或一个数据字；反之，当向主存写入一条指令或一个数据字时，也暂时将它们存放在 MDR 中。

（6）存储器地址寄存器（MAR）：用来存放当前 CPU 所访问的主存存储单元的地址。由于主存和 CPU 之间存在运算速度上的差别，所以必须使用 MAR 来存放地址信息，直到主存的读/写操作完成为止。

在 CPU 和主存进行数据交换时，无论 CPU 向主存写数据，还是 CPU 从主存中读数据，都要使用 MAR 和 MDR。

3．时序控制部件

（1）脉冲源及启停控制线路：脉冲源产生一定频率的脉冲信号作为整个计算机的时钟脉冲，是 CPU 时序的基本信号。启停控制线路在需要时能保证可靠地开放或封锁时钟脉冲，控制时序信号的发生与停止，并实现对计算机的启动与停机。

（2）时序信号形成部件：以时钟脉冲为基础，产生不同指令对应的周期、节拍、工作脉冲等时序信号，实现指令执行过程的时序控制。

4．控制部件

（1）操作控制信号形成部件：综合时序信号、指令译码信号和执行部件反馈的状态标志等，形成不同指令所需的操作控制信号序列。

（2）总线控制逻辑：实现对总线传输的控制，包括数据、地址的缓冲与三态控制。

（3）中断机构：实现对异常情况和某些外部中断请求的处理。

5.1.3 时序系统和时序控制方式

由于计算机是在高速地进行工作的，每一个动作的时间都是非常严格的，不能有任何差错。时序系统是控制器的心脏，其功能是为指令的执行提供各种定时信号。

在计算机中，一条指令的执行过程一般需要分成取指、译码、执行、存储结果等几个步骤。这样就需要一种时间划分的信号标志，如周期、节拍等。同一条指令，在不同时间发出不同的微命令，完成不同的任务，其依据之一就是不同的周期、节拍。在CPU内部，每次操作都需要有严格的时序控制。

时序控制部件一般由脉冲源、锁相环倍频电路、周期状态触发器、节拍发生器、启停控制线路等组成，经由这些部件来产生机器周期、时钟周期（节拍）和工作脉冲三级时序。脉冲源产生的固定频率脉冲可以直接作为计算机的主频时钟信号，也可以由锁相环倍频电路产生主频时钟信号。主频时钟频率的高低与计算机的性能和选用的器件有关。一般情况下，主频时钟频率越高，计算机的运算速度就越快。主频时钟信号经过相关时序系统后，可以产生机器周期信号、时钟周期信号和工作脉冲信号。启停控制线路能保证在适当的时刻准确可靠地开启或封锁计算机的工作时钟，以控制微操作序列的产生或停止，从而启动或停止计算机。

计算机之所以能够准确、快速、有条不紊地工作，正是因为CPU中有一个时序控制部件。计算机一旦被启动，时序控制部件就开始工作。CPU根据时序控制部件产生的时序信号指挥计算机工作，按照指令的要求去执行相应的微操作序列。

1. 时序系统

在早期的计算机系统中，常将其时序关系划分为机器周期、时钟周期（节拍）、工作脉冲三个层次，也称为计算机系统的三级时序关系。

指令周期是指计算机从取指、分析指令到执行完该指令所需要的全部时间。由于各种指令的功能不同，不同指令的指令周期是不相同的，所以计算机的时序系统中没有指令周期的时间标志信号，因此也没有将指令周期列为具体时序系统的划分等级中。

（1）机器周期。在CPU执行指令过程中，常将指令周期划分为几个不同的阶段，如取指、取源操作数、取目的操作数、执行处理等阶段，每个阶段称为一个机器周期。例如，取指机器周期的工作是读取指令，执行处理机器周期的工作是指令的功能。早期的CPU运算速度较慢，通常将主存存取周期当成机器周期。由于现代的CPU运算速度越来越快，因此按CPU内部操作需要来定义机器周期，在对主存进行操作时，通常需要插入适当的时钟周期进行延时等待。

（2）时钟周期（节拍）。在计算机工作时往往还需要将机器周期细分成几个步骤并要按一定的顺序来完成。例如，按变址寻址方式取操作数时，先要进行变址计算，然后才能取操作数，因此，需要将一个机器周期分为若干个相等的时间段，每一个时间段内完成一步操作，这个时间段称为时钟周期（节拍），这是时序系统中最基本的时间分段。时钟周期等于CPU执行一次加法或一次数据传输的时间。一个机器周期可根据需要分为若干个时钟周期。

（3）工作脉冲。在一个时钟周期（节拍）内可设置几个工作脉冲，用于寄存器的清除、接收数据等具体工作。不同的计算机设置的工作脉冲数量可能是不同的。

上述的机器周期、时钟周期、工作脉冲构成了计算机时序系统的三级时序关系，指令周期、机器周期、时钟周期、工作脉冲之间的关系是指令周期>机器周期>时钟周期>工作脉冲周期。在计算机中，指令周期等于若干个机器周期，机器周期通常又称为CPU周期。在有些计算机中，已不再采用上述三级时序关系，整个数据通路中的时序系统只采用时钟周期，即节拍。

2. 时序控制方式

一条指令的执行是通过一个确定的具体操作序列来实现的。在这些具体的操作序列中，有些操作是可以同时执行的，有些操作则必须按严格的时间顺序来执行。如何在时间上对各个操作进行控制呢？这就是时序控制方式。时序控制方式决定了 CPU 中时序控制部件的构成。时序控制方式有同步控制方式、异步控制方式和联合控制方式三种。

（1）同步控制方式。同步控制方式是指任何指令的执行或指令中每个操作的执行都要由事先确定的时序信号控制，每个时序信号的结束就意味着一个操作已经完成。在同步控制方式中，由于不同操作的执行时间可能不同，一般需要选择最长操作的执行时间作为计算标准，采用在完全统一的时钟周期（节拍）内来执行各种不同的操作。一些执行时间短的操作需要等待，会影响系统的速度，造成一定的浪费。但是其优点是时序关系比较简单、设计方便。

（2）异步控制方式。异步控制方式是指各个操作按其需要来选择不同的时间，不受统一的时钟周期（节拍）的约束。各个操作之间的衔接与内部各部件之间的数据交换采取应答方式。前一个操作完成后给出应答信号后，才能启动下一个操作。在异步控制方式中，CPU周期由何时接收到设备应答信号决定，事先是不能确定的。异步控制方式的优点是时间紧凑，能按不同部件、设备的实际需要分配时间；其缺点是实现异步应答所需的控制逻辑比较复杂。

（3）联合控制方式。这是一种同步控制和异步控制相结合的方式。现代计算机中几乎没有完全采用同步控制方式或完全采用异步控制方式，大多数都采用联合控制方式。其设计思想是在功能部件内部采用同步控制方式或以同步控制方式为主的控制方式，在功能部件之间采用异步控制方式。

例如，在一般小型机、微机中，CPU内部基本时序采用同步控制方式，按多数指令的需要设置节拍数。对于某些复杂指令，如果节拍数不够，可采取延长节拍的方法，以满足指令的要求。当CPU通过总线和主存或其他外设交换数据时，就采用异步控制方式。CPU只需要给出起始信号，主存和外设按自己的时序信号去安排操作。一旦操作结束，则向CPU发结束信号，以便CPU再安排其他工作。

5.2 指令的执行过程

本节主要介绍指令执行过程中数据流和指令流的通道，以及指令执行过程中的相关技术。

5.2.1 指令执行简介

对于冯·诺依曼体系结构计算机而言，当程序存入主存后就可由计算机自动完成取指令和执行指令的工作。控制器就是专门用于完成此项工作的，它负责协调并控制计算机各部件执行程序的指令序列，其基本功能是取指令、分析指令（译码）和执行指令。

（1）取指令。取指令完成的功能是将指令从主存中取出来并送至指令寄存器（IR）中，具体的操作如下。

① 将程序计数器（PC）中的内容先送至存储器地址寄存器（MAR），然后送至地址总线（AB）。

② 由控制单元（CU）经控制总线（CB）向主存（主存储器）发读命令。

③ 从主存中取出的指令通过数据总线（DB）送到存储器数据寄存器（MDR）。

④ 将MDR的内容送至指令寄存器（IR）中。

⑤ 将PC中的内容自增“1”，为取下一条指令做好准备。

以上操作对任何一条指令来说都是必须要执行的操作，所以称为公共操作。图5-2所示为取指令的工作流程。

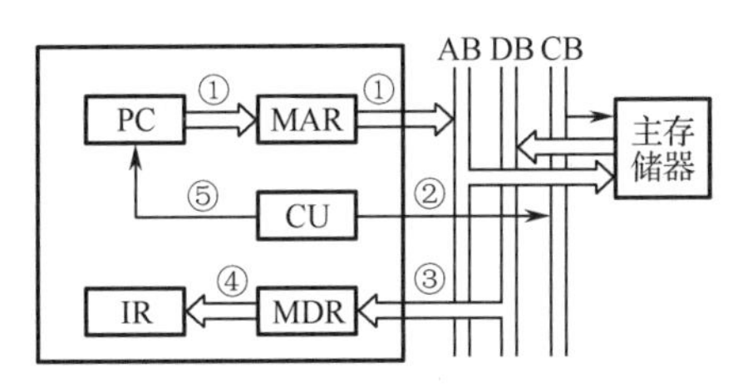

图5-2 取指令的工作流程

（2）分析指令。分析指令包括两部分，一是分析指令要完成的操作，即控制器需要发出什么样的操作命令；二是分析参与这次操作的操作数地址，即操作数的有效地址。

（3）执行指令。执行指令就是根据操作命令和操作数地址，形成操作控制信号序列，通过对运算器、存储器（主存）以及I/O设备的操作，完成对每条指令的执行。此外，控制器还具有能控制程序的输入和运算结果的输出，以及对总线进行管理的能力，甚至能处理CPU运行过程中出现的异常情况（如掉电）和特殊请求，即处理中断能力。

CPU每取出并执行一条指令所需的全部时间称为指令周期，即完成一条指令的时间，如图5-3所示。在取指阶段可完成取指令和分析指令的操作，又称为取指周期。这样，在取指周期内取出的二进制代码均为指令字。执行阶段完成执行指令的操作，又称为执行周期，在此周期取出的是数据。

在大多数情况下，CPU就是按取指、执行，再取指、再执行，依次循环的顺序自动工作的。由于各种指令的功能不同，因此指令周期也是不相同的。例如，无条件转移指令“JMP x”，在执行阶段不需要访问主存，而且操作简单，完全可以在取指阶段的后期将转移地址“x”送至PC中，以达到转移的目的。这样，“JMP x”的指令周期就只有取指周期。又如，一地址指令的加法指令“ADD x”，在执行阶段首先要从“x”所给出的存储单元中取出操作数，然后与累加器ACC的内容相加，运算结果保存在ACC。这条指令的指令周期在取指阶段和执行阶段各访问一次主存，其指令周期就包括两个存取周期。再如，乘法指令，其执行阶段所要完成的操作比加法指令多得多，故它的执行时间会超过加法指令。上述三条指令周期的比较如图 5-4 所示。

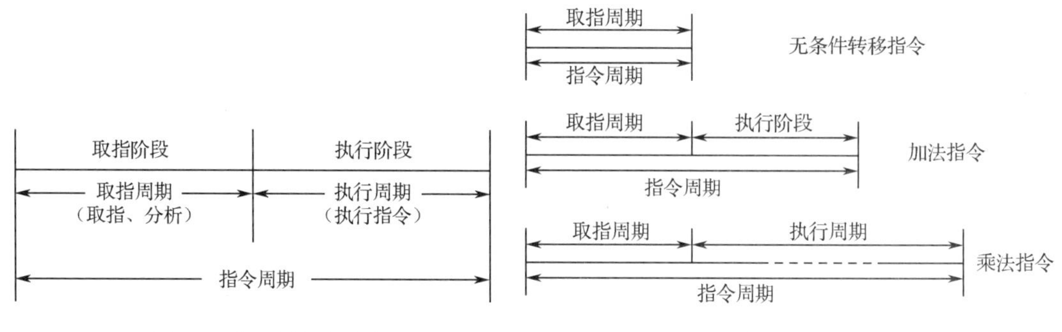

图 5-3　指令周期的定义　　　　图 5-4　三条指令周期的比较

此外，当遇到间接寻址的指令时，由于指令字中只给出了操作数有效地址的地址，因此，为了取出操作数，需要先访问一次寄存器或主存，取出有效地址后再根据有效地址取出操作数。这样，间接寻址的指令周期就包括取指周期、间址周期和执行周期三个阶段。其中，间址周期用于计算取操作数的有效地址。

上述三个周期都存在 CPU 访问操作，但是访问的目的不同。取指周期是为了取指令，间址周期是为了取有效地址，执行周期是为了取操作数（当指令为访存指令时）。这三个周期都可称为 CPU 的工作周期，为了区别它们，在 CPU 内可设置三个标志触发器分别对应取指、间址、执行三个周期。

5.2.2　指令具体执行过程

1．指令执行中的数据流控制

为了便于分析指令周期中的数据流，假设 CPU 中包含存储器地址寄存器（MAR）、存储器数据寄存器（MDR）、程序计数器（PC）和指令寄存器（IR）。

（1）取指周期的数据流。首先在 PC 中存储正在运行的指令地址，然后将该地址存入 MAR 中，通过地址总线（AB）传输到存储器（M），由控制部件（CU）向存储器发出读命令，使 MAR 所指存储单元的内容（指令）经数据总线（DB）送至 MDR 和 IR 中，与此同时 CU 控制 PC 中的内容加“1”，形成下一条指令的地址。其过程可以表示为：

PC→MAR→AB→M→DB→MDR、IR；PC+“1”

（2）间址周期的数据流。一旦取指周期结束，控制部件（CU）便检查 IR 中的内容，以确定其是否有间址操作。如果需要间址操作，则 MDR 中指示形式地址的右 N 位（记为 Ad(MDR)）将被送到 MAR，再送至地址总线（AB），随后 CU 向存储器发出读命令，以获取有效地址 Ad 并存至 MDR。其过程表示为：

Ad(MDR)→MAR→AB→Ad→MDR

（3）执行周期的数据流。由于不同指令在执行周期的操作不同，因此执行周期的数据流是多种多样的，可能涉及 CPU 内部寄存器间的数据传输，或对存储器（或 I/O 设备）进行读/写操作，或对 ALU 的操作。在间接寻址中，操作数有如下形式：

R-R 形式：数据通过数据总线直接在两个寄存器之间传输。

R-S 形式：R→MDR→M，即寄存器与存储器之间传输。

S-R 形式：M→MDR→R，即存储器与寄存器之间传输。

控制信号（如微操作控制信号）用于控制数据通路中的数据流和指令流的流向，这些控制信号最终作为二进制输入量直接送到各个逻辑门。控制信号还用于控制数据通路的各个控制门的打开和关闭，以及 ALU 的实际操作功能（如寄存器接收数据控制、主存的读/写命令等）。这些微操作是有时序的，完全由指令功能决定。

2. 指令执行过程说明

为了保证计算机能正常工作，在计算机内部设置有存储固定程序的只读存储器（ROM），利用上电时硬件产生的复位（Reset）信号可使计算机处于初始状态，并从上述固定程序的入口地址开始执行程序。这是通过将固定程序的入口地址（即开机后执行的第 1 条指令的地址）装入程序计数器（PC）来实现的，也可以直接在指令寄存器（IR）中装入一条无条件转移指令，转移到固定程序的入口地址，然后开始执行程序。Reset 信号将固定程序的入口地址装入 PC 后，即从入口地址开始执行该程序的指令序列。每执行一条指令后，将准备好下一条指令的地址并送入 PC 中。这样不断地取指令、分析指令和执行指令，直到程序执行完毕为止。因此，分析指令的微操作序列是从要执行的指令地址已在 PC 中开始的。为了分析方便起见，在时序与微操作控制信号的关系上，假定在 1 个节拍中只能实现 1 次 ALU 微操作，在 1 个机器周期只允许访存 1 次。

在一条最简单的指令中，至少需要取指周期和执行周期这两个周期。任何一条指令的执行过程，实际上是由控制器产生一系列微操作控制信号的过程。将这些微操作控制信号合理地分配在各个机器周期的各个节拍中，便可构成各条指令的执行流程。

假定某计算机系统中每个机器周期内包含 4 个节拍（T_1～T_4），那么取指周期完成的公共操作可用如图 5-5 所示的流程图描述。从图中可以看出，在取指周期的各个节拍中完成如下操作：

T_1 节拍：将程序计数器（PC）中的内容置入存储器地址寄存器（MAR）中。

T_2 节拍：向主存发出读命令（“RD M”）。

T_3 节拍：从主存中读出指令到 MDR 中，将 MDR 中的指令置入指令寄存器（IR）中。

T_4 节拍：修改 PC（PC+“1”→PC），并对指令的操作码进行译码，完成分析指令功能。

任何指令的其他机器周期的操作都与指令功能有关。例如，采用直接寻址方式的取数指令，只需要完成从主存中取出操作数并置入累加寄存器 ACC 的功能，应在取指周期后安排一个执行周期，执行周期的操作流程图如图 5-6 所示。从图中可看出，在执行周期内各个节拍完成如下功能：

T_1 节拍：将指令中的地址码（形式地址 D）置入存储器地址寄存器（MAR）中。

T_2 节拍：向主存发出读命令（“RD M”）。

T_3 节拍：等待主存读出数据到 MDR 中。

T_4 节拍：将 MDR 中的内容经数据总线（DB）置入累加寄存器（ACC）中。

同样是取数指令，如果采用间接寻址方式，则至少需要增加 2 个执行周期，第 1 个执行周期为取操作数地址，第 2 个执行周期才能取出操作数。

指令系统中任何一条指令都有各自的指令操作流程图，假定某模型机的指令系统中共有 8 条指令，其指令操作流程图如图 5-7 所示。

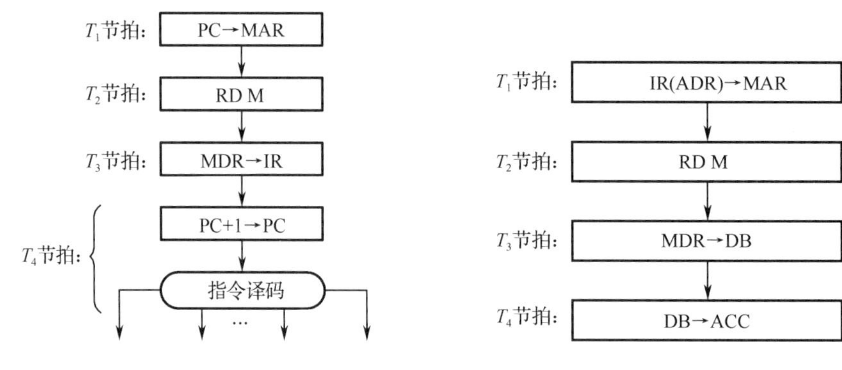

图 5-5　取指周期的公共操作流程图　　　　图 5-6　执行周期的操作流程图

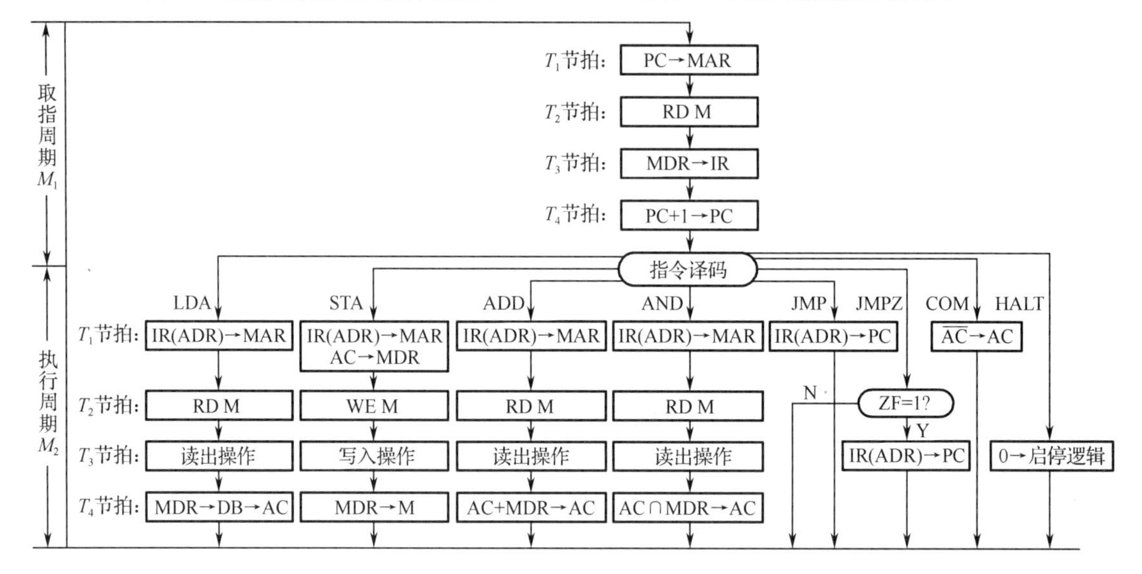

图 5-7　模型机的指令操作流程图

从图中可以看出，该模型机中所有指令均采用直接寻址方式，均在两个机器周期内完成全部操作。第 1 个机器周期是取指周期（M_1），各条指令在 M_1 内的操作相同，完成取指令和指令译码功能；第 2 个机器周期是执行周期（M_2），在该周期内各条指令的操作各不相同，分别完成各条指令的不同功能。

可以设想，一个实际的指令系统包含采用多种不同寻址方式、功能各异的指令，指令数量可达上百条之多，其指令操作流程图的复杂程度可想而知。控制器严格地规定了各条指令的操作过程，按照各条指令的要求适时地向各个部件发出各种微操作控制信号的过程，就是不停地执行指令的过程，也就是计算机的工作过程。

下面以双操作数指令为例，说明指令的执行过程。双操作数指令的执行过程中包括取指周期、取源操作数周期、取目的操作数周期、执行周期，共 4 个周期。

（1）取指周期。取指周期是每条指令都要经历的周期，因此取指周期也是公共操作周期。在取指周期中将现行指令从存储器（主存）中取出送往指令寄存器（IR），并准备好下一条指令地址，即 PC+1→PC。注意，在实际中 T_3 节拍和 T_4 节拍中的两个操作，一个是在存储器中完成的，另一个是在 ALU 中实现增 1，因此可以在时间上重叠执行。

（2）取源操作数周期。取源操作数的操作流程与其寻址方式有关，一般有如下方式：

① 寄存器寻址：Rs 中的内容为源操作数，将它送入源操作数寄存器（SR）。

② 寄存器间接寻址：以 Rs 为地址访问主存一次，然后从主存中取出源操作数并送入源操作数寄存器（SR）。

③ 自增型寄存器间址：除了完成上述间址操作，还要修改 Rs 的内容，经 ALU 增 1 再送回 Rs。

④ 变址寻址：先以 PC 中的内容为地址从存储单元获取位移量，再与 Rs 的内容相加，以相加结果为地址，取出操作数送入源操作数寄存器（SR）。除此之外，PC 中的内容增 1（经 ALU），准备好下一条指令地址。在这个流程中，因为要访问两次主存，所以取源操作数周期也要延迟一次。通过指令流程，将能了解各种寻址方式的实现过程。

（3）取目的操作数周期。取目的操作数周期与取源操作数周期基本相似，不同的只是要将目的操作数送入目的操作数寄存器（SD）。

（4）执行周期。所有指令都要进入执行周期，根据指令操作码决定进行什么操作。算术/逻辑运算类指令在本周期进行相应的算术/逻辑运算，并将结果存到目的地址所对应的存储单元中。转移类指令要将在本周期形成的转移地址置入 PC，以便从转移点继续执行程序。

通过指令执行流程的分析可以看出，指令执行流程受 CPU 结构、指令功能和寻址方式等因素约束，它是指令在计算机内部执行过程的反映。

5.3　控制器的组成和实现方式

本节主要介绍控制器的基本组成，以及微程序控制器和硬连线控制器的工作原理与设计方法。

5.3.1　控制器概述

控制器一般由程序计数器（PC）、指令寄存器（IR）、指令译码器（ID）、时序控制部件和微操作控制信号形成部件组成，如图 5-8 所示。程序计数器（PC）用于存放下一条指令的地址；指令寄存器（IR）用于存放当前指令；指令译码器（ID）用于对 IR 中的指令进行译码；时序控制部件（一般由脉冲源、节拍发生器、启停控制线路等组成，）用于产生一系列的时序信号，用以保证各个微操作的执行顺序。微操作控制信号形成部件又称为控制单元（CU），它根据指令译码器（ID）产生的操作控制信号、时序控制部件产生的时序信号以及其他控制条件，产生整个计算机所需的全部微操作控制信号。这些控制信号连接计算机各个部件，以便正确地建立数据通路，控制程序的正确执行。所谓微操作，是指计算机中最简单的操作，如打开某一个控制门、清除寄存器等。复杂操作是通过执行一系列的微操作来实现的。

根据控制器中的时序控制部件和微操作控制信号形成部件的具体组成与运行原理的不同，通常可把控制器分为微程序控制器和硬连线控制器（组合逻辑控制器）两类，这两类控制器中的 PC 和 IR 是相同的，但确定和表示指令执行步骤的办法以及给出控制各部件运行所需的微命令的方案是不同的。

微程序控制器是用一个 ROM 作为产生微操作控制信号的载体，ROM 中存放着一系列的微程序，组成微程序的微指令代码产生相应的操作控制信号，是一种存储逻辑型的控制器。

硬连线控制器采用组合逻辑电路实现各种控制功能，又称为组合逻辑控制器。随着集成电路的发展及应用，又出现了阵列逻辑控制器，这是一种大规模集成化的硬连线控制器。

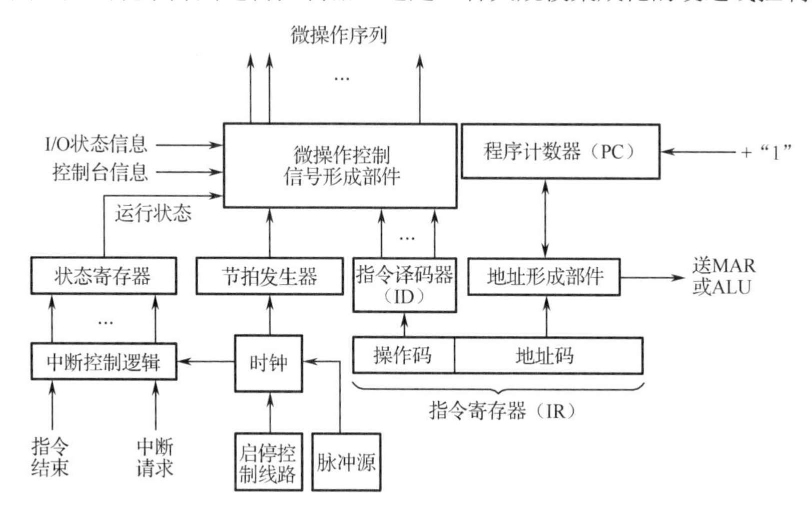

图 5-8　控制器的组成

5.3.2　微程序控制器

微程序控制器是由 M. V. Wilkes 在 1951 年提出的。用微程序方式实现的控制器称为微程序控制器，其基本思想为：仿照程序设计方法，将每条指令的执行过程用一个微程序来表示，每个微程序由若干条微指令组成，每条微指令相当于有限状态机中的一个状态。所有指令对应的微程序都存储在一个 ROM 中，这个 ROM 称为控制存储器（Control Storage，CS），简称控存。

在微程序控制器控制下执行指令时，CPU 从控存中取出每条指令对应的微程序，在时钟的控制下，按照一定的顺序执行微程序中的每条微指令。通常，一个时钟周期执行一条微指令。微程序设计的微指令是以二进制代码的形式出现的，因此只要修改微指令的代码，就可改变操作内容。采用微程序控制器便于调试、修改和增删指令，有利于计算机仿真。

在采用微程序控制器的 CPU 中，获取指令运行所需的微指令的过程就是微程序的执行过程。微程序的执行有两个关键技术，一是如何由微指令的操作控制字段形成微命令；二是如何形成下一条微指令的地址（微地址）。

1. 微指令简介

（1）微指令的基本结构。微指令包括操作控制字段和顺序控制字段。

操作控制字段是进行一次微操作所需要的全部微命令（即控制信号）的编码，用以发出管理和指挥整个计算机工作的微命令。通常，操作控制字段又可分为多个子字段，在子字段中可以通过每一位微命令直接控制相关部件，执行速度较快。但这会增加微指令的字长，不利于压缩微程序的容量。在子字段中，还可以采用多位编码的方式来提供一组相斥的微命令，这些微命令经过译码后送到被控制部件。这种方式有利于缩短微指令的字长，但译码操作会增加操作时间，不利于提高微程序的执行速度。

顺序控制字段（也称为下地址字段或下址字段）用以决定产生下一条微指令的地址，该字段通常包含转移控制字段（转移条件）和转移地址字段（指向下一条微指令的地址）两部分。

（2）微指令的编码形式。从微指令的编码形式来看，可以把微指令划分成水平型微指令和垂直型微指令两种。

① 水平型微指令。水平型微指令是指一次能定义并执行多个并行操作控制信号的微指令，后面介绍的直接表示法、编码表示法和混合表示法这三种编码方式的微指令都属于水平型微指令。水平型微指令的位数多（可达百位以上），它所追求的是对各部件并行控制的能力和更快的执行速度。操作控制字段提供了控制计算机各部件运行所需的微命令，下址字段提供了形成下一条微指令在控制存储器（控存）中地址的有关信息。

水平型微指令的并行操作能力强、效率高、灵活性强，执行一条指令所需的微指令的条数少，总体速度比较快。但是水平型微指令的每条微指令都很长，所需的硬件逻辑相对复杂一些。

② 垂直型微指令。垂直型微指令的位数少（如几十位），每条微指令中只有1～2个微命令（控制1～2种微操作），这种微指令不强调并行控制功能。通常，垂直型微指令与指令在格式和运行方案上有某些类似，但操作功能更为基本和简单。指令中的一个操作步骤的功能可能要经过多条垂直型微指令的执行才能完成。

（3）微指令序列地址的形成方法。

① 微程序入口地址的确定。在微程序控制器中，每一条指令都对应一段微程序。取指令微程序将一条指令从主存中取出后会送入指令寄存器（IR），这段微程序是公共的，一般安排在控制存储器的0号存储单元或其他特定的存储单元，这是由于计算机在开始运行时，执行的第一条指令地址以及取指令微程序的入口地址都是分别自动装入程序计数器（PC）中，所以在取指令后应根据指令的操作码转移到其对应的微程序入口地址。

② 后继微指令地址的产生。找到取指令微程序的入口地址后即可开始执行微程序。每条微指令执行完毕后都需要产生后继微指令地址（即下一条微指令地址）。后继微指令地址的产生方法对微程序编制的灵活性影响很大，主要有如下两种方法。

(a) 断定方式。断定方式（又称为下址字段法）是指后继微指令地址由设计者指定产生。这种方式需要在微指令中增添一个下址字段，用来指明下一条要执行的微指令地址，所以也被称为下址字段法。在断定方式中，下一条微指令地址被包含在当前微指令的代码中（最后部分）。断定方式在需要根据条件进行转移时，下址字段的生成要根据其状态条件来形成。为了能够有效解决分支问题，需要引入下址字段1（转移条件控制字段）和下址字段2（转移地址字段）两个不同的地址字段，根据状态条件选择其中一个下址字段作为下一条微指令地址。断定方式可提高微程序的执行速度，不需要用微程序计数器（μPC）来指定下一条微指令地址，灵活性高，但其缺点是增加了微指令代码的长度。

(b) 计数器方法。计数器方法又称增量方式或顺序执行方式，类似于采用程序计数器（PC）产生指令地址的方法。这种方式需要增加一个微程序计数器（μPC），通过μPC加“1”来产生下一条微指令地址。对于按照顺序方式执行的微程序，各条微指令按执行顺序都存放在控制存储器中，后继微指令地址由现行微指令地址加上一个增量得到。对于按照非顺序方式执行的微程序，通常用一条转移微指令转向指定的后继微指令地址。在微指令格式中可以增加一个标志位，用于区分转移微指令和控制微指令。计数器方式的下址字段较短，微指令地址形成部件比较简单、实现方法比较直观，但其缺点是执行速度慢，转移微指令的执行需要占用较多的时间。

（4）微指令操作控制字段的编码方法。微指令操作控制字段的编码方法是指对微指令的操作控制字段进行编码，以形成微命令。目前，CPU 的微操作可分为相容性微操作和相斥性微操作。在同一个机器周期内可以并行执行的微操作称为相容性微操作，不能在同一个机器周期内并行执行的微操作称为相斥性微操作。例如，在单总线结构的 CPU 中，向总线输出数据的部件在某一时刻只能有一个，即不能有两个（或两个以上）部件同时向总线输出数据，控制各部件向总线输出的操作就是相斥的。又如，在内存操作中，读操作和写操作是相斥的，ALU 功能控制操作也是相斥的。在微指令控制字段的编码中应考虑微操作的相斥性。

① 直接表示法（直接控制法）。在微指令的操作控制字段中，每一位代表一个微命令，即表示一个控制信号，1 表示该控制信号有效，0 表示该控制信号无效。直接表示法含义清楚、简单直观，其输出可直接用于控制信号。但由于 CPU 工作时的微命令很多，需要的控制信号也很多，导致直接表示法中微指令的操作控制字段长达百位，需要很大的控制存储器容量。另外，在大多数微指令中，只有很少的控制信号是有效的，因此这种直接表示法的微指令的操作控制字段的编码效率低。

② 编码表示法。将微指令中的操作控制字段分为若干个子字段，然后将一组相斥的微操作放在一个子字段中进行编码来形成较短的代码。例如，有 15 个相斥的微操作，可采用 4 位二进制代码，译码后可表示 16 种不同的相斥微操作。15 个状态表示对应于 15 个相斥的微操作的微命令，余下的一个状态表示不发送微命令。

需要并行发出的微命令可以分在不同的子字段中。例如，有 3 个需并行发出的微命令，可将微指令的操作控制字段分为 3 个子字段，分别用 3 个译码器产生 3 个可并行发出的微命令。采用分段编码可缩短微指令的长度，减少控制存储器所需存储的代码数量。但是，分段编码需要经过译码后才能得到控制信号。由于加入了译码器，会增加控制信号的延迟，影响 CPU 的运算速度。

③ 混合表示法。把直接表示法与编码表示法结合起来使用，采用部分直接表示、部分编码表示的方法。具体做法是将一些要求速度高的，或者一些相容的微操作用直接表示法，将其他相斥的微操作用编码表示法。

例 5.1 某计算机采用微程序控制器，已知微指令字共 28 位。要求其操作控制字段采用直接表示法，共 36 个微命令，它们具体分成 5 个相斥类，每个相斥类都分别包括 3 个、4 个、7 个、8 个和 14 个微命令。要求采用断定方式，另外在微程序流程中有 4 处分支操作。请设计出该计算机的微指令格式。

解： 由于操作控制字段采用直接表示法，同时考虑最多的一组相斥类有 14 个微命令，所以该字段被定义为 14 位就可以满足各相斥类内的控制需要。另外微程序流程中包含 4 处分支，可以采用编码方式使用 2 位来完成分支任务。36 条微命令被分为 5 个相斥类，因此它们不可能同时出现，可以采用编码法方式实现，只需要 3 位即可。余下的位数可以作为下址字段，其位数为 28 位–14 位–2 位–3 位=9 位，寻址范围是 $2^9=512$。控制存储器容量为地址范围×微指令字长位数，即 512×28 位。

操作控制字段	测试判别	下址字段
（14+2）位	3 位	9 位（寻址范围为 512）

2. 微程序控制器的组成及工作原理

微程序的设计就是根据每一条指令的功能，采用编写微程序的方式来具体完成指令的功能。其基本思想是按执行每条指令所需的微命令的先后顺序来编写其对应的微程序，因此一条指令对应一段微程序，如图 5-9 所示，每条指令都与一个以操作性质命名的微程序相对应。

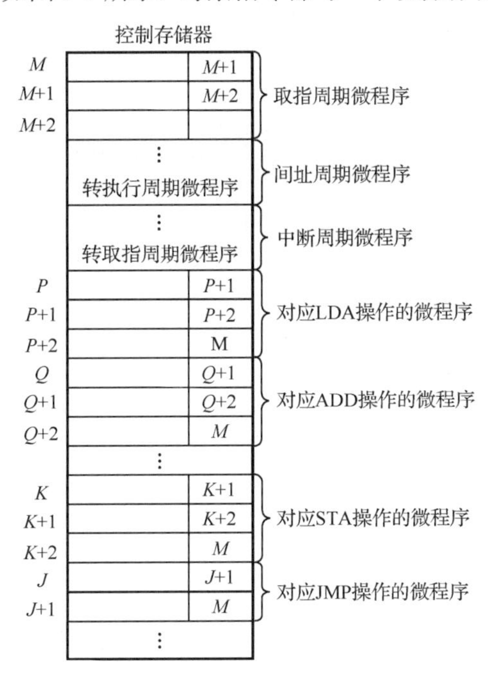

图 5-9 微程序示意图

由于任何一条指令的取指令操作都是相同的，因此可将取指令操作的统一编成一个公共的微程序。这个微程序只负责将指令从主存中取出后送至指令寄存器中，如图 5-9 中所示的取指周期微程序。此外，如果指令是间接寻址，其操作也是可以预测的，可先编出对应间址周期微程序。当出现中断时，中断指令所需完成的操作可由中断周期微程序来完成。控制存储器中的微程序的总数量应为指令数，再加上对应取指、间址和中断三个周期的微程序。

（1）微程序控制器的基本组成。微程序控制器由控制存储器、微指令寄存器（μIR）、微地址寄存器（μAR）、顺序控制逻辑以及微地址形成部件等组成。微程序控制器的基本组成如图 5-10 所示。

控制存储器用来存放所有指令的微程序，在执行指令时，微程序控制器依次从控制存储器中读取对应微程序的微指令，用微指令代码中的控制信号去控制处理器的其他部件。控制存储器由 ROM 组成，将微程序写入 ROM 的过程称为微程序的固化。控制存储器的容量取决于指令的数量和每条指令微程序的长度，控制存储器的字长也是微指令的字长。

微地址寄存器（μAR）用来存放将要访问的下一条微指令地址，该地址是指微指令在控制存储器中的存储位置。只有知道该地址，才能从控制存储器中取出相关微指令。

微指令寄存器（μIR）用来存放从控制存储器中取出的一条微指令，它包含产生控制信号的操作控制字段（控制码），以及下一条微指令地址的下址字段[包括转移地址字段（BAF）和转移控制字段（BCF）]。

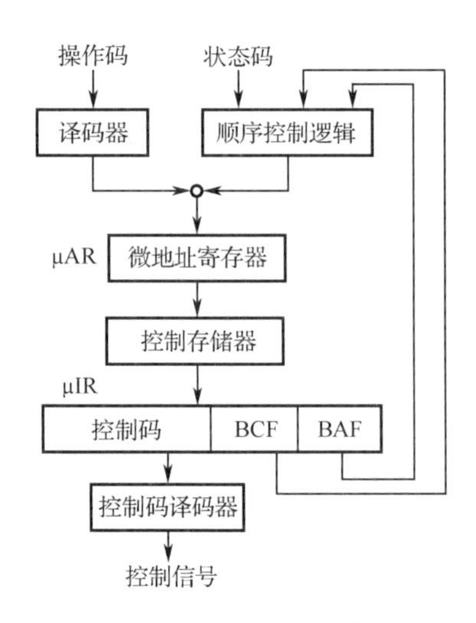

图 5-10　微程序控制器的基本组成

微地址形成部件通常是一个控制码译码器，该译码器根据指令寄存器（μIR）中的操作码产生实现该指令的微程序的入口地址。

顺序控制逻辑用来控制微指令序列，形成下一条微指令（后续微指令）的地址。顺序控制逻辑可通过测试微程序执行中的状态标志信息来修改微地址寄存器中的内容，以便按修改后的内容从微程序控制器中读出下一条微指令。

（2）微程序控制器的工作原理。假设有一个包含“LDA X”“ADD Y”“STA Z”“JMP”4 条指令的微程序，该程序存放在以 2000H 为首地址的主存内。下面将结合图 5-9 和图 5-10 来分析上述 4 条指令执行过程，以此介绍微程序控制器的工作原理。开机后，首先将用户程序的首地址送至 PC，然后进入取指阶段和执行阶段。

① 取指阶段的步骤如下：

（a）将取指周期微程序首地址 M 送入 μAR，即 M→μAR。

（b）取指令，将对应控制存储器（简称控存）地址中的第一条微指令读到控存数据寄存器中，记为(μAR)→μDR。

（c）产生微命令。第一条微指令的操作控制字段中为“1”的各位发出控制信号，如 PC→MAR，“1”→R，命令主存接收微程序首地址并进行读操作。

（d）形成下一条微指令地址。此微指令的下址字段指出了下一条微指令地址为 M+1，将 M+1 送至 μAR。

（e）取下一条微指令。将对应控存地址 M+1 中的第二条微指令读到 μDR 中，即(μAR)→μDR。

（f）产生微命令。由第二条微指令的操作控制字段中为 1 的各位发出微命令，如(MAR)→MDR，使对应主存 2000H 存储单元中的第一条指令从主存中读出送至 MDR 中。

（g）形成下一条微指令地址。将第二条微指令下址字段指出的地址 M+2 送至 μAR，即 Ad(μDR)→μAR。

以此类推，直到取出取指周期的最后一条微指令，并发出微命令为止。此时，第一条机器指令“LDA X”已存至微指令寄存器（μIR）中。

② 执行阶段的步骤如下：

（a）取数指令微程序首地址的形成。当取数指令存入 μIR 后，其操作码 OP(IR)直接送到微地址形成部件，该部件的输出为取数指令微程序的首地址 *P*，且将 *P* 送至 μAR，记为 OP(IR)→μAR。

（b）取微指令。将对应控存 *P* 地址单元中的微指令读到 μDR 中，即(μAR)→μDR。

（c）产生微命令。由微指令的操作控制字段中为“1”的各位发出控制信号，如有效地址 Ad(IR)→MAR，1→R，命令主存读操作数。

（d）形成下一条微指令地址。将此条微指令下址字段指出的 *P*+1 送至 μAR，即 Ad(μDR)→μAR。

（e）取微指令，即(μAR)→μDR。

（f）产生微命令。

以此类推，直到取出取数指令微程序的最后一条微指令 *P*+1，并发出微命令，至此即完成了将主存 *X* 地址单元中的操作数取至累加器 ACC 的操作。这条微指令的下址字段为 *M*，即表明 CPU 又开始进入下一条指令的取指周期，控存又要依次读出取指周期微程序的逐条微指令，发出微命令，完成将第一条机器指令“ADD Y”从主存取至指令寄存器（IR）中……微程序控制器通过逐条取出微指令，发出各种微命令，从而实现从主存逐条取出、分析并执行指令，以达到运行程序的目的。

由此可见，对微程序控制器中的控制存储器而言，内部信息一旦按所设计的微程序被存储后，在计算机运行过程中，只须具有读出功能即可，故可采用 ROM。此外，在微程序的执行过程中，重要的问题是如何由微指令的操作控制字段形成微命令，以及如何形成下一条微指令地址。这些是微程序设计必须解决的问题，它们与微指令的编码方式和微地址的形成方式有关。

3．微程序控制器的设计与实现

将运算器和控制器组合在一起，如图 5-11 所示，假设 ALU 可以进行加法（+）、减法（–）、逻辑加（∨）和逻辑乘（∧）四种运算，图中的控制信号分别采用符号 1、2、3…来表示，控制信号的意义如表 5-1 所示。下面以执行一条加法指令“ADD R,[R_1+disp]”为例来介绍微程序控制器的设计与实现，该指令由 4 条微指令解释执行，一条微指令中的所有控制信号是同时发出的，每条微指令所需的控制信号如下。

（1）取指微指令。

① 指令地址送地址总线：PC→AB（1），其中（1）表示参考图 5-11 中的控制信号 1，以下类似。

② 发访存控制命令：ADS（21）、M/$\overline{\text{IO}}$=1（22）、W/$\overline{\text{R}}$=0（23），从存储器取指令送数据总线。

③ 将指令送入指令寄存器（IR）：DB→IR（5）。

④ 程序计数器加 1：PC+1（3）。

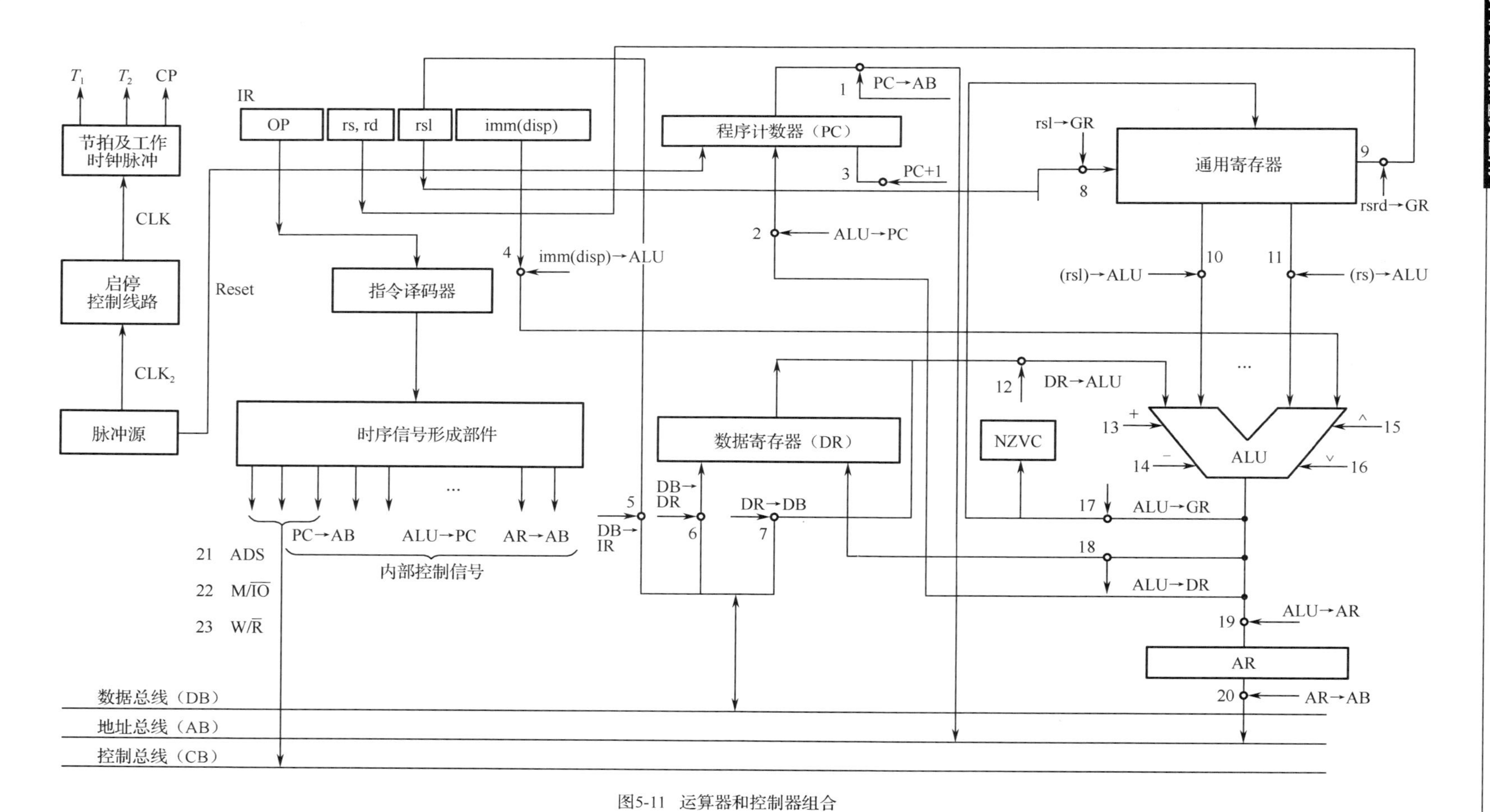

图5-11 运算器和控制器组合

表 5-1　控制信号的意义

序号	控制信号	功　能	序号	控制信号	功　能
1	PC→AB	指令地址送入地址总线	13	+	ALU 进行加法运算
2	ALU→PC	转移地址送入 PC	14	−	ALU 进行减法运算
3	PC+1	程序计数器加“1”	15	∧	ALU 进行逻辑乘运算
4	imm(disp)→ALU	立即数或位移量送入 ALU	16	∨	ALU 进行逻辑加运算
5	DB→IR	取指到指令寄存器	17	ALU→GR	ALU 运算结果送入通用寄存器
6	DB→DR	数据总线上的数据送入数据寄存器	18	ALU→DR	ALU 运算结果送入数据寄存器
7	DR→DB	数据寄存器中的数据送入数据总线	19	ALU→AR	ALU 计算得到的有效地址送入地址寄存器
8	rs1→GR	寄存器地址送入通用寄存器	20	AR→AB	地址寄存器内容送入地址总线
9	rsrd→GR	寄存器地址送入通用寄存器	21	ADS	地址总线上地址有效
10	(rs1)→ALU	寄存器内容送入 ALU	22	$M/\overline{IO}$	访问存储器或 I/O 设备
11	(rs)→ALU	寄存器内容送入 ALU	23	$W/\overline{R}$	写或读
12	DR→ALU	数据寄存器内容送入 ALU			

（2）计算有效地址微指令。

① 取两个源操作数（计算地址用）：rs1→GR（8）、(rs1)→ALU（10）、imm(disp)→ALU（4）。其中 GR 表示通用寄存器。

② 加法运算：+（13）。

③ 有效地址送地址寄存器：ALU→AR（19）。

（3）取数微指令。

① 数据地址送地址总线：AR→AB（20）。

② 发访存控制命令：ADS（21）、$M/\overline{IO}$（22）、$W/\overline{R}$（23）。将存储器中的数据送入数据总线（DB）。

③ 数据送入数据寄存器：DB→DR（6）。

（4）加法运算和送结果微指令。

① 两源操作数进 ALU：rsrd→GR（9）、(rs)→ALU（11）、DR→ALU（12）。

② 加法运算：“+”（13）。

③ 送结果：ALU→GR（17）。

下面将讨论如何通过微指令产生上述信号。

微指令最简单的组成形式是将每个微命令（控制信号）用一个控制位（直接表示法）来表示，当该位为 1 时，定义为有控制信号，当该位为 0 时，没有控制信号。$M/\overline{IO}$、$W/\overline{R}$ 则根据是访问的是存储器还是 I/O 设备，是写还是读而设置成 1 或 0。图 5-11 中总共有 23 个控制信号，所以总共有 23 个控制位，如果控制存储器寻址范围为 4K，那么每条微指令后面还需要增添 12 位来表示下址字段。微指令格式如图 5-12 所示。

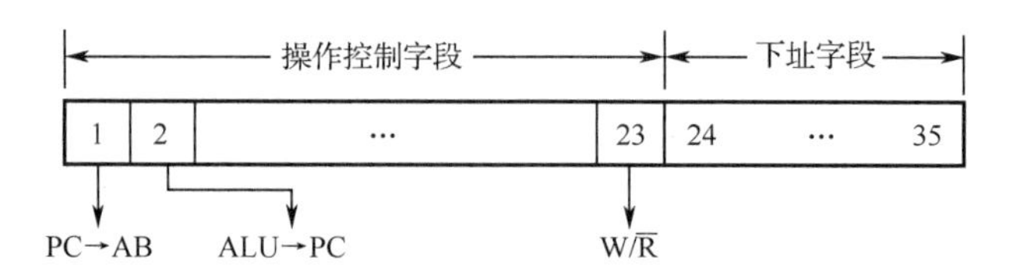

图 5-12　微指令格式

操作控制字段中每一位的功能与表 5-1 中所表示的控制信号相同。例如，第 1 位表示 PC→AB。实际的计算机的控制信号数量要比上例多得多，而且控制存储器容量一般大于 4K 字，因此微指令的字长通常在百位以上。

图 5-13 为加法指令的 4 条微指令编码，空格表示 0，第 24 位到第 35 位为下一条微指令地址（采用断定方式）。

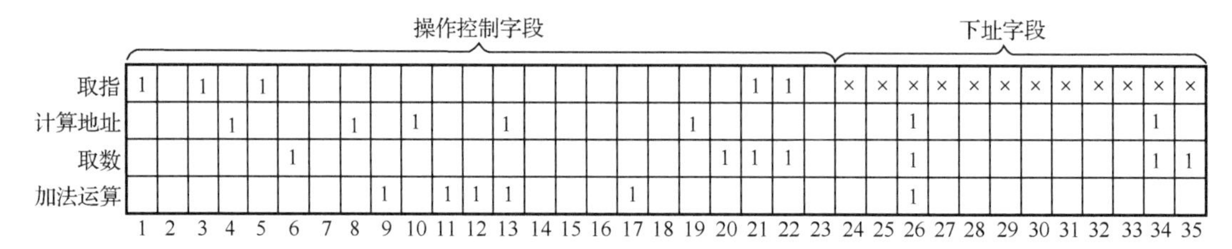

	操作控制字段																							下址字段											
	1	2	3	4	5	6	7	8	9	10	11	12	13	14	15	16	17	18	19	20	21	22	23	24	25	26	27	28	29	30	31	32	33	34	35
取指	1		1		1																1	1		×	×	×	×	×	×	×	×	×	×	×	×
计算地址				1				1		1			1						1							1								1	
取数						1														1	1	1				1								1	1
加法运算									1		1	1	1				1									1									

图 5-13　加法指令的 4 条微指令编码

当前正在执行的微指令从控制存储器取出后放在 μAR 中，该寄存器的各个控制位的输出直接连到各个控制门上。例如，上述第 4 条微指令，由于第 9、11、12、13、17 位为 1，因而产生将两个数送入 ALU 进行加法运算，以及将结果送入通用寄存器的控制信号，并根据运算结果对状态位 N、Z、V 和 C 进行置位。微程序也可以用图 5-14 所示的流程图来表示。

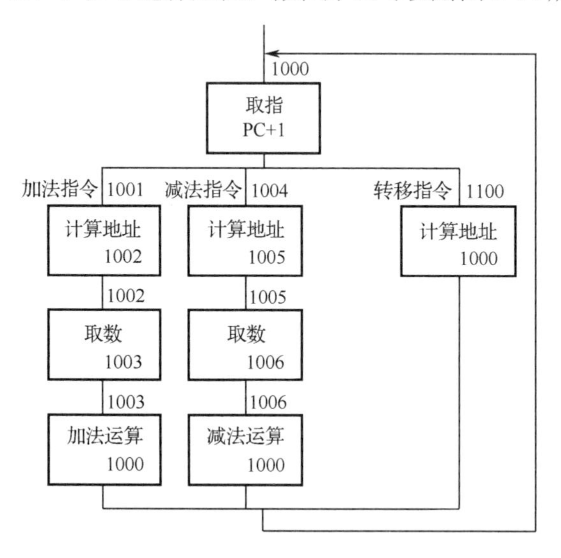

图 5-14　微程序流程图

图 5-14 中每个方框都表示一条微指令，方框上方表示的是该条微指令地址，方框内为执行的操作，在方框内右下角为下一条要执行的微指令地址，存放在微指令的下址字段中（此例采用 4 位八进制地址码表示，与图 5-13 中的地址段对应）。取指微指令的操作对所有的指

令都是相同的，所以它是一条通用的微指令，其下址由操作码译码产生。

微程序控制器的简图如图 5-15 所示，图中的控制存储器与微指令寄存器替代了图 5-11 中的时序信号形成部件。微程序控制器的基本工作原理如下：当指令送入 IR 后，根据操作码进行译码，得到相应指令的第一条微指令地址。例如，在图 5-14 中，当执行加法指令时译码得到的地址为 1001，当执行减法指令时译码得到的地址为 1004，…，当执行条件转移指令时，译码得到的地址为 1100。之后，都由微指令的下址字段指出下一条微指令地址。指令译码部件可用只读存储器（ROM）组成，将操作码作为只读存储器的输入地址，该存储单元的内容即相应的微指令在控制存储器中的地址，根据此地址从控制存储器取出微指令，并将它存放在微指令寄存器中。微指令分成两部分，产生控制信号的部分称为操作控制字段，产生下址的部分称为下址字段。操作控制字段各位的输出通过连接线直接与受控制的门电路相连，于是就产生了表 5-1 中的控制信号。

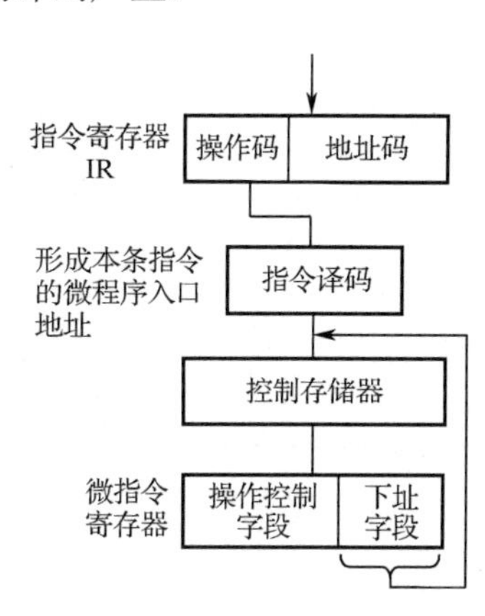

图 5-15　微程序控制器的简图

在图 5-11 中，没有画出使一些寄存器接收数据或计数的工作脉冲，而这些工作脉冲一般是通过将时钟信号经分频（触发器）后得到的。在一个机器周期内设置几个工作脉冲，与机器性能和其逻辑设计、电路性能有关。

5.3.3　硬连线控制器

硬连线控制器也称为组合逻辑控制器，它将输入的逻辑信号通过硬件方式转换为一组输出控制信号。

1．硬连线控制器的组成

硬连线控制器的结构框图如图 5-16 所示，其内部结构主要由节拍发生器、控制单元等部件组成。

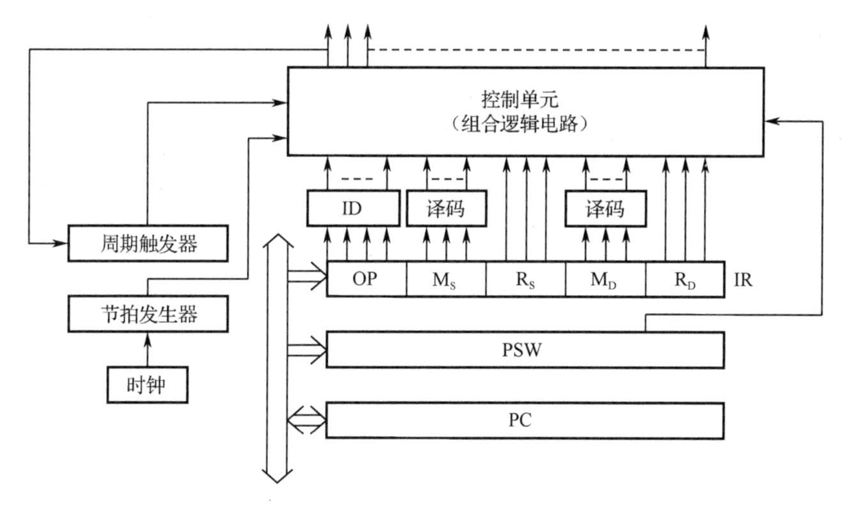

图 5-16　硬连线控制器框图

（1）节拍发生器。在选用多指令周期的硬连线控制器中，提供指令执行步骤的部件是用一个类似计数器的电路实现的，称为节拍发生器。由它提供有顺序关系的节拍电位信号和节拍脉冲信号，每个节拍对应指令的一个执行步骤时序信号。当指令处于不同的时间段时，执行不同的操作，则控制单元也必须受周期、节拍的控制。

（2）控制单元（控制信号形成部件）。控制单元是由大量的逻辑门电路组成的，它依据当前处在执行过程中的指令内容（在 IR 中）和指令所处的执行步骤信息（由节拍发生器提供）直接形成各部件所需要的控制信号，并直接送入各被控制部件，控制它们完成各自的功能，从而完成本指令在这个步骤中的功能操作。之后节拍发生器将进行节拍状态的转换，结束本次节拍并进入下一个节拍的操作步骤。经过几个步骤就可完成一条指令的执行过程，可以继续开始下一条指令的执行过程。

2. 指令执行过程

计算机加电后产生的复位信号 Reset 将要执行的第一条指令的地址装入 PC，并且将取址周期触发器置 1。当复位信号 Reset 结束后，开放时钟，节拍发生器产生节拍信号，控制单元则根据周期触发器状态和节拍信号产生取指令所需的各个微命令，将第一条指令取出并送到指令寄存器 IR，同时 PC 中的内容加“1”，准备好下一条指令地址。然后根据取出的指令进行相应的操作，完成本条指令的功能。最后进行状态测试。如果某一条件满足，则转入相应的处理程序进行处理，否则又转入取指周期，进行取指令，分析指令，执行指令，…，重复上述过程，直至本程序执行完毕为止。

3. 硬连线控制器的设计步骤

硬连线控制器的设计一般按如下步骤进行：

（1）确定指令系统，包括指令格式、功能和寻址方式，设计指令操作码。

（2）根据指令系统的要求，确定数据通路及时序系统的结构，确定机器周期、节拍和工作脉冲。

（3）分析每条指令的执行过程，列出微命令的操作时间表，画出流程图和控制时序图并写出其对应的微操作序列。

（4）列出每一个微命令的初始逻辑表达式，并经化简整理成微命令的最简逻辑表达式。

（5）画出每个微命令的组合逻辑电路图。

4. 微程序控制器与硬连线控制器的比较

微程序控制器和硬连线控制器除了在微操作控制信号的形成方法和原理有差别，其余的组成部分，如指令寄存器、指令译码器、程序计数器并没有本质上的差别。两者之间的主要差别如下：

（1）微程序控制器的控制功能是由存放微程序的控制存储器，以及存放当前正在执行的微指令的微指令寄存器实现的，控制电路比较简单。而硬连线控制器的控制功能是由组合逻辑电路实现的，由于每个微操作控制信号的逻辑表达式的繁简程度不同，因此组成的组合逻辑电路较复杂。

（2）在微程序控制器中，各条指令的微操作控制信号的差别仅反映在控制存储器的内容上，如果要扩展或改变指令的功能，则需在控制存储器中增加新的微指令或修改某些原来的微指令。在硬连线控制器中，因为所有控制信号的逻辑表达式是用硬连线固定下来的，当需要修改或增加指令时是很麻烦的，需要重新进行设计。

（3）微程序控制器具有高可靠性、成本低的优点，但在相同的半导体工艺条件下，微程序控制器的速度比硬连线控制器的速度慢，这是因为硬连线控制器的速度主要取决于组合逻辑电路的延迟，而微程序控制器执行每条微指令都要从控制存储器中读取一次，会影响速度。目前在高速计算机中，对影响速度的关键部分，往往采用硬连线控制器。

5.4 指令流水线技术

为了提高处理器（CPU）执行指令的效率，常常把一条指令的操作过程分成若干个子过程，每个子过程都在专门的电路上完成，这样指令的各子过程就能同时被执行，指令的平均执行时间也能大大缩短。这种技术称为指令流水线（Instruction Pipeline，IP）技术。

指令流水线技术是多条指令并行执行的一种实现技术，目前已经成为 CPU 中普遍使用的一项关键技术。

5.4.1 并行性的基本概念

1. 并行性的定义

所谓并行性，是指在数值计算、数据处理、信息处理或者人工智能求解过程中可同时进行运算或操作的特性。并行性的目的是进行并行处理，提高计算机系统求解问题的效率。例如，单体多字存储器可以在每次访问时同时读出多个字，从而加快 CPU 的访问速度；再如，超标量流水线通过在 CPU 中重复设置多条流水线，由多个相同的流水线来同时完成对多条指令的解释，这些都是靠器件简单的重复来实现的。并行性有更广义的定义，如单处理器中指令流水解释方式，操作系统中的多道程序分时并行，都是广义上的并行性。

2. 并行处理技术

计算机的并行处理技术贯穿于信息加工的各个步骤和阶段，概括起来主要有三种形式：时间并行、空间并行、时间并行+空间并行。

（1）时间并行。时间并行又称为时间重叠，是指在并行性概念中引入时间因素，让多个处理过程在时间上相互错开，轮流重叠地使用同一套硬件设备的各个部分，以加快硬件周转而提高速度。

例如，在指令流水解释过程中，通过把指令的解释过程划分成若干个相互联系的子过程，每一个子过程由专门的子部件来完成，利用时间重叠的方式解释不同的指令。采用时间重叠的方式基本上不需要增加硬件设备就可提高系统的速度和性价比。目前，高性能 CPU 无一例外地都使用了流水线技术。

（2）空间并行。空间并行又称为资源重复，是指在并行性概念中引入空间因素，通过重复设置硬件资源来提高可靠性或性能。随着硬件成本的降低，这种方式在单处理器中被广泛应用，如多模块交叉存取存储器、超标量流水线等，而单片多核处理器、多处理器系统和多计算机系统本身就是资源重复的结果。

（3）时间并行+空间并行。是指时间重叠和资源重叠的综合应用，既采用时间并行又采用空间并行。例如，Pentium 4 处理器采用了超标量流水线技术，流水线的级数可达到 20 级以上。在一个处理器时钟周期内可同时发送 3 条指令，因而既具有时间并行，又具有空间并行。并行处理技术是当前设计高性能计算机的重要技术，都同时采用了时间并行与空间并行。

5.4.2 指令流水线简介

1. 流水线的定义和特点

通常，计算机一般都是顺序逐条执行程序中的指令的，而每条指令中的各个操作也是依次执行的。假如，我们将一条指令的执行过程分成取指令、指令译码、执行和存储结果 4 个子过程，其中前 2 个子过程在指令部件完成，后面 2 个则由执行部件完成。顺序（或称串行）执行意味着一条指令要依次执行完这 4 个子过程，然后才可以取下一条指令。顺序执行的优点是控制简单，但计算机各部件的使用效率不高。例如，当指令部件正在工作时，执行部件却空闲；反之，当执行部件正在工作时，指令部件却空闲。如果能使两个部件始终都处于工作状态，则会提高整机的效率。例如，使两条指令的执行在时间上重叠起来，当执行部件正在执行第一条指令时，指令部件就去取第二条指令；当指令部件完成后，即将之交给执行部件去执行，同时指令部件转去取第三条指令。这样，计算机中就始终有两条指令在执行，其效率显然比顺序执行的要高。

以上是将指令部件和执行部件的工作在时间上重叠起来进行的，从而提高了 CPU 的工作效率。如果将指令执行的 4 个子过程都在时间上重叠起来进行，这样指令的执行就与工厂生产流水作业相类似，因而称为流水线。

计算机中采用流水线，具有如下特点：

（1）流水线可以将程序划分为若干个互有联系的子任务（功能段），每个子任务由一个专门的功能部件来执行，并依靠多个功能部件并行工作来缩短程序的执行时间。

（2）形成流水线处理需要一段准备时间（通过时间），只有在此时间后流水线才能稳定下来。

（3）流水线中各功能段的时间应尽量相等，否则将引起堵塞。

（4）指令流一旦发生不能顺序执行时，就会使流水线处理过程阻塞，影响工作效率。

（5）流水线技术适用于大量重复的程序过程，只有在输入端能够连续地提供服务，流水线的效率才能充分发挥。

2. 流水线的分类

根据不同的分类标准，可以把流水线分成多种不同的类型。

（1）按应用场合划分，流水线可分为部件级流水线（如定点数和浮点数运算流水线）、处理器级流水线（如指令操作流水线）、处理器间流水线（采用流水线操作方式的多机系统，也称为宏流水线）。

（2）按完成功能划分，流水线可分为单功能流水线和多功能流水线。单功能流水线是指任何时候只能完成一种固定功能，如定点数乘法运算流水线。多功能流水线是指在不同的时间内，或者在同一时间内，通过不同的连接方式完成不同的功能。

（3）按工作方式划分，流水线可分为静态流水线和动态流水线两种。静态流水线指在同一时间内只能以一种方式工作。动态流水线指在同一时间段内，其各个功能段都可以按照不同方式进行连接，同时执行多种功能，但是前提是流水线中各功能部件之间不能发生冲突。

（4）按流水线结构划分，流水线可分为线性流水线和非线性流水线两种。线性流水线规定流水线的每个功能段在处理流水任务时，最多只经过一次，没有反馈回路。在非线性流水线中，则允许流水线的功能段通过反馈回路来多次使用。

5.4.3　流水线基本工作原理

计算机中的流水线是把一个重复的过程分解为若干个子过程，每个子过程与其他子过程并行进行，这是一种非常经济、对提高计算机的运算速度十分有效的技术。采用流水线技术后，只需增加少量硬件就能把计算机的运算速度提高若干倍，因此流水线技术已成为计算机中普遍使用的一种并行处理技术。

在计算机的流水线中，流水线的每一个阶段完成一条指令的一部分功能，不同阶段并行完成流水线中不同指令的不同功能。假设计算机解释一条指令的过程可分解成取指（IF）、指令译码（ID）、计算有效地址或执行指令（EX）、访问存储器（MEM）、结果写回（WB）五个子过程。每个子过程都由独立的子部件来实现，每个子部件也称为一个功能段。如果没有特殊说明，我们都假设功能段经过的时间均为一个时钟周期。IF 是指按程序计数器（PC）中的内容访问存储器，取出一条指令后送入指令寄存器，并修改 PC 的值以提前形成下一条指令的地址；ID 是指对指令的操作码进行译码，并从寄存器堆中取操作数；EX 是指按寻址方式和地址字段形成操作数的有效地址，若为非访存指令，则执行指令功能；MEM 是指根据 EX 子过程形成的有效地址访内存取数或存数；WB 是指将运算的结果写回到寄存器组。

当多条指令在处理器中执行时，指令的执行方式可以采用顺序执行和 n 次（n 级）重叠执行两种方式。

（1）顺序执行方式。传统的冯 • 诺依曼体系结构的计算机采用顺序执行方式，也称为串行执行方式。具体的指令执行过程就是前一条指令完成之后才启动下一条指令。假如其取指令、指令译码、执行指令、访问存储器和结果写回阶段的时间都相等，即每个阶段的时间都为 t，则一条指令所用的时间为 $5t$。顺序执行方式的时空图如图 5-17 所示。

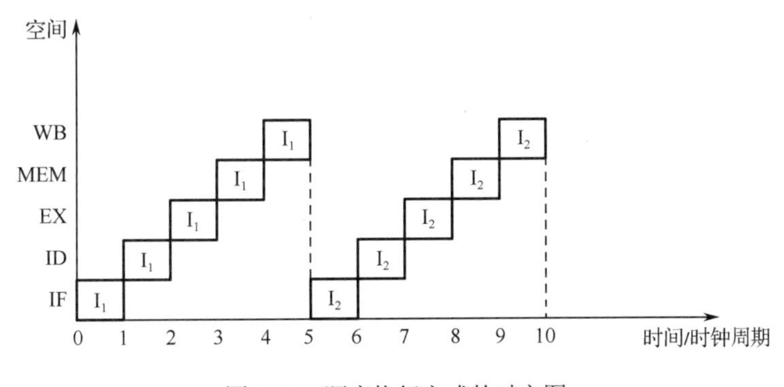

图 5-17　顺序执行方式的时空图

图中的横坐标表示指令解释经过的时间，纵坐标表示指令解释经过的各功能段。时空图描述的是某条指令在某个时钟周期内使用某一个功能段。由图 5-17 可以看出，由于各条指令之间顺序串行地执行，因此每隔 5 个时钟周期才解释完一条指令。顺序执行的优点是控制简单。由于下一条指令的地址是在指令解释过程的末尾确定的，因此无论由 PC 中的内容加“1”，还是由转移指令把转移地址送到 PC 而形成下一条指令的地址，由本条指令转入下一条指令的时间关系都是一样的。但由于是顺序执行的，上一步操作未完成，下一步操作就不能开始。因此，顺序执行方式的主要缺点是速度慢，机器各部件的利用率很低。例如，取指令时主存是忙碌的，而指令执行部件是空闲的。

（2）*n* 次（*n* 级）重叠执行方式。*n* 次（*n* 级）重叠执行方式也称为流水解释方式，这种方式将多条指令同时进行，这是一种较理想的指令执行方式，在正常情况下，处理器中同时有多条指令在执行。目前应用的流水线计算机可采用重叠执行方式。指令从流水线的一端进入，经过流水线的处理，从另一端流出。通常采用时空图的表示方法来直观描述流水线的工作过程，例如具有 5 级流水线的时空图如图 5-18 所示。

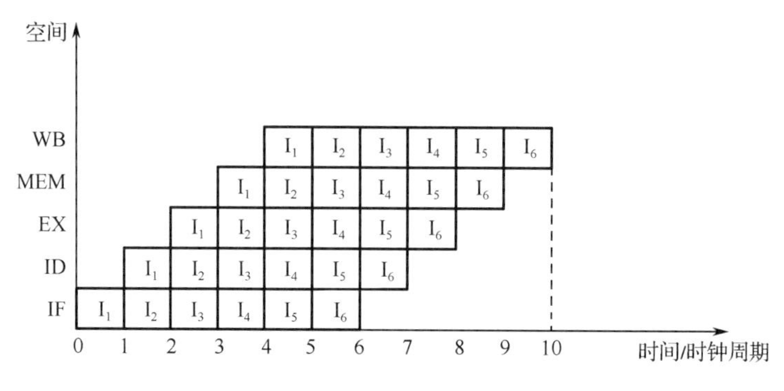

图 5-18　具有 5 级流水线的时空图

在图 5-18 中，横坐标表示时间，也就是输入到流水线中的各个任务在流水线中所经过的时间。当流水线中各个流水段的执行时间都相等时，横坐标被分割成长度相等的时间段。纵坐标表示空间，即流水线的每一个流水段（对应的各执行部件）。第 1 条指令 I_1 在时刻 0 进入流水线，在时刻 5 流出流水线。第 2 条指令 I_2 在时刻 1 进入流水线，在时刻 6 流出流水线。以此类推，在流水线装满以后，每经过一个时间段 Δt，便会有一条指令流出流水线。如果执行一条指令的 *m* 个阶段时间均相等，则执行 *n* 条指令所用的时间为：

$$T=m\Delta t+(n-1)\Delta t=[m+(n-1)]\Delta t$$

如果不采用流水线方式，而采用串行方式执行指令，当 $t=10\Delta t$ 时，只能执行 2 条指令。*n* 次重叠执行方式是一种理想的指令执行方式，其优点是极大地缩短了程序的执行时间，各功能部件的利用率也得到明显提高，但需要增加一些硬件，控制过程也变得更加复杂。

5.4.4　流水线中的相关问题

要使流水线具有良好的性能，必须保证流水线畅通流动，不发生阻塞，因此在控制上必须解决好邻近指令之间有可能出现的某种关联。由于一段机器语言程序的邻近指令之间出现了某种关联而出现的流水线阻塞现象，这种现象称为流水线中的相关问题。流水线中主要存在结构相关、数据相关、控制相关三种类型的相关问题。

1．结构相关

由于多条指令在同一时刻共用同一资源而形成的冲突称为结构相关，也称为资源相关。如果两条指令在同一个时钟周期要竞争使用同一个资源，而该资源在此时刻只能向一条指令提供服务，则另一条指令将由于得不到必要的资源而无法运行，这就出现了结构相关。如图 5-19 所示的流水解释时空图中，在第 4 个时钟周期时，第 1 条指令的 MEM 与第 4 条指令的 IF 都要访问存储器。当数据和指令存放在同一个存储器且只有一个访问端口时，就可能发生两条指令争用同一个存储器资源的相关冲突。

解决结构相关的方法主要有以下 5 种：

（1）从时间上推后下一条指令的访问操作。虽然这种方法会降低流水处理的性能，但在其他方法无效时仍然适用。

（2）将数据和指令分别存放于两个独立编址且可同时访问的存储器中，这有利于实现指令的保护，但会增加主存总线控制的复杂性及软件设计的难度。在哈佛体系结构（又称为非冯•诺依曼体系结构）的计算机中采用的就是这种方法。

（3）仍然将指令和数据存放在一起，但采用多模块交叉主存结构。只要发生结构相关的指令和数据位于不同的存储模块内，仍可在一个存取周期（或稍许多一些时间）内获得数据和指令，从而实现访存取指与访存取数的重叠。当然，若这数据和指令正好共位于同一个存储模块时就无法实现取指和取数的重叠。

（4）在 CPU 内增设指令 Cache。设置指令 Cache 后可以在主存空闲时，根据程序的局部性原理预先把下一条或下几条指令取出来存放在指令 Cache 中，最多可预取多少条指令取决于指令 Cache 的容量。这样，取数就能与取指重叠，因为前者是访主存取数，而后者是访问指令 Cache 取指。

（5）在 CPU 内增设指令 Cache 和数据 Cache。工作原理与第（4）种方法相同，这种方法已在现代高性能 CPU 中得到了广泛的应用。

2．数据相关

在一个程序中，如果必须等前一条指令执行完毕后，才能执行后一条指令，那么这两条指令就是数据相关的。由于相邻的两条或多条指令使用了相同的数据地址而发生的冲突称为数据相关，这里所说的数据地址包括存储单元地址和寄存器地址。

在流水线执行过程中，指令的处理是重叠进行的，前一条指令还没有执行完时，就开始了下一条指令的执行。数据相关可分为三类：写后读（Read After Write，RAW）相关、读后写（Write After Read，WAR）相关、写后写（Write After Write，WAW）相关。

对于一个 k 级流水线而言，可同时处理 k 条不同的指令。例如，下面 3 条指令依次流入具有 IF、ID、EZ、MEM、WB 五个功能段的流水线：

```
ADD R1,R2,R3        ;(R2)+(R3)→R1
SUB R1,R4,R5        ;(R4)-(R5)→R1
AND R4,R1,R7        ;(R1)∩(R7)→R4
```

这三条指令流水线指令解释的时空图如图 5-19 所示，ADD 指令在第 5 个时钟周期将结果写入寄存器 R1，SUB 指令在第 6 个时钟周期将结果写入同一个寄存器 R1，由于这两条指令将结果写入同一个寄存器 R1 的顺序与原来指令的顺序一致，因此不会产生错误。AND 指令在第 4 个时钟周期时要读取寄存器 R1 的值，按照指令解释的顺序，应该是 SUB 指令将结果写入寄存器 R1 后 AND 指令才能读取 R1 的值。但如果按照图 5-19 所示的流水线过程，必将导致程序执行结果错误，这是因为第三条指令与前面两条指令之间存在着关于寄存器 R1 的先写后读（RAW）相关。

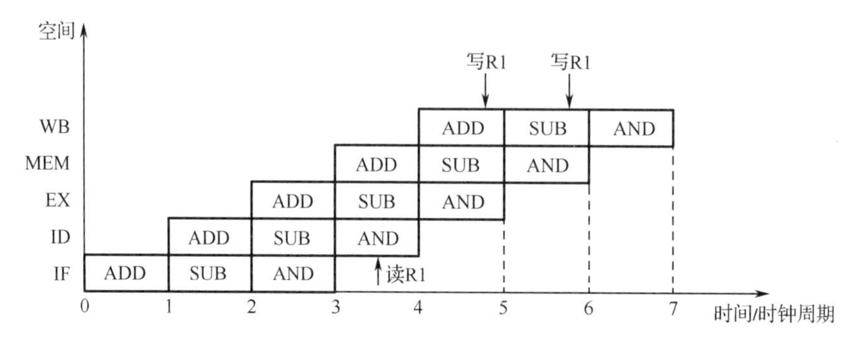

图 5-19　三条指令流水线指令解释的时空图

解决数据相关的方法主要有以下两种：

（1）推迟相关单元的读。这里，所指相关单元既包括寄存器也包括存储单元。若采用推迟相关单元的读来解决 RAW 数据相关，可将 AND 指令的 ID 推迟到 SUB 指令的 WB 之后，如图 5-20 所示。

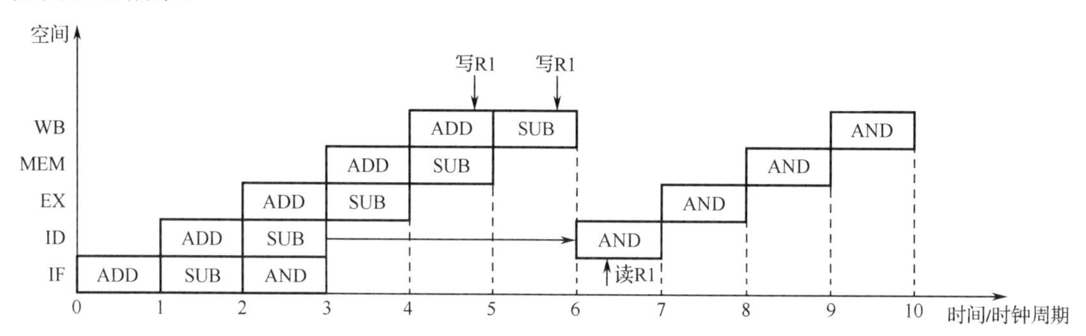

图 5-20　通过推迟相关单元的读来解决数据相关

（2）设置相关专用通路，又称为采用定向传输技术。在运算器的暂存器 B、C 输入之间增设一条如图 5-21 所示的相关专用通路。当发生 RAW 数据相关时，不必推迟相关单元的读，此时虽然读到暂存器 B 或 C 中的是一个错误的值，但当发生 RAW 数据相关的前一条指令在运算结果生成后，直接通过相关专用通路将运算结果定向传输到 B 或 C，就可以保证在用到 B 和 C 中的数据之前更新 B 或 C 中的数据。对于图 5-19 所示的三条指令，若采用设置相关专用通路的方法来解决 RAW 数据相关，AND 指令的 ID 不必推迟，当 SUB 指令在 EX 生成运算结果后，通过相关专用通路将结果写入 B 或 C。当下一个时钟周期到来时，AND 指令便可进入 EX，即利用 B 或 C 中的数据进行运算，如图 5-22 所示。

推迟相关单元的读和设置相关专用通路是解决流水执行方式中数据相关的两种基本方法。比较图 5-20 和图 5-22 可以看出，推迟相关单元的读是以降低速度为代价的，设置相关专用通路是以增加硬件为代价的，使流水执行的性能尽可能不降低。

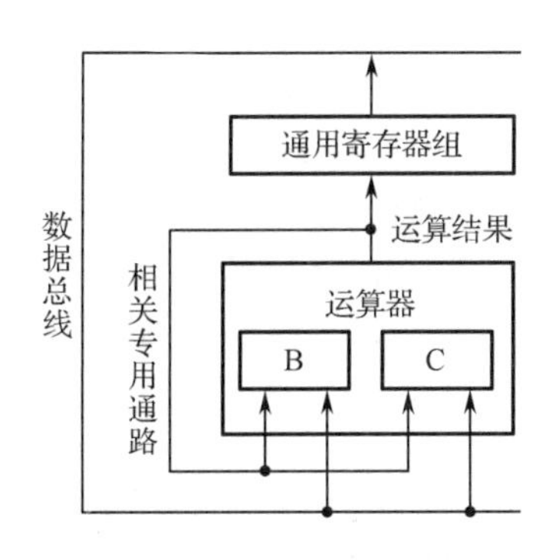

图 5-21　相关专用通路

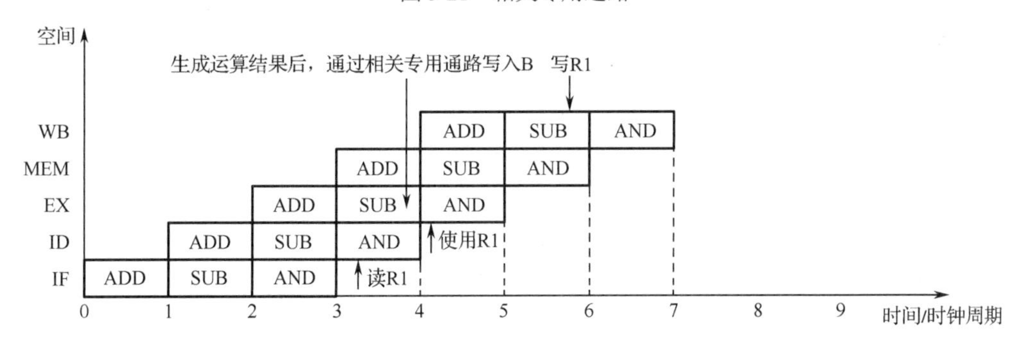

图 5-22　通过设置相关专用通路来解决数据相关

对流水线流动顺序的安排和控制可以有两种方式：顺序流动方式和异步流动方式。顺序流动方式是指流水线输出端的任务（指令）流出顺序和输入端的流入顺序是一样的。顺序流动方式的优点是控制比较简单，缺点是一旦发生数据相关，空间上会有功能段空闲出来，这样会降低部件的利用率（效率）；在时间上推迟流出，会降低流水线的吞吐率。

异步流动方式是指流水线输出端的任务（指令）流出顺序和输入端的流入顺序可以不一样。异步流动方式的优点是流水线的吞吐率和功能部件的利用率都不会下降，但采用异步流动方式也带来了新的问题，例如，采用异步流动方式的控制较为复杂，而且会发生在顺序流动中不会出现的其他相关问题。由于异步流动方式要改变指令的执行顺序，同时还会使相关情况复杂化，会出现除写后读（RAW）相关以外的读后写（WAR）相关和写后写（WAW）相关。

例 5.2　在异步流动方式的流水线中有三类数据相关：写后读（RAW）相关、读后写（WAR）相关、写后写（WAW）相关。判断以下三组指令中各存在哪种类型的数据相关。

第 1 组指令：

```
I1  ADD R1,R2,R3        ;(R2)+(R3)→R3
I2  SUB R4,R1,R5        ;(R1)-(R5)→R4
```

第 2 组指令：

```
I3  STA M(x),R3         ;(R3)→M(x),M(x)是存储单元地址
I4  ADD R3,R4,R5        ;(R4)+(R5)→R3
```

第 3 组指令：

```
I5  MUL R3,R1,R2        ;(R1)×(R2)→R3
I6  ADD R3,R4,R5        ;(R4)+(R5)→R3
```

解：在第 1 组指令中，I1 指令运算结果应先写入 R1，然后在 I2 指令中读出 R1 的内容。由于 I2 指令进入流水线，变成 I2 指令在 I1 指令写入 R1 前就读出 R1 的内容，会发生 RAW 相关。

在第 2 组指令中，I3 指令应先读出 R3 的内容并存入存储单元地址 M(x)，然后在 I4 指令中将运算结果写入 R3。但当流水线采用异步流动方式时，即 I4 指令在 I3 指令之前先流出流水线，若 I4 指令在 I3 指令读出 R3 的内容之前先写 R3，则会发生 WAR 相关。

在第 3 组指令中，如果 I6 指令的加法运算完成时间早于 I5 指令的乘法运算完成时间，则会变成 I6 指令在 I5 指令写入 R3 前就写入 R3，导致 R3 的内容错误，会发生 WAW 相关。

3. 控制相关

控制相关是指由转移指令引起的相关。当执行转移指令时，依据转移条件的不同，可能会顺序取下一条指令，也可能会转移到新的目标地址取下一条指令，从而使流水线发生相关问题。

解决控制相关的方法主要有以下两种：

（1）延迟转移技术，由编译程序重排指令序列来实现，它将转移指令与其前面的、与转移指令无关的一条或几条指令对换位置，在指令被执行之后执行转移指令，从而使预取的指令有效。

（2）转移预测技术，直接由硬件来实现。转移预测技术可分为静态转移预测和动态转移预测两种。

现代的高性能 CPU 大多采用了一种新的转移预测技术，该技术将传统的分支结构变为无分支的并行代码，当处理器在运行中遇到分支时，它并不是进行传统的分支预测（如选择可能性最大的一个分支执行），而是利用多个功能部件按分支的所有可能的后续路径开始并行执行多段代码，并暂存各段代码的执行结果，直到 CPU 能够确认分支转移条件是真或假后，再把应该选择的分支上的指令执行结果保留下来。采取这种技术后，可消除大部分转移指令对流水线的影响，从而提高 CPU 的运算速度。

5.4.5 流水线的性能分析

衡量流水线性能的主要指标有吞吐率、加速比和效率。另外，在流水线设计中，选择流水线的最佳功能段数也是一个重要问题。下面就以线性流水线为例，分析流水线的主要性能指标。线性流水线的分析方法和有关公式也可以用于非线性流水线。

（1）流水线的吞吐率。流水线的吞吐率是指从启动流水线开始到流水线操作结束，单位时间内流水线所完成的指令数，标准单位为 MIPS（Million Instructions Per Second，每秒百万条指令）。假设流水线由 m 个功能段组成，且各功能段经过的时间均为 Δt，共完成 n 条指令的执行，该指令流水线时空图如图 5-23 所示。

从图 5-23 可以看出，第一条指令 I_1 从流入流水线到流出所花的时间为 $m\Delta t$，之后每隔 Δt 完成一条指令的执行，完成 n 条指令的解释所需的时间为 $m\Delta t+(n-1)\Delta t$。该流水线的实际吞吐率为：

$$T_p= n/[\ m\Delta t+(n-1)\Delta t]$$

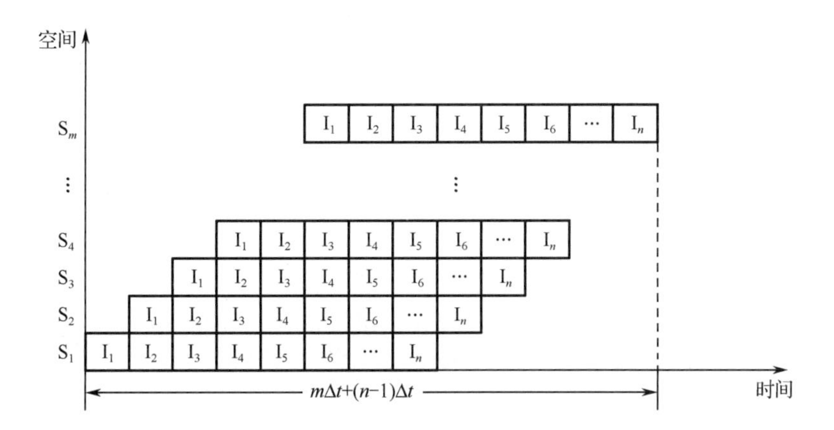

图 5-23　指令流水线的时空图

（2）流水线的加速比。完成同样一批任务，不使用流水线所用的时间与使用流水线所用的时间之比称为流水线的加速比。流水线加速比 S_P 的计算公式为：

$$S_P = n \cdot m\Delta t / [m\Delta t+(n-1)\Delta t] = n \cdot m\Delta t / \{[m+(n-1)]\Delta t\}$$

由上面的计算公式可以看出，当 $n>m$ 时，流水线的加速比 S_P 接近于流水线的功能段数 m。也就是说，当流水线不发生阻塞且流水线各段时间都一样时，其最大加速比等于流水线的功能段数 m。因此，在 $n>>m$ 的前提下，增大流水线的功能段数 m 可以提高流水线的加速比 S_P。

（3）效率。效率是指流水线的设备利用率，即在整个运行时间里，流水线的设备有百分之多少的时间是真正用于工作的。由于流水线存在建立时间和排空时间，在连续解释 n 条指令的时间里，各功能段并不是满负荷工作的，因此流水线的效率一定小于 1。假设流水线由 m 个功能段组成，且各功能段经过的时间均为 Δt，共完成 n 条指令的解释，则该流水线的效率为：

$$\eta = m \cdot n\Delta t / \{m[m\Delta t+(n-1)\Delta t]\} = S_P/m$$

上面的公式也可以看成顺序解释指令所花的时间与流水线的功能段数乘以流水执行所花的时间之比，或可以简单地认为流水线的效率是其加速比除以流水线的功能段数。

例 5.3　假设时钟周期 Δt 为 20 ns，流水线有 IF、ID、EX、MEM、WB 五个功能段，共有 15 条指令连续输入该流水线。

（1）计算流水线执行 15 条指令的时间。

（2）求流水线的实际吞吐率（单位时间取执行完毕的指令数）。

（3）求流水线的加速比。

（4）求流水线的效率。

解：（1）执行 15 条指令的时间为：

$$T=m\Delta t+(n-1)\Delta t=[m+(n-1)]\Delta t=19\times 20\text{ ns}=380\text{ ns}$$

（2）流水线的实际吞吐率为：

$$T_P= 15/[5+(15-1)\times 20\times 10^{-9}\times 10^{6}] \approx 39.47$$

（3）流水线的加速比为：

$$S_P =(15\times 5\times 20)/(19\times 20)\approx 3.95$$

（4）流水线的效率为：

$$\eta = (15\times 5\times 20)/(19\times 5\times 20)= 78.9\%$$

5.5 处理器中的新技术

为了提高 CPU 的综合性能，不断有新技术、新工艺被引入 CPU 的设计和生产过程中。正是由于这些新技术、新工艺在 CPU 中的应用，才促进了 CPU 结构从简单到复杂、性能从低到高的不断发展。这些被用来提高 CPU 性能的技术主要集中在三个方面：一是 CPU 的设计技术，二是 CPU 的制造工艺技术，三是 CPU 的散热技术。本节主要介绍一些对 CPU 性能有着深刻影响的设计技术，诸如超标量流水线技术、并行处理技术、双核与多核技术。

5.5.1 超标量流水线技术

在标准状态下，一个 CPU 一般只有一条针对同一种功能的流水线，这就是标量流水线。因此在标量流水线中，每次只能向流水线输入一条同类指令，并且每次也只从流水线中输出一个同类指令的流水线处理结果。超标量（Super Scalar）流水线则是指在一个 CPU 中针对同一种功能，设置了多条并存的流水线，也称为增设冗余流水线。因此，在超标量流水线中，每个时钟周期可向流水线发送 n（$n≥2$，称为流水线的度）条同类指令，也能从流水线中输出 n 个同类指令的流水线处理结果。这种超标量技术实质是增加了同一种功能的流水线的物理数量，以实现同类指令的多条并行处理，从而提高执行速度，其本质是以空间（流水线数量）换时间（执行速度）。

超标量流水线技术是时间重叠和资源重复的综合应用，既采用时间并行又采用空间并行，带来了高速的效益。

5.5.2 并行处理技术

为了追求更高的计算性能，人们提出了各种不同的并行处理系统。通过采用多个功能部件或多核技术，使得一个系统中可同时解释多条指令或同时处理多个数据、多个线程，从而大幅提升运算速度和能力。

并行处理系统面临着多种技术问题的挑战，按指令和数据的处理方式以及空间访问方式可将计算机体系结构分成以下 4 种。

（1）单指令流单数据流（SISD）体系结构。SISD（Single Instruction stream and Single Data stream）是传统的串行计算机处理方式。这种体系结构计算机通常只包含一个 CPU 和一个存储器，CPU 在一段时间内仅执行一条指令流，按指令流规定的顺序串行完成指令流中若干条指令的执行，并且每条指令最多仅对两个数据或一个数据进行处理。为了提高程序执行速度，有些 SISD 体系结构计算机采用各种指令流水线或运算操作流水线方式执行指令，因此，SISD 体系结构计算机的 CPU 中有时会设置多个功能部件，而且采用多模块交叉方式组织存储器。

（2）单指令流多数据流（SIMD）体系结构。SIMD（Single Instruction stream and Multiple Data stream）体系结构是指一个指令流同时可对多个数据流进行处理，这种体系结构计算机通常由一个指令控制部件、多个 CPU 和多个存储器组成，各 CPU 和各存储器之间通过系统内部的互连网络进行通信。在程序执行过程中，指令控制部件执行的还是一个串行的指令流，所有处于执行状态的 CPU 可同时执行相同的指令，所需的数据从连接在各个 CPU 上专用的局部存储器中取得，因此，不同 CPU 执行的同一条指令所处理的数据是不同的。

（3）多指令流单数据流（MISD）体系结构。MISD（Multiple Instruction stream and Single Data stream）体系结构是指在同一时刻有多个指令在执行，并且处理的是同一个数据。实际上这种体系结构很少出现，仅作为一种理论模型提出，在现实中这种体系结构计算机并不存在。

（4）多指令流多数据流（MIMD）体系结构。MIMD（Multiple Instruction stream and Multiple Data stream）体系结构是指同时有多个指令分别处理多个不同的数据。这种体系结构计算机中包含多个 CPU，MIMD 体系结构是目前大多数并行处理计算系统的处理方式。

5.5.3 双核与多核技术

在多核处理器发展之前，CPU 厂商一直在致力于单核处理器的发展，但应用对 CPU 性能需求的增长速度远远超过了 CPU 的发展速度。单核处理器越来越难以满足要求，其局限性也日渐突出。单核处理器的局限性主要表现在以下三个方面：

（1）仅靠提高频率的办法，难以实现性能的突破。当 CPU 的工作频率提高到 4 GHz 时，几乎接近目前集成电路制造工艺的极限。

（2）单核处理器内部器件的增加，会导致两方面的后果：一是不断增加的芯片面积，提高了生产成本；二是设计和验证所花费的时间变得更长，CPU 的性价比已经令人难以接受，速度稍快的 CPU 的价格要高很多。

（3）功耗与散热问题日渐突出。目前通用 CPU 的峰值功耗已经高达上百瓦。例如，Intel 的安腾-2 的功耗已经超过 100 W。功耗增加的主要原因是 CPU 工作频率的不断上升。随着功耗的上升，冷却单核处理器的代价也越来越高，它要求采用更大的散热器和更有力的风扇，以降低工作温度；否则，过高的温度将使单核处理器的性能和稳定性下降。

Intel 多核技术既可以继续提高处理器性能，又可以暂时避开功耗和散热难题。

1．双核处理器

双核处理器是指在一个 CPU 上集成两个运算核心（处理器核），从而提高计算能力。双核的概念最早是由 IBM、HP、Sun 公司等支持 RISC 架构的高端服务器厂商提出的，目前双核处理器已在计算机中得到了普遍应用。

双核处理器并不能达到“1+1=2”的效果，也就是说，双核处理器的性能并不会比同频率的单核处理器提高 1 倍。IBM 公司曾经对比过 AMD 的双核处理器和单核处理器的性能，其结果是双核处理器的性能大约提高了 60%，这个 60%的提升并不是在处理同一个程序时的提升，而是在多线程任务下得到的提升。换句话说，双核处理器的优势在于多线程任务。如果只是处理单个任务，运行单个程序，双核处理器与同频率的单核处理器的性能是一样的。

2．多核处理器

目前，高性能 CPU 的研究前沿逐渐从开发指令级并行技术转向开发多线程并行技术，多核处理器就是实现多线程并行技术的一种新型体系结构。

多核处理器在一个芯片上集成多个处理器核，每个处理器核实质上都是一个相对简单的单线程 CPU 或者比较简单的多线程 CPU，这样多个处理器核就可以并行地执行程序代码，因而具有较高的线程级并行性。

按照多核处理器中的处理器核是否相同，可以分为同构型和异构型两种类型。同构型多核处理器大多数由通用的处理器核组成，由多个处理器核执行相同或者类似的任务。异构型多核处理器除了包含用于控制、计算的通用处理器核，还集成了 DSP、ASIC、媒体处理器等，可针对特定的应用来提高计算性能。

在 Pentium 系列处理器中，Pentium 属于单核单线程处理器，Pentium 4 属于单核多线程处理器，Pentium D 属于多核单线程处理器，Pentium EE 属于多核多线程处理器，这几种处理器的内部结构示意图如图 5-24 所示，图中 EU 表示执行单元，CU 表示控制单元。多核处理器广泛受到青睐的一个主要原因是，当工作频率受限时，并行技术可以通过更多的内核并行运行的方式来大大提高 CPU 的运算速度。由于工作频率没有提高，功耗相对于同性能的高频单核处理器要低得多。不难看出，多核处理器是 CPU 发展的必然趋势。无论移动与嵌入式应用、桌面应用，还是服务器应用，都将采用多核处理器。未来的多核处理器将包含很多通用处理器核，每个处理器核运行 2～4 个线程，同时 CPU 芯片中还包含成千个异构可编程加速器，可用于媒体加速等特殊应用。

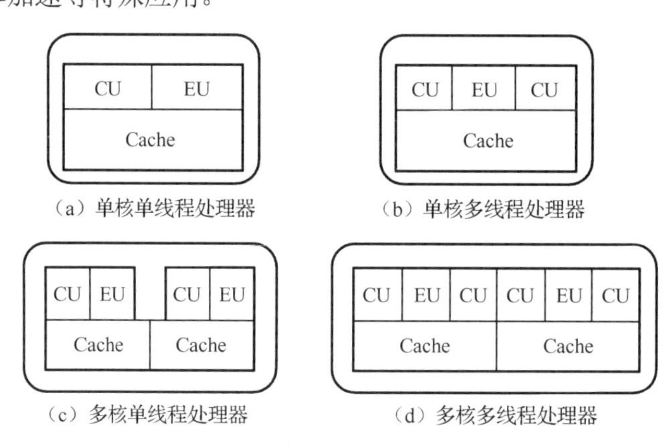

图 5-24　Pentium 系列处理器的内部结构示意图

思考题和习题 5

一、名词概念

CPU、通用寄存器、指令寄存器（IR）、程序计数器（PC）、程序状态字寄存器（PSWR）、时序系统、微程序控制器、硬连线控制器、微命令、微指令、微程序、多核处理器、同构型多核处理器、异构型多核处理器

二、单项选择题

（1）在计算机系统中，表征系统运行状态的部件是________。

（A）程序计数器　　（B）累加计数器　　（C）中断计数器　　（D）程序状态字

（2）计算机操作的最小时间单位是________。

（A）时钟周期　（B）指令周期　（C）CPU 周期　（D）微指令周期

（3）程序状态字寄存器用来存放________。

（A）算术运算结果

（B）逻辑运算结果

（C）运算类型

（D）算术、逻辑运算及测试指令的结果状态

（4）在冯·诺依曼体系结构计算机中，指令和数据均以二进制形式存放在存储器中，CPU 区分它们的依据是________。

（A）指令操作码的译码结果　（B）指令和数据的寻址方式

（C）指令周期的不同阶段　（D）指令和数据所在的存储单元

（5）在下列寄存器中，汇编语言程序员可见的是________。

（A）存储器地址寄存器（MAR）　（B）程序计数器（PC）

（C）存储器数据寄存器（MDR）　（D）指令寄存器（IR）

（6）CPU 中通用寄存器的长度取决于________。

（A）存储器容量　（B）计算机字长　（C）指令长度　（D）CPU 功能

（7）在运算器中，必须有一个部件能提供在主存中的地址服务于就读指令，并接收下一条将被执行的指令地址，这个部件是________。

（A）指令寄存器　（B）控制器

（C）运算器和控制器　（D）运算器、控制器和主存

（8）指令译码器对________进行译码。

（A）整条指令　（B）指令中的操作码字段

（C）指令的地址　（C）指令中的操作数字段

（9）CPU 组成中不包括________。

（A）指令寄存器　（B）指令译码器　（C）程序计数器　（D）地址译码器

（10）在取指令之后，程序计数器中存放的是________。

（A）当前指令的地址　（B）不转移时下一条指令的地址

（C）程序中指令的数量　（D）指令的长度

（11）由于 CPU 内部的运算速度较快，而 CPU 访问一次主存所花的时间较长，因此机器周期通常用________来规定。

（A）在主存中读取一个指令字的最短时间

（B）在主存中读取一个数据字的最长时间

（C）在主存中写入一个数据字的平均时间

（D）在主存中读取一个数据字的平均时间

（12）下列部件中不属于执行部件的是________。

（A）控制器　（B）存储器　（C）运算器　（D）外设

（13）下列选项中，能缩短程序执行时间的措施是________。

① 提高 CPU 时钟频率

② 优化数据通路结构

③ 对程序进行编译优化

（A）①和②　（B）①和③　（C）②和③　（D）①、②和③

（14）CPU 的读/写控制信号的作用是________。

（A）决定数据总线上的数据流方向　　（B）控制存储器操作的读/写类型

（C）控制流入/流出存储器数据流方向　　（D）以上都是

（15）在计算机中，存放微指令的控制存储器属于________。

（A）外存　　（B）CPU　　（C）内存　　（D）高速缓存

（16）下列不属于微指令结构设计所追求的目标是________。

（A）提高微程序的执行速度　　（B）提高微程序设计的灵活性

（C）缩短微指令的长度　　（D）增大控制存储器的容量

（17）在微程序控制器中，把微操作控制信号变成________。

（A）微指令　　（B）微地址　　（C）操作码　　（D）程序

（18）微地址是指微指令________。

（A）在主存中的存放位置　　（B）在堆栈中的存放位置

（C）在磁盘中的存放位置　　（D）在控制存储器中的存放位置

（19）在微程序控制器中，指令与微指令的关系是________。

（A）每一条指令由一条微指令来执行

（B）每一条指令由一段微指令编写的微程序来解释

（C）每一条指令组成的程序可由一条微指令来解释

（D）一条微指令由若干条指令组成

（20）指令代码中地址字段的作用是________，微指令代码中地址字段的作用是________。

（A）确定执行顺序　　（B）存取地址　　（C）存取数据　　（D）存储指令

（21）在微程序控制器中，微程序的入口地址是由________形成的。

（A）指令的地址码字段　　（B）微指令的微地址码字段

（C）指令的操作码字段　　（D）微指令的微操作码字段

（22）微程序存储在________中。

（A）控制存储器　　（B）RAM　　（C）指令寄存器　　（D）内存

（23）关于微指令的编码方式中，下面叙述中正确的是________。

（A）水平编码法和垂直编码法不影响指令的长度

（B）一般情况下，直接表示法的微指令位数多

（C）一般情况下，最短编码法的位数多

（D）以上说法都不对

（24）硬连线控制器是一种________控制器。

（A）组合逻辑　　（B）时序逻辑　　（C）存储逻辑　　（D）同步逻辑

（25）在硬连线控制器中，微操作控制信号的形成主要与________信号有关。

（A）指令操作码和地址码　　（B）指令译码信号和时钟

（C）操作码和条件码　　（D）状态信号和条件

（26）相对于微程序控制器，硬连线控制器的特点是________。

（A）指令执行速度慢，指令功能的修改和扩展容易

（B）指令执行速度慢，指令功能的修改和扩展难

（C）指令执行速度快，指令功能的修改和扩展容易

（D）指令执行速度快，指令功能的修改和扩展难

（27）下列叙述中正确的是________。

（A）同一个 CPU 周期中，可以并行执行的操作称为相容性微操作

（B）同一个 CPU 周期中，不可以并行执行的操作称为相容性微操作

（C）同一个 CPU 周期中，可以并行执行的操作称为分段相斥性微操作

（D）同一个 CPU 周期中，可以串行执行的操作称为相容性微操作

（28）用 PLA 可编程器件设计的操作控制器称为 PLA 控制器。从技术实现的途径来说，PLA 控制器是一种________。

（A）用存储逻辑技术设计的控制器　　（B）用组合逻辑技术设计的控制器

（C）用微程序技术设计的控制器　　（D）都不是

（29）以下说法错误的是________。

（A）控制器的控制方式反映了时序信号的定时方式

（B）同步控制方式的特点是系统有统一的时钟，所有的控制信号均来自该时钟

（C）异步控制方式中有集中的时序信号产生及控制部件

（D）联合控制方式是同步控制方式和异步控制方式的结合

（30）同步传输之所以比异步传输具有较高的传输效率，是因为同步传输________。

（A）不需要应答信号　　（B）总线长度较短

（C）由一个公共时钟信号进行同步　　（D）各部件存取时间较为接近

（31）异步控制常用于________作为其主要控制方式。

（A）微程序控制器中

（B）计算机的 CPU 控制器中

（C）硬连线控制器的 CPU 中

（D）在单总线结构计算机中访问主存与外设时

（32）某计算机的指令流水线由 4 个功能段组成，指令经各功能段的时间分别为 90 ns、80 ns、70 ns 和 60 ns，则该计算机的 CPU 时钟周期至少是________。

（A）90 ns　　（B）80 ns　　（C）70 ns　　（D）60 ns

（33）在下列选项中，不会引起指令流水线阻塞的是________。

（A）条件相关　　（B）数据相关　　（C）数据旁路　　（D）结构相关

（34）某计算机采用微程序控制器，微指令中的操作控制字段采用直接表示法，共有 33 个微命令，构成 5 个相斥类，这 5 个相斥类分别包含 7、3、12、5 和 6 个微命令，则操作控制字段至少有________。

（A）5 位　　（B）6 位　　（C）15 位　　（D）33 位

（35）某计算机采用微程序控制器，共有 32 条指令，公共的取指令微程序包含 2 条微指令，各指令对应的微程序平均由 4 条微指令组成，采用断定方式（下址字段法）确定下一条微指令地址，则微指令中下址字段的位数至少是________。

（A）5　　（B）6　　（C）8　　（D）9

三、综合应用题

（1）CPU 主要由哪几部分组成？各部分的作用是什么？

（2）计算机为什么要设置时序控制部件？机器周期、节拍、工作脉冲三级时序关系如何表示？

（3）假设某 CPU 的结构如题（3）图所示，各部分之间的连线表示数据通路，箭头表示数据传输方向。求：

① 标明图中 X、Y、Z、W 四个寄存器的名称。

② 简述取指的数据通路。

③ 简述取数和存数阶段的数据通路。

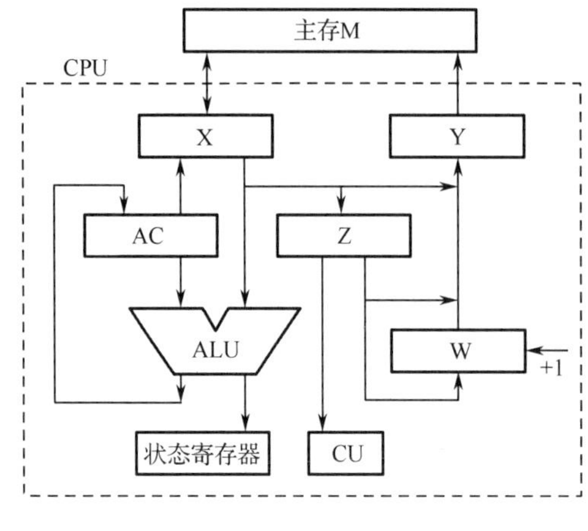

题（3）图

（4）假设 CPU 主频为 8 MHz，每个机器周期平均包含 2 个时钟周期，每条指令平均用 2.5 个机器周期，试问：

① 该 CPU 的平均指令执行速度为多少 MIPS？

② 若主频不变，但每个机器周期平均含 4 个时钟周期，每条指令平均用 5 个机器周期，则该 CPU 的平均指令执行速度又是多少 MIPS？

③ 由此可得出什么结论？

（5）某 CPU 的主频为 8 MHz，若已知每个机器周期平均包含 4 个时钟周期，该 CPU 的平均指令执行速度为 0.8 MIPS，试求：

① 该 CPU 的平均指令周期及每个指令周期含几个机器周期？

② 若改用时钟周期为 0.4 μs 的 CPU，则平均指令执行速度为多少 MIPS？

③ 若要得到平均每秒 40 万次的指令执行速度，则应采用主频为多少的 CPU？

（6）已知单总线计算机结构如题（6）图，其中 M 为主存，XR 为变址寄存器，EAR 为有效地址寄存器，LATCH 为暂存器。

假设指令地址存放在 PC 中，画出“ADD X，D”指令周期流程图，并列出相应的控制信号序列。说明：

①“ADD X，D”指令中 X 为变址寄存器 XR，D 为形式地址。

② 寄存器的输入和输出均由控制信号控制，如 PCi 表示 PC 的输入控制信号，MDRo 表示 MDR 的输出控制信号。

③ 凡是需要经过总线实现寄存器之间的传输，需在流程图中注明，如 PC、Bus、MAR，相应的控制信号为 PCo 和 MARi。

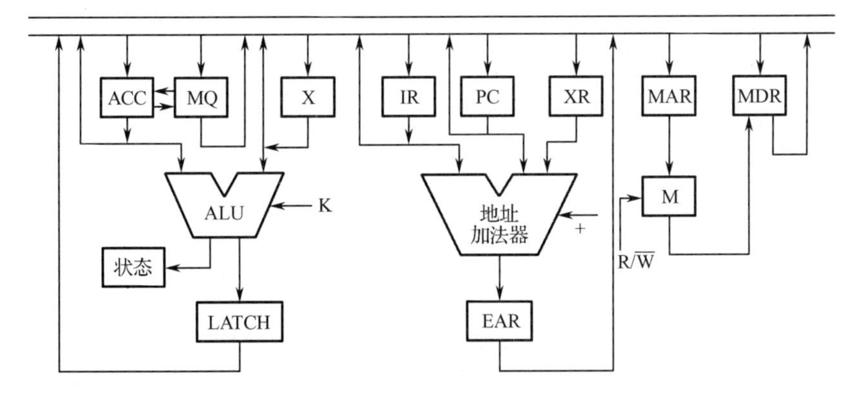

题（6）图

（7）在题（7）图所示的 CPU 逻辑框图中，有两条独立的总线和两个独立的存储器。已知指令存储器 IM 的最大容量为 16384 字，字长为 18 位。数据存储器 DM 的最大容量是 65536 字，字长为 16 位。各寄存器均有输入（Rin）和输出（Rout）控制命令，但图中未标出。

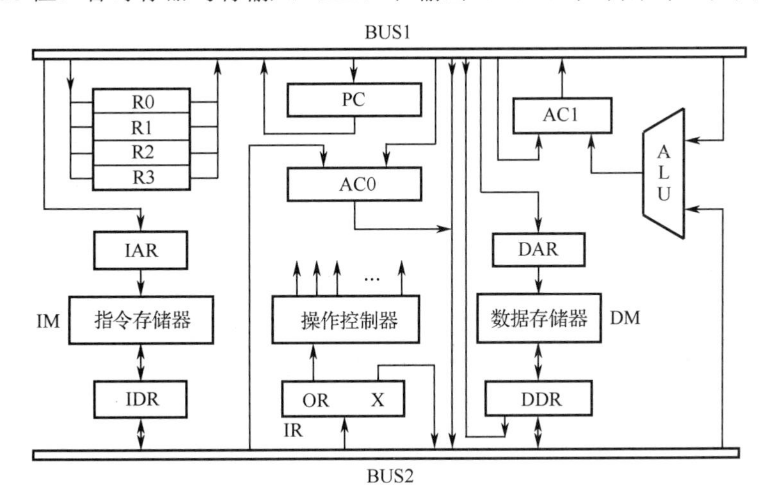

题（7）图

① 指出下列寄存器的位数：程序计数器（PC）、指令寄存器（IR）、累加器 AC0 和 AC1、通用寄存器 R0～R3、指令存储器地址寄存器（IMAR）、指令存储器数据寄存器（IMDR）、数据存储器地址寄存器（DMAR）、数据存储器数据寄存器（DMDR）。

② 设指令格式为：

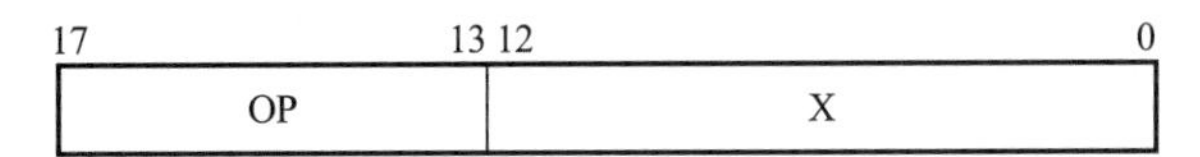

加法指令可写为“ADD X(R*i*)”，其功能是(AC0)+((R*i*)+X)→AC1，其中((R*i*)+X)部分通过寻址方式指向数据存储器 DM。现取 R*i* 为 R1。画出加法指令的指令周期流程图，写明数据通路和相应的微操作控制信号。

（8）某计算机字长为 16 位，采用 16 位定长指令字结构，部分数据通路结构如题（8）图所示，图中所有控制信号为 1 时表示有效、为 0 时表示无效，例如控制信号 MDRinE 为 1 表示允许数据从 DB 输入 MDR，MDRin 为 1 表示允许数据从内总线输入 MDR。假设 MAR 的输出一直处于使能状态。加法指令“ADD (R1), R0”的功能为(R0)+((R1))→(R1)，即将 R0 中的数据与 R1 的内容所指主存单元的数据相加，并将结果送入 R1 的内容所指主存存储单元中保存。题（8）表给出了上述指令取指、译码阶段每个节拍（时钟周期）的功能和有效控制信号，请按题（8）表中描述方式用表格列出指令执行阶段每个节拍的功能和有效控制信号。

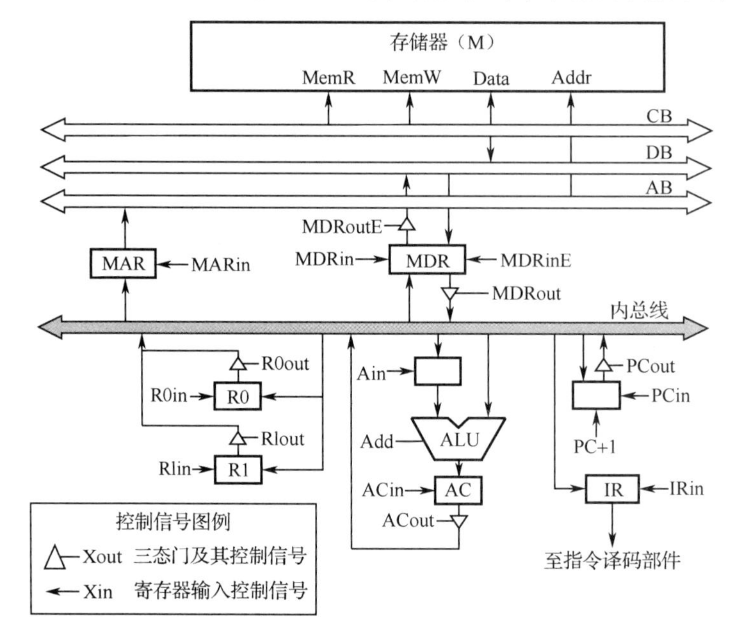

题（8）图

题（8）表

时钟周期	功　能	有效控制信号
C1	MAR←(PC)	PCout, MARin
C2	MDR←M(MAR), PC←(PC)+1	MemR, MDRinE, PC+1
C3	IR←(MDR)	MDRout, IRin
C4	指令译码	无

（9）简要说明控制器的两种组成方式。它们各自具有什么特点？

（10）水平型微指令和垂直型微指令各有什么特征？

（11）画出微程序控制单元原理框图，说明微程序控制下一条指令的执行过程。

（12）某计算机的微指令共有 10 个控制字段，每个字段可分别激活 4、4、3、11、9、16、7、1、8、22 种控制信号。采用直接表示法（直接控制方式）时，微指令的操作控制字段各取多少位？

（13）已知某计算机采用微程序控制器，其控制存储器的容量为 512×48 位。微指令字长为 48 位，微指令可在整个存储器中实现转移，可控制微程序转移的条件共 4 个（直接控制方式），微指令采用水平型微指令，如下所示。求：微指令中的三个字段分别为多少位？

操作控制字段	判别测试字段	下址字段

I　　操作字段　　I　　顺序控制　　I

（14）某计算机采用微程序控制器，微指令字长为24位，采用水平型微指令，以及断定方式，共有30个微命令，构成4个相斥类，这4个相斥类分别包括5个、8个、14个和3个微命令，外部条件有3个。要求：

① 设计出微指令的具体格式。

② 控制存储器的容量应为多少？

（15）微程序控制器得到下一条微指令地址可能有哪些方式？各用于什么情况下？

（16）说明硬连线控制器中指令的执行过程。

（17）判断下面3组指令各可能存在哪种类型的相关。

第1组指令：

```
I1:    SUB   R1, R2, R3          ;(R2)-(R3)→R1
I2:    ADD   R4, R5, R1          ;(R5)+(R1)→R4
```

第2组指令：

```
I3:    STA   M, R2               ;(R2)→M,M为主存单元
I4:    ADD   R2, R4, R5          ;(R4)+(R5)→R2
```

第3组指令：

```
I5:    MUL   R3,R2,R1            ;(R2)×(R1)→R3
I6:    SUB   R3, R4, R5          ;(R4)-(R5)→R3
```

第6章 总线

总线作为现代计算机的一个通用部件，在计算机系统中占有非常重要的位置。了解和学习总线的概念、信息传输和总线仲裁的方式对读者理解计算机资源共享的理念有很大的帮助。

6.1 总线简介

在计算机系统中，功能部件之间必须互连。部件之间的互连方式有两种：一种方式是各部件之间通过单独的连线互连，这种互连方式称为分散连接；另一种方式是将多个部件连接到一组公共信息传输线上，这种互连方式称为总线连接。总线是计算机的各功能部件之间互连的部件，用来传输控制信号、地址信号、数据。作为计算机的重要组成部分和工业控制中必不可少的部件，总线已经发展成为一个基本独立的功能部件。

6.1.1 概述

计算机中各部件之间传输信息的通路称为总线，它是一组多个部件分时、共享的公共信息传输线路。分时是指任意时刻总线上只能传输一个部件发送的信息，如果系统中有多个部件，则不能同时使用总线。共享是指总线上可以挂接多个部件，各个部件之间都可以通过总线相互传输信息。

1. 总线的特点

总线具有如下两个明显的特点：

（1）共享性。总线是供相关部件进行通信的部件，计算机部件之间的信息传输都是通过总线进行的。

（2）独占性。一旦一个部件使用总线与另一个部件进行通信，其他部件就不能再使用总线，也就是说一个部件对总线的使用是独占的。

2. 总线的特性

总线作为独立的功能部件具有机械、功能、电气和时间方面的特性。

（1）机械特性。机械特性是指总线的物理连接方式，包括总线的条数、总线插头和插座的形状、引脚线的排列方式等。

（2）功能特性。功能特性用于描述总线中每一条线的功能。例如，地址总线的宽度表明了 CPU 能够直接访问存储器的地址空间范围；数据总线的宽度确定了 CPU 与存储器或外设交换数据的位数；控制总线用于传输 CPU 发出的各种控制命令（如存储器读/写、I/O 设备读/写）、请求信号与仲裁信号、外设与 CPU 的时序同步信号、中断信号和 DMA 控制信号等。

（3）电气特性。电气特性定义了总线中每一条线上信号的传输方向及有效电平范围。一般规定送入 CPU 的信号称为输入信号，从 CPU 发出的信号称为输出信号。例如，地址总线是单向输出的信号线，数据总线是双向传输的信号线，这两类信号线都是高电平有效。控制总线中的各条线一般是单向的，或由 CPU 发出或送入 CPU，根据控制协议的不同，可以采取高电平有效或者低电平有效，总线的电平一般要符合 TTL 电平的定义。

（4）时间特性。时间特性定义了总线中每条线所传输的信号在什么时间有效，只有规定了总线上信号的时序关系，CPU 才能准确无误地使用这些信号。

总之，无论多复杂的总线，都需了解以上四个方面的特性才能正确使用总线。

3．总线的分类

总线的应用很广泛，从不同角度出发可以有不同的分类方法。根据信息传输方式的不同，总线可分为并行传输总线和串行传输总线两类。根据接连接部件的不同，总线可分为片内总线、系统总线和通信总线三类。片内总线是指芯片内部的总线，如在 CPU 芯片内部，寄存器与寄存器之间、寄存器与运算逻辑单元（ALU）之间都用片内总线连接；系统总线是指 CPU、主存、I/O 设备之间的信息传输线路；通信总线是指计算机系统之间或计算机系统与其他系统之间的连线。根据传输信号的不同，总线又可分为地址总线、控制总线、数据总线三类，下面将详细介绍这三类总线。

（1）地址总线（Address Bus，AB）。地址总线上传输的是从 CPU 等主设备发往从设备的地址信号，当 CPU 对存储器进行读/写时，通过地址线送出所要访问的存储单元地址，并在整个读/写周期保持地址信号有效。

（2）控制总线（Control Bus，CB）。控制总线上传输的是一个部件对另一部件的控制信号或状态信息，如 CPU 对存储器的读/写控制信号，外部设备（外设）向 CPU 发出的中断请求信号等。

（3）数据总线（Data Bus，DB）。数据总线上传输的是各部件之间交换的数据，数据总线通常是双向的，即数据可以由从设备发往主设备（称为读或输入），也可以由主设备发往从设备（称为写或输出）。

下面以 CPU 读存储器为例简要说明这三类总线的工作过程。首先 CPU 通过地址总线发出想要访问的存储单元地址，即通过地址总线找到访问对象；然后通过控制总线发出读信号，即通过控制总线决定数据传输方向；最后通过数据总线把数据从存储器读到 CPU，即通过数据总线完成数据的传输。

4．总线的标准化

即使计算机系统具有相同的指令系统和功能，但不同厂商生产的各功能部件在实现方法上也可能不同，但这却不妨碍各厂家生产的相同功能的部件之间的互换，其根本原因就在于它们都遵守了相同的总线标准，即各厂家生产同一功能的部件时，部件内部结构可以完全不同，但其外部的总线接口标准却相同。

例如，计算机系统中采用的标准总线，从ISA总线（16位，带宽为8 MB/s）发展到EISA总线（32位，带宽为33.3 MB/s），又发展到VESA总线（32位，带宽为132 MB/s），以及速度更快、功能更强的PCI总线（64位，带宽为800 MB/s）等。

6.1.2 系统总线的结构

系统总线是指计算机系统中CPU和其他高速部件之间互连的总线。由于总线是建立在资源共享的基础上的，因此总线的连接要包含物理互连和逻辑互连两个方面。物理互连是总线连接的基础，但是只有物理互连并不能实现功能部件之间的数据传输，必须要有逻辑互连才能够实现数据传输。在正常情况下，具备物理互连的功能部件之间，在进行了逻辑互连之后才能够实现数据传输。

根据连接方式的不同，单处理器的计算机中的系统总线通常采用单总线或多总线两种方式。

1. 单总线

单处理器的计算机通常使用单一的系统总线来连接CPU、主存和I/O设备，称为单总线结构，允许I/O设备之间、I/O设备与CPU之间、I/O设备与主存之间直接交换信息。单总线的连接方式如图6-1所示。

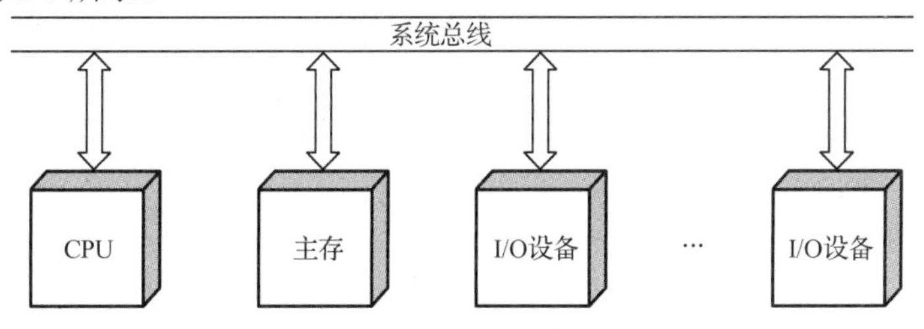

图6-1 单总线的连接方式

单总线的连接方式简单，便于扩充，但所有的信息都是通过这条共享的总线进行传输的，因此极易形成计算机系统的瓶颈。单总线不允许两个以上的部件在同一时刻在总线上发送信息，这就必然会影响系统的工作效率。单总线多数被小型计算机或微机所采用。

早期的单总线仅仅局限于处理器芯片引脚的扩展，包括CPU的数据线、地址线、控制线与外设接口的通路。除了要具有通信功能，总线还应具有一定的驱动能力，在其输出端还要具有高阻态输出、支持的三态门电路等功能。单总线的内部结构如图6-2所示。

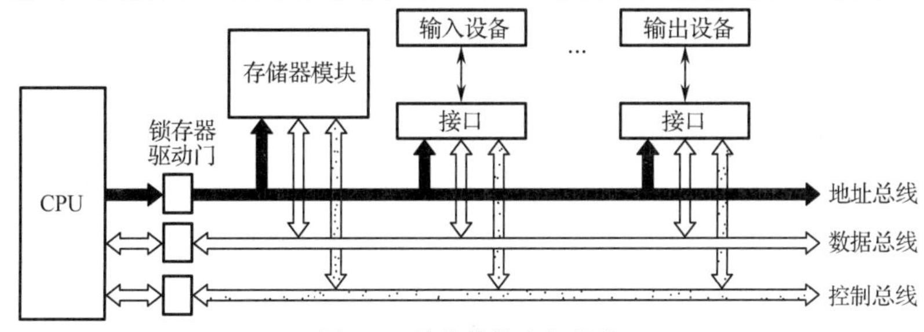

图6-2 单总线的内部结构

单总线的不足之处有：CPU 是总线的控制者，即使后来增加的 DMA 控制器可以支持 DMA 传输，但仍不能满足多处理器的要求；总线信号是 CPU 引脚信号的延伸，故总线结构与 CPU 密切相关，通用性较差。

2．多总线

系统总线包括信息传输、总线仲裁、中断和总线控制等功能，其内部还包括一些互连机构。信息传输涉及地址线、数据线、控制线；总线仲裁涉及总线请求线和总线授权线；中断涉及中断请求信号线和中断应答线，用于处理带优先级的中断操作；公用线包括时钟信号线、电源线、地线、系统复位线，以及加电或断电的时序信号线。在现代计算机系统中，一般都采用多总线结构。

多总线结构是指计算机内部配置两条及以上的总线，可以并发地执行 I/O 操作，因此总线能力和总体性能得到了很大的提高。多总线的连接方式如图 6-3 所示。

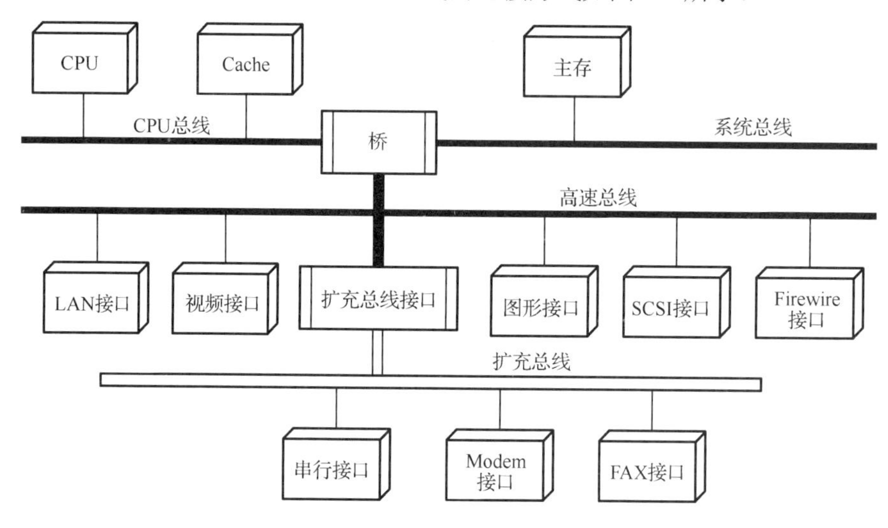

图 6-3　多总线的连接方式

在图 6-3 中，采用多总线结构的 CPU 和缓存（Cache）之间采用高速的 CPU 总线，各功能部件通过桥、CPU 总线、系统总线和高速总线彼此相连。桥实质上是一个具有缓冲、转换、控制等功能的逻辑电路。

高速总线上可以连接 LAN 接口（局域网）、视频接口、图形接口、SCSI 接口（支持本地磁盘驱动器和其他外设）、Firewire 接口（支持大容量 I/O 设备）。高速总线通过扩充总线接口与扩充总线相连，扩充总线上可以连接以串行方式工作的 I/O 设备。通过多总线结构可以将高速、中速、低速的设备同时连接到不同的总线上，极大地提高了总线的效率和吞吐量。

6.1.3　总线的性能指标

总线的性能指标可以从两个方面进行阐述：总线的基础性能指标和总线的控制方式。基础性能指标包括总线宽度、总线时钟频率、数据传输速率和负载能力等，总线的控制方式包括总线定时、总线复用、总线控制等。

（1）总线宽度是指总线中传输线的数量，用 bit（位）来表示，总线宽度一般有 8 位、16

位、32 位和 64 位等。总线的数据传输速率与总线宽度成正比。

（2）总线时钟频率是指总线中各种信号的定时标准，在传输线数目（总线宽度）固定的情况下，总线时钟频率越高，其单位时间内的数据传输量就越大。

（3）数据传输速率是指在总线中每秒传输的最大数据量，用 MB/s 表示。目前，在计算机一般可做到一个总线时钟周期完成一次数据传输。

数据传输速率=总线宽度（位）/8 位×总线时钟频率（B/s）

例如，PCI 总线的宽度为 32 位，总线时钟频率为 33 MHz，则最大数据传输速率为 32÷8×33=132 MB/s。但有些总线采用了一些新技术，如在时钟脉冲的上升沿和下降沿都选通等，也会使数据传输速率得到提高。

（4）负载能力是指总线带负载的能力，负载能力越强，表明可连接到总线上的设备就越多。当然，不同的设备对总线的负载也不一样，所接设备负载的总和不应超过总线的最大负载能力。

例 6.1 假设总线时钟频率为 100 MHz，总线传输周期为 4 个时钟周期，总线宽度为 32 位，试求总线数据传输速率。若想将数据传输速率提高一倍，可采用什么措施？

解： 已知时钟周期 $t=1/f$，总线传输周期 $T=4t=4/f$，总线宽度 $D=32$ 位。

总线的数据传输速率 $D_r=D/T=4\text{ B}/(4/f)=100\text{ MB/s}$。

若要提高数据传输速率，可在不改变总线时钟频率的情况下，可将总线宽度改为 64 位；也可以保持总线宽度为 32 位，将总线时钟频率增加到 200 MHz。

6.1.4 典型的总线标准

总线标准是国际公布或推荐的标准，是各种不同的部件组成计算机系统时必须遵守的规范。总线标准为计算机系统中各部件的互连提供一个接口标准，该接口对它两端的部件都是透明的，即接口的任一方只需根据总线标准的要求来实现自身一方的接口功能即可，不必考虑对方的接口。

总线标准也称为总线技术规范，主要包括机械结构规范、功能规范、电气规范和时间特性规范。

1. PC 的局部总线

不同用途的总线，其技术规范有所不同，如目前微机中的常用局部总线有 ISA 总线、EISA 总线、PCI 总线和 AGP 总线等。

（1）ISA（Industrial Standard Architecture）总线。ISA 总线标准是 IBM 公司于 1984 年为 PC/AT 机建立的系统总线标准，所以也称为 AT 总线。ISA 总线适应 8/16 位数据总线的要求，在 80286 至 80486 微机中的应用非常广泛，现在部分工控机中还保留有 ISA 总线插槽。

ISA 总线插槽由主槽和附加槽两部分组成，每个槽都有正反两面引脚（分别为 A、B、C、D 面引脚）。主槽有 A1～A31、B1～B31 共 62 个引脚，这就是 IBM PC/XT 系统的 62 芯主槽。附加槽有 C1～C18、D1～D18 共 36 个引脚，两个槽一共 98 个引脚。A 面和 C 面的引脚主要连接数据线和地址线，B 面和 D 面的引脚则主要连接+12 V 电源、+5 V 电源、地、中断输入线和 DMA 信号线等。这种设计使数据线和地址线尽量与其他连线分开，可减少干扰。

ISA 总线在 62 芯主槽基础上增加了 36 芯附加槽，使得数据线扩展为 16 条，地址线扩展为 24 条，寻址能力达 16 MB，工作频率为 8.33 MHz，数据传输速率高达 16 MB/s，具有 11 个外部中断输入端和 7 个 DMA 通道。

（2）EISA（Extended Industrial Standard Architecture）总线。EISA 总线是在 ISA 总线的基础上由 Compaq 等 9 家公司于 1989 年推出的。在改进 ISA 总线的同时，EISA 总线保持了和 ISA 总线的完全兼容，从而得到了迅速推广。EISA 总线主要从提高寻址能力、增加总线宽度和增加控制信号三方面对 ISA 总线进行了改进。EISA 总线的数据宽度为 32 位，能够根据需要自动进行 8 位、16 位、32 位数据转换，这种机制使 CPU 能够访问不同总线宽度的存储器和外设。EISA 总线时钟频率为 8.3 MHz，数据传输速率为 8.3 MHz×32/8= 33.2 MB/s，地址线为 32 条，直接寻址范围可达 4 GB。

为了和 ISA 总线兼容，EISA 总线在物理结构上进行了很精巧的设计，它将信号引脚分为上下两层：上面一层是 A1～A31、B1～B31、C1～C18、D1～D18，这些引脚和 ISA 总线的信号名称、排列次序和距离完全对应。下面一层是 E1～E31、F1～F31、G1～G19、H1～H19，这些引脚在 ISA 总线基础上扩展的 EISA 总线引脚，两层引脚互相错开。此外，还在扩展槽下层的位置上加了几个卡键，这样，在 ISA 总线适配器往下插入时会被卡键卡住，不会与下面的 EISA 总线引脚相连。而 EISA 总线适配器上的凹槽和扩展槽中的卡键相对应，可以一直插到下层，从而可同时和上下两层引脚相连，使得 ISA 总线适配器只能和 ISA 总线的 98 个引脚连接，而 EISA 总线适配器则可以和全部 198 个引脚连接。

（3）VESA 总线。VESA 总线一方面保持了与 ISA 总线、EISA 总线的兼容，另一方面又支持一些外设的高速性能，是由视频电子标准协会（Video Electronics Standard Association，VESA）于 1992 年推出的。VESA 总线主要特点如下：

① 数据宽度为 32 位，但也支持 16 位传输，并可扩展为 64 位，时钟频率为 33 MHz，数据传输速率可达 132 MB/s。

② 允许外设适配器直接连到 CPU 的总线上，并以 CPU 的速度运行。

③ 支持回写式 Cache，可在 VESA 总线上连接二级 Cache。

VESA 总线也有不足之处，最重要的是它没有设置缓冲器，一旦 CPU 速度高于 33 MHz，就会导致延迟。此外，它只能连接三个扩展卡。

随着图形接口和多媒体技术在 PC 中的广泛应用，对总线提出来更高的要求，于是出现了功能更强、数据传输速率更高的 PCI 总线。

（4）PCI（Peripheral Component Interconnect）总线。PCI 总线是一种高性能的局部总线，构成了 CPU 与外设之间的高速通道。PCI 总线可支持多个外设，与 CPU 时钟无关，并用严格的规定来保证高度的可靠性和兼容性，其主要特点如下：

① PCI 总线的时钟频率为 33 MHz，与 CPU 的时钟频率无关。总线宽度为 32 位，可扩展到 64 位，数据传输速率可达 132～264 MB/s。

② PCI 总线的设计目的之一是降低系统的总成本，将大量系统功能及其控制器集成在 PCI 芯片内，以节省各部件互连所需的电路，从而减小了线路板的尺寸。

③ PCI 总线使用了一种独特的中间缓冲器，把处理器子系统与外设分开，从而使 PCI 总线本身与 CPU 无关。这种与 CPU 无关的特性，使得它具有很好的兼容性。

④ PCI 总线标准是作为一种长期的总线标准来制定的，例如，将 3.3 V 的工作电压引入到了标准中，以适应“绿色计算机”的节能要求；具有 32 位的总线，但允许扩展到 64 位。

⑤ 内部设有配置寄存器，能够自动配置 PCI 总线设备。在计算机启动时，BIOS 会自动

为每个PCI总线设备分配需要的资源，并写入配置寄存器中。当有新的PCI总线设备加入计算机系统时，计算机系统会选择空闲的资源并分配给新加入的PCI总线设备，实现了即插即用的功能。

（5）AGP总线。加速图形端口（Accelerated Graphics Port，AGP）总线是Intel公司为配合PentiumⅡ处理器而开发的一个技术标准，旨在提高对三维图形的处理能力。

AGP总线是建立在PCI总线基础之上的一种视频接口技术，它巧妙地利用了时钟脉冲的上升沿和下降沿触发技术，在一个周期内触发两次，使数据传输速率能力增加了一倍。

另外，当显存的存储容量不够用时，AGP总线采用了一种名为直接存储器执行（Direct Memory Execution，DME）的技术，可申请主存的部分空间作为显存。

多数微机都配备有AGP总线，但严格来说，AGP总线不是一种局部总线，它是专门用来提高显卡中的帧缓冲存储器与系统主存之间数据传输能力的。AGP总线的原理是在帧缓冲存储器与系统主存之间建立一条直接的数据通路，使三维图形数据越过PCI总线直接传输到显卡，从而解决了由于PCI总线带宽的通信瓶颈问题。

AGP总线的数据是32位的，而且是在处理器的时钟频率下工作的，所以数据传输速率高达16.8 Gb/s。但是除显卡外，AGP总线不允许使用其他设备，应用范围狭窄。

2. 外部总线

外部总线用于计算机之间、计算机和部分外设之间的通信，也称为通信总线。在计算机中，常用的通信方式有两种，即并行方式和串行方式。对应于这两种通信方式，通信总线也分为并行通信总线和串行通信总线。在计算机中，外部总线主要用于主机和打印机、硬盘、扫描仪等外设的连接。

在计算机中，最常用的外部总线是IDE总线、EIDE总线、SCSI总线和USB总线。IDE总线、EIDE总线和SCSI总线都是并行通信总线，IDE总线和EIDE总线的价格低但速度较慢，SCSI总线的速度快但价格高，均用于主机和硬盘的连接，IDE总线和EIDE总线普遍用于微机中，SCSI总线主要用于小型计算机、服务器和工作站中。USB总线是当前通用的串行通信总线，广泛用于微机中。

（1）IDE总线和EIDE总线。IDE（Integrated Drive Electronics）总线主要是为主机与硬盘连接而设计的外部总线，也适用于主机和光驱的连接，也称为ATA（AT Attachable）总线。IDE总线通过40芯扁平电缆将主机和硬盘或光驱相连，采用16位并行传输方式，其中，除了数据线，还有一组DMA请求和应答信号线、一个中断请求信号线、I/O设备读/写信号线、复位信号线和地信号线等。同时，IDE总线通过一条4芯电缆将主机的电源送往外设子系统。

在通常情况下，IDE总线的数据传输速率为8.33 MB/s，一条IDE总线可以连接两个硬盘，每个硬盘的最高容量为528 MB。硬盘在这种连接方式中有三种模式：单盘模式、主盘模式和从盘模式。当只连接一个硬盘时为Spare，即单盘模式；当连接两个硬盘时，其中一个为Master，即主盘模式，另一个为Slave，即从盘模式。硬盘在出厂时已设置为Spare或Master，在具体使用时可以根据需要修改设置。主机和硬盘之间的数据传输既可采用PIO（Programming Input and Output）方式，也可采用DMA方式。

由于一条IDE总线最多连接2个设备（硬盘、光驱等），大多数微机设置了两条IDE总线，可连接4个设备。

多媒体技术的发展使IDE总线无法适应信息最大、数据传输速率高的要求，于是出现了

EIDE（Enhanced Integrated Drive Electronics）总线。EIDE 总线是在 IDE 总线的基础上通过多方面的技术改进而形成的，尤其是 EIDE 总线采用了双沿触发（Double Transition，DT）技术，使其性能得到了很大的提高。DT 技术在时钟信号的上升沿和下降沿都可以触发数据传输，从而获得了 DDR（Double Date Rate）。EIDE 总线在各个方面性能均比 IDE 总线有了加强，EIDE 总线的数据传输速率达 18 MB/s，传输带宽为 16 位，并可扩展到 32 位，支持最大硬盘容量为 8.4 GB。

EIDE 总线后来称为 ATA-2 总线，此后又在此基础上改进为 ATA-33 总线和 ATA-66 总线等。ATA-66 总线的数据传输速率为 66 MB/s，而且支持最大硬盘容量达到 40 GB，甚至 70 GB。

（2）SCSI（Small Computer System Interface）总线。SCSI 总线是一种并行通信总线，在小型计算机、工作站和服务器中的应用非常广泛，在微机中的应用也越来越多。SCSI 总线不仅可以连接硬盘，还可以连接其他设备，如硬盘阵列、光驱、激光打印机、扫描仪等。

SCSI 总线有多个版本，例如，SCSI-1 采用 8 位传输数据，通过 50 芯电缆和外设连接，可连接 7 个外设；从 SCSI-2 开始采用 16 位传输数据，除了 50 芯电缆，还有一条 68 芯的附加电缆。信号线中除了数据线，其他为奇偶校验信号线、总线应答信号线、设备选择信号线、复位信号线、电源线和地线。

在进行数据传输时，SCSI 总线可采用单极和双极两种方式。单极方式是普通的信号传输方式，最大传输距离可达 6 m。双极方式则通过两条信号线传输一个差分信号，有较高的抗干扰能力，最大传输距离可达 25 m。在信号组织机制上，SCSI 总线既可采用异步方式，也可采用同步方式。采用异步方式传输 8 位数据时，数据传输速率为 3 MB/s；采用同步方式传输 8 位数据时，数据传输速率为 5 MB/s。后来推出的 SCSI-2 总线采用 16 位传输数据，总线传输速率达 20 MB/s；Ultra3 SCSI 总线也用 16 位传输数据，采用光纤连接，数据传输速率最高可达 40 MB/s，并可连接 15 个外设。

（3）USB（Universal Serial Bus）总线。USB 总线是由 Compaq、DEC、IBM、Intel、Microsoft、NEC 和 Northern Telecom 等公司于 1994 年联合开发的计算机串行接口总线标准。1996 年 1 月颁布了 USB 1.0 版本，可实现外设的简单快速连接，达到方便用户、降低成本、扩展计算机可连接外设范围的目的。USB 总线不仅可以连接几乎所有的外设，如显示器、键盘、鼠标、打印机、扫描仪，数码相机、U 盘等，还可以通过 USB 总线串接外设，使多个外设共用计算机中的端口。USB 总线的主要特点如下：

① 具有真正即插即用的特性。用户可以在不关机的情况下很方便地安装和拆卸外设，计算机可根据外设的增删情况自动配置系统资源，自动实现外设驱动程序的安装和删除。

② 具有很强的连接能力。使用 USB HUB（USB 集线器）可实现系统的扩展，最多可连接 127 个外设。标准 USB 总线的电缆长度为 3 m，通过 USB HUB 或中继器可使传输距离增加到 30 m。

③ 数据传输速率（USB 1.0 版）有两种：采用无屏蔽双绞线时，数据传输速率可达 1.5 MB/s；采用带屏蔽双绞线时，数据传输速率可达 12 MB/s。USB 2.0 的数据传输速率最高可达 480 MB/s，USB 3.0 的数据传输速率最高可达 5 Gb/s。

④ 标准统一。鼠标、键盘、打印机、扫描仪、硬盘等外设均可通过 USB 总线连接到计算机，可减少计算机内插槽的数量，从而节省空间。

⑤ 连接电缆轻巧、电源体积小。USB 总线使用的四芯电缆，两条用于信号连接，两条分别用于电源和地线，并可为外设提供+5 V 的直流电源。

⑥ 生命力强。USB 总线是一种开放性的工业标准，它是由一个标准化组织——USB 实施者论坛（该组织由 150 多家企业组成）制定出来的，USB 总线标准具有较强的应用性。

6.1.5　总线结构实例

大多数计算机都采用了分层次的多总线结构，在这种结构中，速度差异较大的设备使用不同数据传输速率的总线，而速度相近的设备可使用同一类总线。多总线结构不仅解决了总线负载过重的问题，而且使总线设计变得很简单，还能充分发挥各类总线的性能。

Pentium 处理器计算机主板的总线结构框图如图 6-4 所示，采用的是一个三层次的多总线结构，三个层次分别是 CPU 总线、PCI 总线和 ISA 总线。

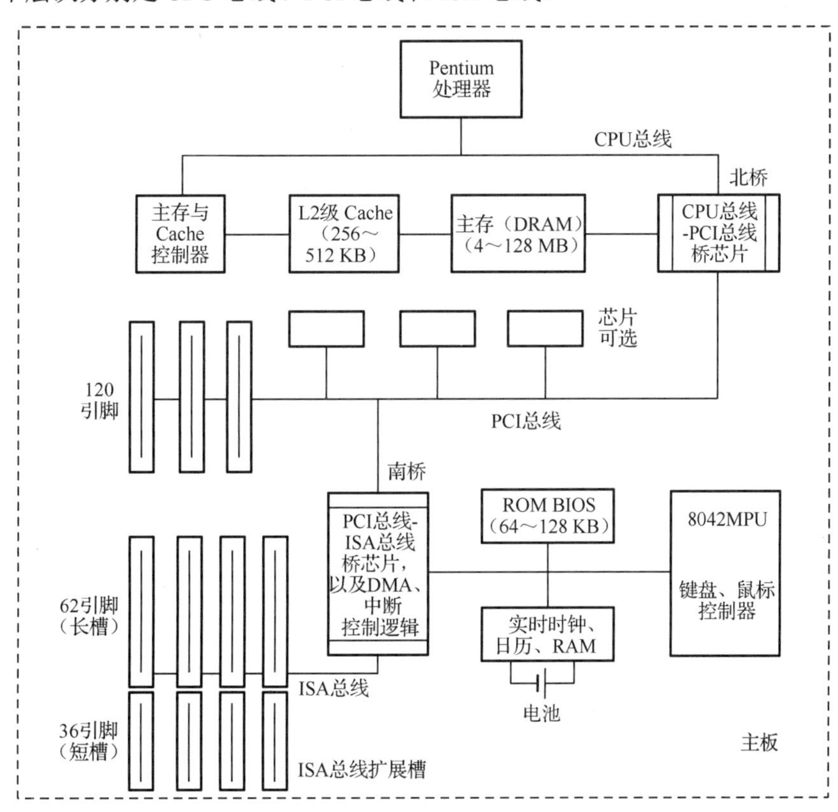

图 6-4　Pentium 处理器计算机主板的总线结构框图

（1）CPU 总线。CPU 总线也称为 CPU-存储器总线，它是一个 64 位数据线和 32 位地址线的同步总线，总线时钟频率为 66.6 MHz，CPU 内部时钟频率是此时钟频率的倍频。CPU 总线不仅可以连接主存，还可以连接 L2 Cache。主存控制器和 Cache 控制器用来管理 CPU 总线对主存与 Cache 的存取操作。从传统的观点来看，可以把 CPU 总线看成 CPU 引脚信号的延伸。

（2）PCI 总线。PCI 总线用于连接高速的 I/O 设备，如图形显示器适配器、网络接口控制器、硬盘控制器等。通过桥芯片，PCI 总线既可以与 CPU 总线相连，也可以与 ISA 总线相接。PCI 总线是一个 32 位（或 64 位）的同步总线，32 位（或 64 位）数据/地址线是同一组线，分时复用。PCI 总线的时钟频率为 33.3 MHz，带宽是 132 MB/s，采用集中式仲裁方式，有专用的 PCI 总线仲裁器。在主板上，一般有三个 PCI 总线扩展槽。

（3）ISA 总线。Pentium 处理器计算机使用 ISA 总线与低速 I/O 设备连接，主板上一般留有 3～4 个 ISA 总线扩展槽，以便使用各种 16 位/8 位适配器。ISA 总线支持 7 个 DMA 通道和 15 级可屏蔽硬件中断。另外，ISA 总线控制逻辑还可通过主板上的芯片级总线与实时时钟、日历、ROM、键盘和鼠标控制器（单片机）等连接。

在图 6-4 中，CPU 总线、PCI 总线、ISA 总线是通过两个桥芯片连成整体。桥芯片在此起到了信号速度缓冲、电平转换和控制协议的转换作用。有的资料将 CPU 总线-PCI 总线桥芯片称为北桥，将 PCI 总线-ISA 总线桥芯片称为南桥。其中，北桥（North Bridge）是主板芯片组最重要的组成部分，它负责与 CPU 联系并控制内存、AGP 等数据的传输，与 CPU 的联系很紧密，所以在空间位置上距离 CPU 最近，以便缩短通信距离，提高传输效率。南桥负责 I/O 设备之间的通信，如 PCI 总线、USB 总线、LAN、ATA 总线、音频控制器、键盘控制器、实时时钟控制器、高级电源管理器等。通过桥芯片可将两类不同的总线“黏合”在一起，特别适合于系统的升级换代，在 CPU 芯片升级时只需改变 CPU 总线和北桥芯片，原有的外设可自动继续工作。

Pentium 处理器计算机总线系统中有一个核心逻辑芯片组，即 PCI 芯片组，它包括主存控制器、Cache 控制器、北桥和南桥。PCI 芯片组在计算机系统中起着至关重要的作用。

6.2 总线的应用

本节主要介绍总线的操作、总线的信息传输方式和总线的定时控制方式。

6.2.1 总线的操作

在采用总线结构的计算机系统中，各功能部件之间的通信或者计算机之间进行通信时，每一时刻只能有一组信息在总线上传输，多组信息的传输要按顺序分别进行，每一组信息的传输就形成一个总线周期。为了能够实现高速、可靠的信息传输，可将总线周期分为四个阶段，即总线的申请与分配（也称为总线的请求与仲裁）、目的设备的寻址、信息传输、总线释放。

（1）总线的申请与分配。总线上信息的传输过程总会有一个传输发起者，以及一个被要求进行信息传输的对象。在计算机系统内部通信中，发起和组织信息传输者称为主部件，要求进行信息传输的对象称为从部件。当主部件要求使用总线通信时，首先要向总线管理机构，即总线仲裁器提出使用总线的申请，总线仲裁器按照规则进行判断，认为主部件可以使用总线，就把下一个总线周期的使用权交给该主部件，从而完成总线的申请与分配。

（2）目的设备的寻址。主部件在获得了总线使用权后，要将从部件的地址信息，以及进行何种通信的控制信息发送到总线上。从部件接收到这些信息后，启动通信的准备工作并等待通信。主部件通过发送信息找到与之通信的从部件，完成目的设备的寻址。

（3）信息传输。主、从部件之间建立通信后，通信的内容（信息）则由发送部件通过总线发送到接收部件，进行实际的信息传输。发送部件既可以是主部件也可以是从部件，同时接收部件也可以是从部件或主部件。

（4）总线释放。完成一组信息传输后，主部件将通知总线仲裁器通信完成，并把总线使用权交还给总线仲裁器，以便让其他总线使用者申请使用。如果刚使用过总线的部件想要继续使用总线，还需要重新通过总线的申请与分配来再次获得总线使用权。

6.2.2 总线的信息传输方式

在计算机中，传输信息通常采用串行传输方式或并行传输方式。出于速度和效率上的考虑，系统总线中的信息传输采用并行传输方式，而在计算机之间的信息传输一般采用串行传输方式。

（1）串行传输方式。当采用串行传输方式时，只需要一条传输线，采用脉冲信号即可进行传输。串行传输是按顺序来传输表示信息的所有二进制位（bit）的脉冲信号的。假定要传输的信息是由位时间组成的，那么传输 8 位信息就需要 8 个位时间。一般在串行传输方式中，低位在前，高位在后，被传输的信息需要在发送部件进行并/串转换，称为拆卸；在接收部件又需要进行串/并转换，这称为装配。图 6-5（a）所示为串行传输。

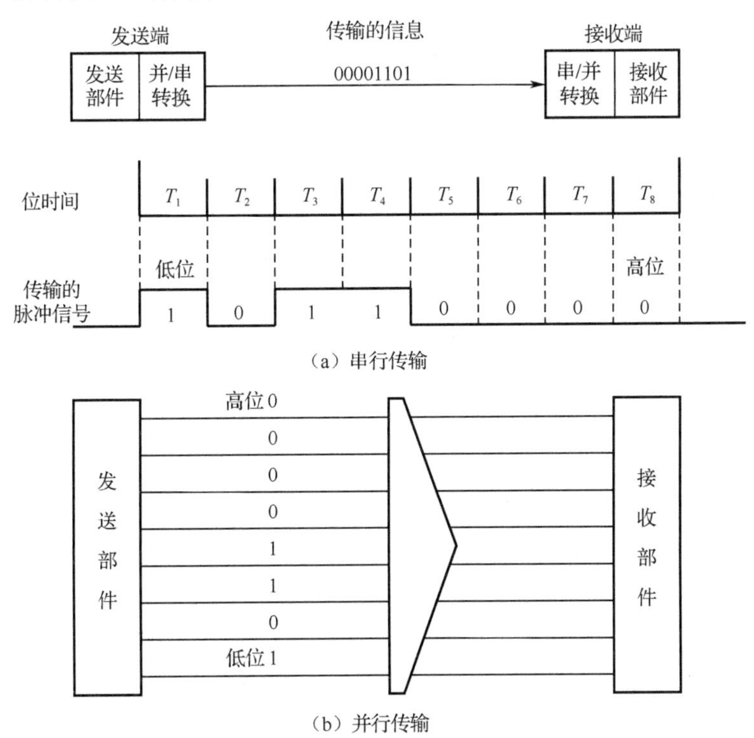

图 6-5 总线的信息传输方式

串行传输的主要优点是成本比较低，这一点对长距离传输来说尤其重要，不管传输的信息量有多少，只需要一条传输线即可。

（2）并行传输方式。当采用并行传输方式时，每位信息都需要一条单独的传输线，信息由多少个二进制位组成，就需要多少条传输线。

并行传输如图 6-5（b）所示。如果传输的信息由 8 位二进制位组成，那么就需要使用 8

条传输线。例如，最上面的传输线代表最高有效位，最下面的传输线代表最低有效位，图 6-5（b）中传输的二进制信息是 00001101。

并行传输一般采用电平信号传输，由于所有的信息位同时被传输，所以并行传输的速度比串行传输的速率高得多。

6.2.3 总线的定时控制方式

在总线的信息传输过程中，为了保持主部件和从部件的正常操作，必须采用定时协议进行动作协调。所谓定时，是指事件出现在总线上的时序关系。总线的定时控制方式可分为同步定时控制和异步定时控制两种方式。

（1）同步定时控制方式。通信双方由统一的时钟信号控制信息传输，称为同步定时通信。同步定时控制方式的主要特征是以时钟周期为划分时间段的基准，在同步定时控制方式中，事件出现在总线上的时刻由统一的时钟信号来确定，所以总线中要含有时钟信号线。按照时钟信号线上给出的时钟，通信的双方可以按照协议安排自己的动作，而不必进行互相沟通。例如，在一次信息传输过程中，发生在总线上的事件都可以使用总线上的时钟信号来定位。由于采用了公共时钟，每个功能模块（部件）什么时候发送信息或接收信息都由统一时钟信号规定。因此，同步定时控制方式具有较高的传输效率。

同步定时控制方式适用于总线长度较短、各功能模块存取时间比较接近的情况，这是因为同步定时控制方式对任何两个功能模块的通信都给予同样的时间安排。由于总线必须按速度最慢的模块来设计公共时钟，当各功能模块存取时间相差很大时，会使总线的效率降低很多。

（2）异步定时控制方式。异步定时控制方式通信克服了同步定时控制方式的缺点，允许各功能模块的速度不一致，给设计者提供了灵活性和选择余地。异步定时控制方式的主要特征是没有统一的时钟周期划分，而是采用应答方式实现总线操作的，所需时间视需要而定。在异步定时控制方式中，后一事件出现在总线上的时刻取决于前一事件的出现，即建立在应答式或互锁机制基础上。在异步定时控制方式中，无须统一的公共时钟，总线周期是可变的。

异步定时控制方式的优点是总线周期可变，不把响应时间强加到功能模块上，因而允许快速和慢速的功能模块都能连接到同一总线上。但是，这种方式会增加总线的复杂性和成本。异步总线操作可采用箭头表示事件起始和结束的因果（即应答）信号的关系。一般将异步应答关系分为不互锁、半互锁和全互锁三种方式。

不互锁方式的特点是主部件的请求信号和从部件的应答信号没有相互的制约关系，即设备 1 发出请求信号后不必等到设备 2 的应答信号，而是经过一段时间后就认定设备 2 收到了请求信号，并撤出请求信号。而设备 2 在接到请求信号后，经过一段时间后自动恢复原态。不互锁方式如图 6-6（a）所示。

半互锁方式的特点是主部件的请求信号和从部件的应答信号有简单的制约关系，即设备 1 发出请求信号后，必须在接到设备 2 的应答信号后才撤销请求信号，有互锁关系。而设备 2 在接到请求信号后，发出应答信号，但不必等待获知设备 1 的请求信号已经撤销，而是隔一段时间便自动撤销应答信号，双方不存在互锁关系，如图 6-6（b）所示。

全互锁方式的特点是主部件的请求信号和从部件的应答信号有完全的制约关系，即设备 1 发出请求信号后，必须在接收到设备 2 的应答信号后才撤销请求信号；设备 2 发出应答信号后，也必须待设备1获知（请求信号已撤销）后，再撤销其应答信号，双方存在互锁关系。全互锁方式如图6-6（c）所示。

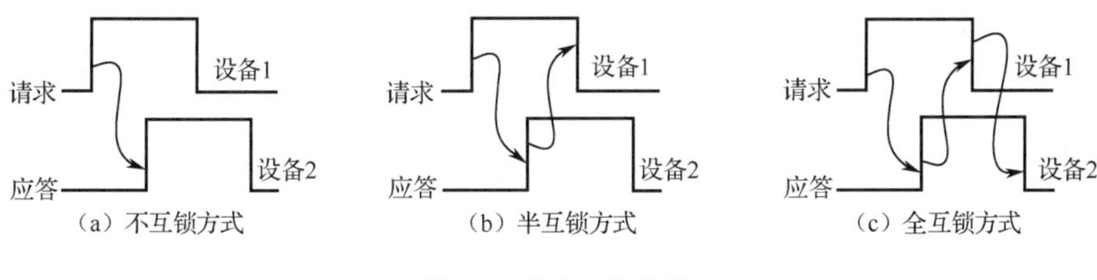

图6-6 异步应答关系

6.3 总线仲裁

本节主要介绍总线仲裁的意义和总线的仲裁方式。

6.3.1 总线仲裁的意义

在计算机中，连接到总线上的功能模块（部件）有主动和被动两种形态。主动方（主部件）可以启动一个总线传输周期，而被动方（从部件）则只能响应主部件的请求。每个总线周期只能有一个主部件占用总线的控制权，但是同一个总线周期里可以有一个或多个从部件响应主部件的请求。

在总线请求提出的过程中，为了解决多个主部件同时竞争总线控制权的问题，需要引入总线仲裁的概念。在计算机中增加总线仲裁部件，以某种方式从众多的请求者中选择一个请求者作为下一次总线使用的主部件。

目前，计算机中通常采用优先级策略方式或公平策略方式来进行总线仲裁。一般在请求者都是对等设备时采用公平策略方式来进行总线仲裁，而在请求者为非对等设备时采用优先级策略方式来进行仲裁。例如，多处理器计算机（多处理机）系统的各CPU模块的总线请求采用公平策略方式来进行总线仲裁，而计算机中各I/O设备的总线请求采用优先级策略方式进行总线仲裁。

6.3.2 总线的仲裁方式

总线仲裁一般是通过硬件或者软、硬件相结合方式来实现的，按照硬件位置的不同，总线仲裁方式可分为集中式仲裁和分布式仲裁两类。如果总线控制逻辑基本集中在一处，则称为集中式仲裁；如果总线控制逻辑分散在连到总线的各个部件上，则称为分布式仲裁。

1. 集中式仲裁

集中式仲裁一般分为串行链接（或称链式查询）、定时查询和独立请求三种方式。当然也可以是它们的结合，采用何种方式取决于控制线数目、总线分配速度、灵活性、可靠性等因素的综合权衡。

（1）串行链接仲裁方式。在采用串行链接仲裁方式时，所有的设备都通过公共的总线请求线向总线仲裁器发出要求使用总线的申请，只有当总线忙信号未建立（即总线空闲）时，总线请求才能被总线仲裁器响应，并串行地通过每个设备送出总线授权应答信号。如果某个设备接收到总线授权应答信号，但并没发过总线请求时，则将该应答信号继续传输下一个设备中。如果该设备接到总线授权应答信号并且发出过总线请求时，则总线授权应答信号停止传输，同时该设备建立总线忙信号，并去除其总线请求，这样该设备就可获得使用总线的权利，即可进行信息传输。在信息传输期间，总线忙信号维持总线授权应答信号的建立。完成信息传输后，该设备去除总线忙信号，总线授权应答信号随之被去除。其后，当再次建立总线请求时，就开始新的总线分配过程。串行链接仲裁方式如图 6-7 所示。

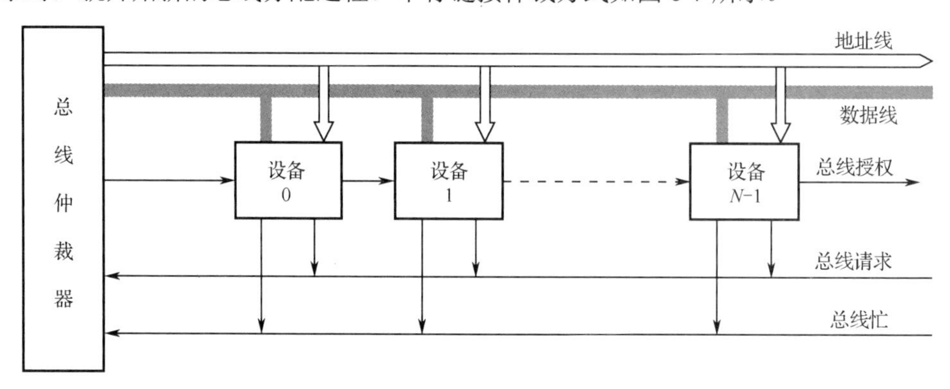

图 6-7　串行链接仲裁方式

串行链接仲裁方式的优点是选择算法简单，用于解决总线控制分配的控制线数量少，只需要三条控制线即可，而且与设备的数量无关。在增加设备时，只需要简单地把设备连到总线上即可，因此可扩充性好。由于逻辑简单，也就容易通过重复设置来提高其可靠性。串行链接仲裁方式的缺点是对总线授权线及其有关电路的失效很敏感，如果某个设备不能正确传输总线授权应答信号，则在该设备之后的所有设备将永远得不到总线的使用权。由于优先级是在连线时固定的，不能通过程序来改变，所以灵活性差。如果离总线仲裁器较近的设备频繁地进行总线请求时，离总线仲裁器远的设备就很难获得总线使用权。由于总线授权应答信号必须顺序、脉动地通过各个设备，这会限制总线分配的速度。受总线长度的影响，增加、去除或移动设备也会受到限制。在采用串行链接仲裁方式时，能获得总线使用权的优先次序完全由总线授权线所连接设备的物理位置来决定，离总线仲裁器越近的设备，其优先级越高。

（2）定时查询仲裁方式。在采用统一计数器的定时查询仲裁方式中，总线上的每个设备可以通过总线请求线发出使用总线的申请。若总线处于空闲时（即总线忙信号未建立），则总线仲裁器在收到请求后，让计数器开始计数，定时查询各个设备以确定是谁发送的请求。当定时查询计数线上的计数值与发出请求的设备号一致时，该设备就建立总线忙信号，使计数器停止计数，即总线仲裁器中止查询，同时去除该设备发出的总线请求信号，让该设备获得总线使用权并开始传输信息，该设备完成信息传输后去除总线忙信号。定时查询仲裁方式如图 6-8 所示。

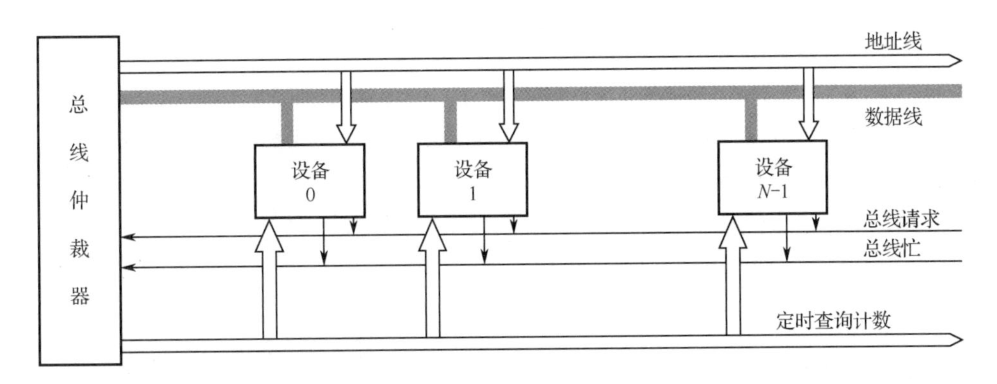

图 6-8 定时查询仲裁方式

完成一次信息传输之后，若总线请求线上仍有新的请求，就开始下一个总线分配过程。这时计数器可以从 0 开始计数，也可以从中止点继续计数。如果每次从 0 开始计数，则设备优先级的排序类似于串行链接仲裁方式。从中止点继续计数是一种循环方法，可为所有的设备提供相同的使用总线的机会。采用何种计数方法取决于优先级的安排。由于计数器的初始计数值可以由程序设定，所以定时查询仲裁方式的优点是优先次序可由程序控制，灵活性强，而且定时查询仲裁方式不会出现串行链接仲裁方式中因某个设备失效而影响到其他设备对总线的使用的情况，故可靠性高。但这种方式的灵活性是以增加控制线（定时查询计数线）的条数为代价的，若有 N 个设备，则其控制线需要 $2+[\log_2 N]$条。由于可以共享总线的设备数受限于定时查询计数线的条数（编址能力），故这种方式的扩展性稍差，而且控制较为复杂。另外，定时查询仲裁方式分配总线的速度取决于计数信号的频率，仍然不能很快。

（3）独立请求仲裁方式。在采用独立请求仲裁方式中，共享总线的每个设备都有各自的一对总线请求线和总线授权线，并共享一条总线占用线。当设备请求使用总线时，送总线请求信号到总线仲裁器。只要总线空闲（总线仲裁器占用标志未置位），总线仲裁器就可根据某种算法对同时送来的多个设备要求使用总线的请求进行仲裁，以确定哪个设备可使用总线，并立即将相应的总线授权应答信号送回该设备，并去除其请求，然后对总线仲裁器占用标志位置位，表明总线已被该设备使用，总线分配过程结束。在信息传输完成后，设备通过总线占用线清除总线仲裁器的占用标志，经总线仲裁器去除总线授权应答信号，并开始新的总线分配。独立请求仲裁方式如图 6-9 所示。

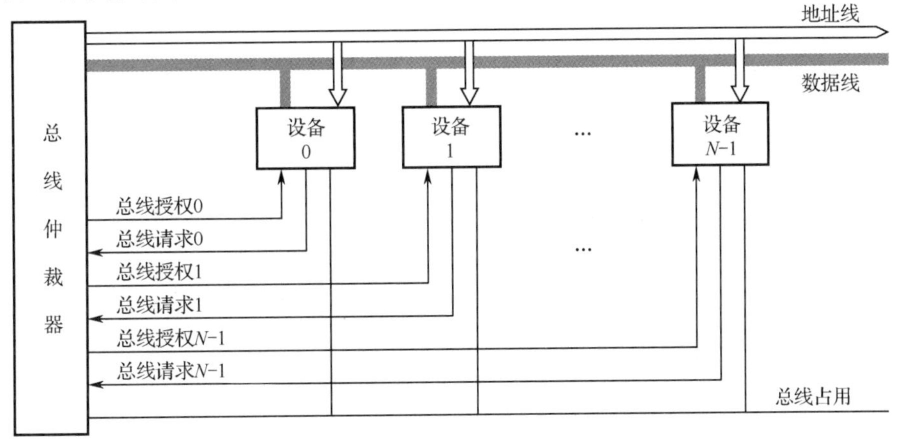

图 6-9 独立请求仲裁方式

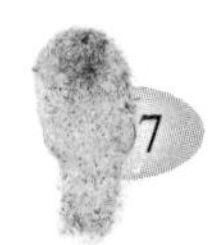

独立请求仲裁方式的优点是总线分配的速度快，因为所有设备的总线请求可同时送到总线仲裁器，为分配总线所需的辅助操作时间比串行链接仲裁方式和定时查询仲裁方式的都短。这种方式的另一个优点是总线仲裁器可以灵活地确定下一个使用总线的设备，既可以使用程序可控的预定方式或自适应方式，也可采用循环方式或混用的方式，还能不响应已失效或可能失效的设备发出的请求。独立请求仲裁方式的缺点是控制线数量过大，若控制 N 个设备，则必须有 $2N$+1 条控制线，而且总线仲裁器也要复杂得多。

2．分布式仲裁

分布式仲裁可以采用优先级仲裁策略方式或者采用带请求时间公平性策略方式。基于优先级策略方式的分布式仲裁不需要集中的总线仲裁器，每个潜在的主部件都有自己唯一的仲裁号（AN）和仲裁器。当它们有总线请求时，就把它们唯一的仲裁号发送到共享仲裁总线上，每个仲裁器将仲裁总线上得到的仲裁号与自己的仲裁号进行比较，如果仲裁总线上的号大，则它的总线请求无权获得响应，该设备退出总线使用权的竞争，最后“获胜者”的仲裁号保留在仲裁总线上。

基于带请求时间公平性策略方式的分布式仲裁，是在优先级策略方式的基础上为每个设备请求增加了时间计数器，将时间计数器的值连同仲裁号一起构成一个新的仲裁号，从而实施优先级略策方式。由于仲裁号引入了时间因素，各设备获得总线使用权的优先级就和时间有关，具有一定的公平性，优先级低的设备只要等待足够长的时间总能够获得总线使用权。

与集中式仲裁相比，分布式仲裁要求的总线信号更多，控制电路也更复杂，但它能够有效地防止总线仲裁时间上的浪费。

思考题和习题 6

一、名词概念

总线、总线宽度、总线带宽、单总线结构、多总线结构、局部总线、PCI 总线、ISA 总线、外部总线、USB 总线、同步定时控制方式、异步定时控制方式、总线仲裁、集中式仲裁、分布式仲裁

二、单项选择题

（1）在计算机中使用总线结构是为了便于增减外设，同时________。

（A）减少了信息传输量　　（B）提高了数据传输速率

（C）减少了信息传输线的条数　　（D）三者均正确

（2）连接在总线上的多个部件________。

（A）只能分时向总线发送数据，并只能分时从总线接收数据

（B）只能分时向总线发送数据，但可同时从总线接收数据

（C）可同时向总线发送数据，并同时从总线接收数据

（D）可同时向总线发送数据，但只能分时从总线接收数据

（3）系统总线中地址线的作用是________。

（A）用于选择主存单元

（B）用于选择进行信息传输的设备
（C）用于传输主存物理地址和逻辑地址
（D）用于指定主存单元和I/O设备接口电路的地址
（4）总线上的从设备是________。
（A）掌握总线控制权的设备　（B）申请作为从设备的设备
（C）被主设备访问的设备　（D）总线裁决部件
（5）总线接口的功能不包括________。
（A）匹配外设与主机的速度差异　（B）实现数据格式的转换
（C）交换主机与外设的状态信息　（D）完成算术及逻辑运算
（6）在单处理器计算机中，总线结构的总线系统由________组成。
（A）系统总线、内存总线和I/O总线　（B）数据总线、地址总线和控制总线
（C）内部总线、系统总线和I/O总线　（D）ISA总线、VESA总线和PC总线
（7）不同信号在同一总线上分时传输的方式称为________。
（A）总线复用方式　（B）并串行传输方式
（C）并行传输方式　（D）串行传输方式
（8）对于连接在总线上的设备或模块，下列说法中正确的是________。
（A）从设备是输入数据的设备或模块
（B）主部件是输出数据的设备或模块
（C）未取得控制权的从设备或模块也是主部件
（D）未取得控制权的从设备或模块也是从设备
（9）下列选项中的英文缩写均为计算机的总线标准的是________。
（A）PCI、EISA、CRT、USB　（B）ISA、VESA、PCI、EISA
（C）ISA、SCSI、AGP、MIPS　（D）PCI、EISA、ISA、PCI-Express
（10）串行总线与并行总线相比________。
（A）串行总线成本高、速度快　（B）并行总线成本高、速度快
（C）串行总线成本高、速度慢　（D）并行总线成本低、速度快
（11）下列关于串行通信的叙述中，正确的是________。
（A）串行通信只需一条传输线
（B）半双工就是串口只工作一半工作时间
（C）异步串行通信是以字符为单位逐个进行发送和接收的
（D）同步串行通信的发、收双方可使用各自独立的局部时钟
（12）波特率表示传输线路上________。
（A）信号的传输速率　（B）有效的传输速率
（C）校验信号的传输速率　（D）干扰信号的传输速率
（13）采用串行传输总线进行7位ASCⅡ码传输，带有1位奇偶校验位、1位起始位和1位停止位，当波特率为9600波特时，字符传输速率为________。
（A）960　（B）873　（C）1371　（D）480
（14）总线忙信号是由________建立的。
（A）获得总线控制权的设备　（B）发出总线请求的设备
（C）总线仲裁器　（D）CPU

(15) 总线同步定时控制方式________。

(A) 只适用于 CPU 控制的方式 (B) 只适用于外设控制的方式

(C) 由统一时序信号控制的方式 (D) 所有指令执行时间都相同的方式

(16) 在不同速度的设备之间传输数据________。

(A) 必须采用同步方式

(B) 必须采用异步控制方式

(C) 可以选用同步方式，也可以选用异步方式

(D) 必须采用应答方式

(17) 在集中式仲裁中，________仲裁方式响应时间最快。

(A) 串行链式 (B) 独立请求

(C) 定时查询 (D) 分布式计数

(18) 在集中式仲裁中，________仲裁方式对电路故障最敏感。

(A) 串行链式 (B) 独立请求

(C) 定时查询 (D) 基本相同

(19) 在串行链接仲裁方式下，________。

(A) 总线设备的优先级可变

(B) 越靠近总线仲裁器的设备，优先级越高

(C) 各设备的优先级相等

(D) 各设备获得总线使用权的机会均等

(20) 在定时查询仲裁方式下，若每次计数都从 0 开始，则________。

(A) 设备号小的优先级高 (B) 设备号大的优先级高

(C) 每个设备使用总线的机会相等 (D) 以上都不对

(21) 在定时查询仲裁方式下，若从上一次中止点开始计数，则________。

(A) 设备号小的优先级高 (B) 设备号大的优先级高

(C) 每个设备使用总线的机会相等 (D) 以上都不对

(22) 在独立请求仲裁方式下，若有 N 个设备，则________。

(A) 有 N 个总线请求信号和 N 个总线授权应答信号

(B) 有 1 个“总线请求”信号和一个总线授权应答信号

(C) 总线请求信号多于总线授权应答信号

(D) 总线请求信号少于总线授权应答信号

(23) 总线的独立请求仲裁方式的缺点是________。

(A) 线路简单 (B) 响应速度慢

(C) 对优先级的控制不灵活 (D) 所需控制线多

(24) 总线分配给当前最高优先级的主设备使用________的原则。

(A) 以确保每次可以有多个主设备占用总线，但在同一时间里只有一个从设备

(B) 以确保每次可以有多个主设备占用总线，但在同一时间里可以有一个或多个从设备

(C) 以确保每次只有一个主设备占用总线，但在同一时间里可以有一个或多个从设备

(D) 以确保每次只有一个主设备占用总线，但在同一时间里只有一个从设备

(25) 对于分布式仲裁而言，下列说法中正确的为________。

(A) 虽然没有集中的总线仲裁器，但是每个潜在的主部件有自己的仲裁号，没有各自的仲裁器

（B）它们有总线请求时，需要把它们唯一的仲裁号发送到中央的号码仲裁器

（C）比较结果，若仲裁总线上的部件编号大，则该部件的总线请求不能被获准

（D）最后“获胜者”的仲裁号将保留在中央的号码仲裁器中

（26）对于总线的仲裁，下列说法正确的是________。

（A）在总线争用时，总线的仲裁是指具有决定控制权的设备或模块

（B）在总线争用时，总线的仲裁是指决定具有控制权的设备或模块

（C）在总线争用时，总线的仲裁是指具有决定控制权的设备或模块的过程

（D）在总线争用时，总线的仲裁是指决定具有控制权的设备或模块的过程

（27）假设某系统总线在一个总线周期中并行传输 4 个字节的信息，一个总线周期占用 2 个时钟周期，总线时钟频率为 10 MHz，则总线带宽是________。

（A）10 MB/s （B）20 MB/s （C）40 MB/s （D）80 MB/s

（28）在系统总线的数据线上，不可能传输的是________。

（A）指令 （B）操作数

（C）握手（应答）信号 （D）中断类型号

三、综合应用题

（1）总线技术有哪些优点？

（2）向总线上输出信息的部件或设备，至少应具有什么样的功能？为什么？

（3）为了提高计算机系统的 I/O 能力，可以在总线的设计与实现中采用哪些方案？

（4）简述串行链接、定时查询和独立请求三种方式仲裁方式的优缺点。

（5）总线仲裁的意义是什么？

（6）异步定时控制方式根据请求和应答信号的撤销是否互锁，可分为哪三种情况？

（7）某总线在一个总线周期中并行传输 4 个字节的信息，假设一个总线周期等于一个总线的时钟周期，总线时钟频率为 66 MHz。

① 求总线带宽是多少？哪些因素会影响带宽？

② 如果一个总线周期中并行传输 64 位信息，总线时钟频率变为 100 MHz，总线带宽是多少？

③ 试分析哪些因素会影响带宽。

第 7 章 输入/输出系统

计算机的输入/输出系统也称为 I/O 系统，通常包括外设、I/O 接口和相关编程软件。本章要求读者了解计算机外设的组成和基本工作原理；理解 I/O 接口的功能、编址方法、运行原理及运行方式；掌握 CPU 与外设的信息交换及其控制方式的基本概念和工作原理，尤其是程序中断传输方式和直接存储器访问（DMA）方式。

7.1 输入/输出系统简介

输入/输出系统是相对于以 CPU 和主存为中心的主机而言的，将信息从外设传输到主机称为输入，反之称为输出。I/O 系统主要用于控制外设与主存、外设与 CPU 之间进行数据交换，是计算机中重要的软、硬件相结合的子系统。通常，把外设及其 I/O 接口电路、I/O 控制部件以及软件统称为 I/O 系统。I/O 系统要解决的问题是对各种形式的信息进行 I/O 控制。实现 I/O 功能的关键是要解决以下问题：如何在 CPU、主存、外设之间建立一个高效的信息传输通路；怎样将用户的 I/O 请求转换成对设备的控制命令；如何对外设进行编址；怎样使 CPU 方便地找到要访问的外设；I/O 硬件和 I/O 软件要如何协调才能完成主机和外设之间的数据传输等。

I/O 系统中的基本概念如下：

（1）外设。包括 I/O 设备以及通过 I/O 接口才能访问的外存设备。

（2）I/O 接口。在各个外设与主机之间的数据传输时进行各种协调工作的逻辑部件，协调工作包括传输过程中速度的匹配，以及电平和格式的转换等。

（3）输入设备。输入设备是用于向计算机输入信息的部件，如键盘和鼠标就是最基本输入设备。

（4）输出设备。用于将计算机中的信息输出到外部的部件，如显示器和打印机就是最基本的输出设备。

（5）外存设备：是指除计算机主存及 CPU 缓存等以外的存储器，硬盘存储器、光盘存储器等是最基本的外存设备。

一般来说，I/O 系统由 I/O 软件和 I/O 硬件两部分构成。I/O 软件包括驱动程序、用户程序、管理程序、升级补丁程序等，通常采用 I/O 指令和通道指令实现 CPU 和 I/O 设备的信息交换。I/O 硬件包括外设、设备控制器和接口、I/O 总线等。设备控制器用来控制 I/O 设备的具体动作，I/O 接口用来与主机（总线）相连。I/O 系统的硬件组成是多种多样的：在带接口的 I/O 系统中，I/O 硬件包括接口模块和 I/O 设备两大部分；在具有通道或 I/O 处理器的 I/O 系统中，I/O 硬件包括 I/O 通道、设备控制器和 I/O 设备等。

7.2 外部设备

计算机的核心硬件是 CPU 和主存，但是这些核心硬件还必须配上各种外部设备（简称外设）才能使计算机进行工作。外设的发展方向主要是采用新技术，向低成本、小体积、高速、大容量、低功耗和智能化等方向发展。

在计算机硬件系统中，外设是相对于计算机主机而言的。凡在计算机主机处理数据前后，负责把数据输入计算机主机，以及从计算机主机输出处理结果的设备都称为外设，而不管它们是否由 CPU 的直接控制。一般说来，除计算机主机以外的设备原则上都可称为外设。

7.2.1 外部设备的作用、分类和特点

外设是计算机和外界联系的接口和界面，如果没有外设，计算机将无法工作。随着超大规模集成电路技术的发展，计算机主机的成本越来越低，而外设的成本在计算机系统中所占的比例却越来越高。随着计算机的发展和应用范围的不断扩大，外设的种类和数量也越来越多，在计算机中的地位也变得越来越重要。

1．外设的作用

外设在计算机中的作用可以分为四个方面。

（1）外设是人机对话的通道。无论微机，还是小、中、大型机，要把数据、程序送入计算机或者要把计算机的处理结果及各种信息送出来，都要通过外设来实现。外设成为人机对话的通道。

（2）外设是完成信息转换的设备。人们习惯用字符、汉字、图形、图像等来表达信息的含义，而计算机内部却是以二进制代码表示的。因此，在人机对话交换信息时，首先需要将各种信息转换成计算机能识别的二进制代码形式，再输入计算机；同样，计算机的处理的结果也必须转换成人们所熟悉的表示方式，这两种转换是通过外设来实现的。

（3）外设是计算机系统软件和信息的存储设备。随着计算机技术的发展，系统软件、数据库和待处理的信息量越来越大，不可能全部存储在主存中。因此，以磁盘存储器或光盘存储器为代表的辅存已成为系统软件、数据库及各种信息的存储设备。

（4）外设是计算机在各领域应用的桥梁。随着计算机应用范围的扩大，已从早期的数值计算扩展到文字、表格、图形、图像和语音等非数值信息的处理。为了适应这些处理，各种新型的外设陆续被研制出来。无论哪个领域、哪个部门，只有配置了相应的外设，才能使计算机得到广泛的应用。

2．外设的分类

按信息的传输方向来分类，外设可分成输入设备、输出设备与输入/输出设备（I/O 设备）

三大类。

（1）输入设备。输入设备是人机交互最重要的装置，其功能是把原始数据和处理这些数据的程序、命令通过输入接口输入到计算机中。因此，凡是能把程序、数据和命令输入计算机中的设备都是输入设备。由于需要输入到计算机的信息是多种多样的，有字符、图形、图像、语音、光线、电流、电压等，而且各种形式的输入信息都需要转换为二进制代码的形式才能为计算机所利用。因此，不同的输入设备在工作原理、工作速度上的差异很大。常用的输入设备包括键盘、鼠标、触摸屏、跟踪球、控制杆、数字化仪、扫描仪、手写笔、纸带输入机、卡片输入机、光学字符阅读机等。这类设备又可分成两类：媒体输入设备和交互式输入设备。常用的媒体输入设备有光学字符阅读机、扫描仪等，这些设备可以把记录在各种媒体上的信息输入到计算机中，一般采用成批输入方式，一次成批输入一块数据，在输入过程中不需要操作者的干预，这类设备属于成块传输设备。常用的交互式设备有键盘、鼠标、触摸屏、手写笔、跟踪球等，这些设备由操作者通过操作来输入信息。

（2）输出设备。输出设备同样是十分重要的，其功能是输出人们所需要的计算机的处理结果。输出的形式可以是数字、字母、表格、图形、图像等。常用的输出设备包括显示器、打印机、绘图仪等。将计算机输出的数字信息转换成模拟信息，送往自动控制系统进行过程控制的数/模转换设备也可以看成输出设备。

（3）输入/输出设备。常用的输入/输出设备包括磁盘驱动器、磁带机、光盘驱动器、显示器终端、网卡之类的通信设备等。这类设备既可以输入信息，又可以输出信息。

按功能来分类，外设可分成人机交互设备、存储设备和机机通信设备三种。

人机交互设备用于用户和计算机之间的交互，如键盘、鼠标、显示器、打印机等，大多数这类设备与计算机交换信息是以字符为单位的，所以又称为字符型设备或面向字符型设备。

存储设备用于存储大容量数据，作为计算机的外存储器使用，如磁盘存储器、光盘存储器、磁带机等。这类设备在与计算机交换信息时采用成批方式，以几十、几百或更多字节组成的信息块为单位，因此属于成块传输设备。

机机通信设备主要用于计算机和计算机之间的通信，如网卡、调制解调器、数/模转换设备和模/数转换设备等。

当然，外设还有其他的分类方法，例如，按所处理信息的形态来分，可分成处理数字和文字的设备、处理图形与图像的设备，以及处理声音与视频的设备等。

3．外设的特点

外设的种类繁多、性能各异，但归纳起来有以下几个特点。

（1）异步性。外设与 CPU 之间是采用完全异步的工作方式，两者之间无统一的时钟，并且各类外设之间工作速度相差很大，它们的操作在很大程度上是独立于 CPU 的，但又要在某个时刻由 CPU 控制，这就势必造成 I/O 操作相对 CPU 时间的任意性与异步性。必须保证在连续两次 CPU 和外设交互之间，CPU 仍能高速地运行它自己的程序，以达到 CPU 与外设之间、外设与外设之间的并行工作。

（2）实时性。在计算机中，可能连接了各种各样的外设，这些外设有低速设备，也有高速设备，CPU 必须及时按不同的数据传输速率和不同的传输方式接收来自多个外设的信息或向多个外设发送信息，否则高速设备就可能会丢失信息。

（3）多样性。由于外设的多样性，它们的物理特性差异很大，信息类型与结构也是多种多样的，这就造成了计算机与外设之间连接的复杂性。为了简化控制，计算机往往提供一些标准接口，以便各类外设通过自己的设备控制器与标准接口相连。计算机无须了解外设的具体要求，可以通过统一的命令控制程序即可实现对外设的控制。

7.2.2 常用的输入设备

常用的输入设备有键盘和鼠标等。

1. 键盘

键盘是计算机系统中最基本的输入设备，是人与计算机进行交互的重要输入设备之一。键盘是由排列成矩阵形式的若干个按键开关组成的，不同型号的计算机键盘提供的按键数目也不尽相同。根据按键数目来分类，键盘可分为 83 键、84 键、101 键、102 键和 104 键等多种类型。尽管键盘按键数目有所差异，但按键布局基本相同，大部分都有主键盘区、光标控制键区、功能键区和数字键区（小键盘）四个区域。

根据键盘功能的不同，可把键盘分为编码键盘和非编码键盘两种。编码键盘中的某一键被按下后，能够提供与该键相对应的编码信息（如 ASCII 码、EBCDIC 码等），并以串行方式传输到 CPU。编码键盘的缺点是硬件设备随着按键数目的增加而增加，且按键功能不能灵活设定。非编码键盘不直接提供被按键的编码信息，只提供被按键的位置，即被按键相对应的中间代码（称为扫描码或位置码，代表位置信息），再在计算机中由相应软件将扫描码按照某种规律转换成规定的编码，这为键盘的某些功能的再定义提供了更高的灵活性。

目前键盘通常采用非编码键盘，由单片机和按键矩阵组成。按键矩阵与扫描码的形成如图 7-1 所示。单片机负责控制整个键盘的工作，在上电时对键盘进行自检、识别按键矩阵中有无按键被按下和哪个按键被按下（即键盘扫描）、键盘与主机的通信等。矩阵键盘中按键的排列是一个 $m \times n$ 的二维矩阵，每个按键对应该矩阵中的一个位置。键盘采用按列进行扫描、接地检查的方式进行工作。具体过程如下：键盘中的单片机每隔 3～5 ms 对按键矩阵的各列键进行扫描，被扫描列键接 0 电平，即“地”，而其他列键接高电平；若被扫描的列键中某个按键被按下，则相应的行键和列键被接通，因而按键所在行输出变为低电平，其他行输出为高电平。例如，当扫描最右边一列时，该列第二行的按键 A 被按下，则第二行的输出为低电平，此时单片机可根据扫描的列号和输出为低电平的行号得到按键的行、列位置，位置信息称为按键的扫描码或位置码。

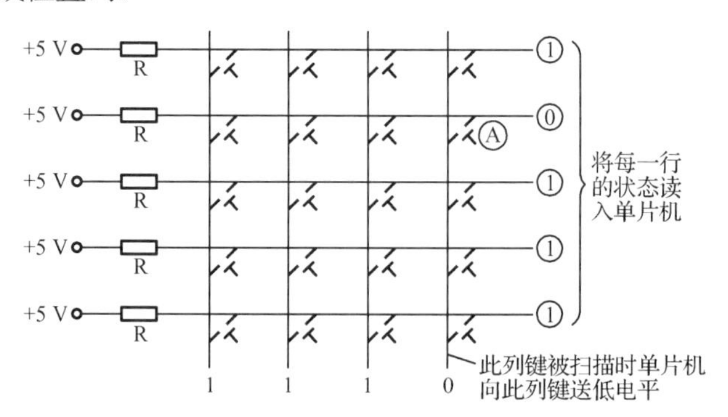

图 7-1 按键矩阵与扫描码的形成

键盘中的单片机除了完成按键扫描和生成扫描码的功能，还可以将扫描码转换成串行形式发送到计算机主机，并具有消除抖动、扫描码缓冲和自动重复等功能。

键盘所发出的串行数据由 1 位起始位、8 位数据位、1 位奇偶校验位和 1 位停止位组成。键盘控制电路接收到这些串行数据后，去掉起始位、奇偶校验位和停止位后，将 8 位数据通过串/并转换形成并行数据后送入缓冲寄存器，然后向 CPU 发出键盘中断请求；CPU 响应该中断后，由键盘中断服务程序把扫描码转换成 ASCII 码，再送入主存中的键盘数据缓冲区。

键盘上也可输入非西文字符，如汉字等，这由各种汉字输入法自行定义。键盘扫描码送入计算机后，经过输入软件的处理后转换成该汉字对应的内码，再进行显示、存储等其他操作。键盘和主机的常用接口有 AT 接口、PS/2 接口和 USB 接口三种，现在台式计算机大多用 USB 接口，USB 接口支持即插即用，使用方便。

2. 鼠标

鼠标是一种相对定位输入设备，它能方便地将屏幕上的光标移动到指定位置，并通过鼠标按键完成各种操作。鼠标一般通过 USB 接口、红外接口或无线接口与计算机连接。鼠标在桌上移动时，其底部的传感器可检测出运动方向和相对距离并送入计算机中。

按内部构造和工作原理的不同，常用的鼠标可分为光电式鼠标和无线鼠标两种形式。

衡量鼠标性能最重要的参数是分辨率，它以 dpi（像素点/英寸）为单位，表示鼠标移动 1 英寸时所经历的像素点数。

7.2.3 常用的输出设备

常用的输出设备主要有显示器和打印设备等。显示器是计算机中最重要的输出设备，显示器和显示适配器构成了计算机的显示系统。显示器有阴极射线管（Cathode Ray Tube，CRT）显示器、液晶显示器（Liquid Crystal Displayer，LCD）、等离子体显示器和发光二极管（Light Emitting Diode，LED）显示器等，现以液晶显示器最为常见。

打印机是计算机系统中标准的输出设备之一，能够把计算机输出的程序、数据、字符、图形以及图像打印在打印纸上。目前常用的打印机主要是激光打印机，另外还有喷墨打印机和针式打印机。

1. 液晶显示器

液晶显示器（LCD）主要用于显示数字、文本、图形及图像等信息，其具有轻薄、体积小、耗电量低、无辐射危险和平面直角显示等特点。目前，现代电子产品中，常使用 LCD 作为人机界面。

（1）LCD 的分类形式。从选型角度来看，LCD 可分为段式 LCD 和图形点阵式 LCD 两种类型。常见的段式 LCD 的每字由 8 段组成，一般只能显示数字和部分字母。

在图形点阵式 LCD 中，一般分为 TN、STN、TFT 三种类型。其中，TN（Twisted Nematic，扭曲向列型）LCD 常用于字符型 LCD。字符型 LCD 可以显示字符和数字，其分辨率一般有 8×1、16×1、16×2、16×4、20×2、20×4、40×2 和 40×4 等形式。其中，乘号前面的数字表示在 LCD 上每行显示字符的个数，乘号后边的数字表示显示字符的行数。例如，16×2 表示 LCD 每行能够显示 16 个字符，共 2 行。

STN（Super Twist Nematic，超扭曲向列型）LCD 又称为无源阵列 LCD，一般用于中小型显示器，既有单色的，也有彩色的。STN LCD 属于反射式 LCD，其优点是功耗小，但在比较暗的环境中清晰度较差。STN LCD 主要用于低档笔记本电脑或者工业用的桌面显示面板。

TFT（Thin Film field effect Transistor，薄膜场效应晶体管）LCD 又称为有源阵列 LCD，它的每个像素点都是由集成在像素点后面的薄膜场效应晶体管来控制的，使每个像素点都能保持一定电压，从而可以大大提高反应时间。一般 TFT LCD 的可视角度大，一般可达到 130° 左右，主要应用于高端显示产品，如微机中的显示屏和手机等。

（2）LCD 的组成结构与工作原理。LCD 的结构是在两片平行的玻璃中放置液态的晶体（液晶）。液晶是一种有机复合物，由长棒状的分子构成。在自然状态下，这些长棒状分子的长轴大致平行。两片玻璃中间有许多垂直和水平的细小电线，通过通电与否来控制长棒状分子改变方向，通过光线折射来产生画面。

液晶单元是像液体一样可以流动的长棒状分子，可以使光线直接通过，但是电荷可以改变其方向及通过它的光线的方向。尽管单色 LCD 没有彩色偏振器，但是每个像素点由多个单元来控制灰度的深浅。

在 TFT LCD 中，每个单元在显示屏上都有自己专用的场效应晶体管，对其充电进而偏转光线。一个 1024（列）×768（行）的 TFT LCD 有 786432 个场效应晶体管，可提供比 STN LCD 更亮的图像，因为每个单元都能维持一个恒定的、较长时间的充电。然而，TFT LCD 的能耗比 STN LCD 大，其制造成本较高。

在单色 LCD 中，可通过改变单元的亮度或者以开关模式高频振动单元来获得灰度级别，最高可到 64 级。彩色 LCD 反映自然界的颜色是通过 R、G、B 值来表示的，如果要在屏幕某像素点显示某种颜色，则必须在显存中给出该像素点的 R、G、B 值。例如，彩色 TFT LCD 高频振动 R（红色）、G（绿色）和 B（蓝色）三个彩色单元，并控制它们的亮度以获得不同的颜色。由于每个彩色单元背后都有一个 8 位的属性寄存器，因此 TFT LCD 最多可显示 2^{24} 种颜色，俗称真彩色显示器。

图形点阵式 LCD 由矩阵构成，通常采用 8 行 5 列的点表示一个字符，使用 16 行×16 列的点表示一个汉字。新一代的彩屏手机中一般都是真彩色显示，TFT LCD 也是目前电子设备中最常用的彩色 LCD。

液晶显示器具有重量轻、体积小、耗电量低、无辐射、可平面直角显示等特点。

（3）LCD 的性能指标。

① 屏幕尺寸。计算机显示器的屏幕尺寸采用屏幕的对角线长度表示，单位是英寸。显示屏的水平方向与垂直方向之比标准形式为 4:3，宽屏形式为 16:9。

② 像素点间距。像素点间距是指不同像素点的两个颜色相同的荧光粉颗粒之间的距离。像素点间距越小，像素密度就越大，分辨率就越高，显示出来的图像就越清晰逼真。LCD 的像素是固定的，在尺寸与分辨率都相同的情况下，大多数 LCD 的像素点间距基本相同，主流 LCD 的像素点间距在 0.3 mm 左右。

③ 分辨率。分辨率是指在显示器尺寸一定的情况下，水平方向和垂直方向的最大像素个数。由于 LCD 的像素点间距固定，所以分辨率不能任意调整。只有在最佳分辨率下 LCD 才能显现出最佳影像，目前 15 英寸 LCD 的最佳分辨率为 1024×768，17～19 英寸的最佳分辨率为 1280×1024，更大尺寸拥有更大的最佳分辨率。

④ 可视角度。可视角度是指人们可以清晰观察屏幕的范围，这是LCD的一个重要的指标。从侧面观看LCD时，亮度、对比度都会有明显的下降。可视角度参数可用水平（左右）、垂直（上下）参数来衡量，也可以用左右、上下参数分别来衡量。

⑤ 亮度。LCD的亮度取决于LCD的结构和背景照明的类型，亮度的单位为坎[德拉]每平方米（cd/m^2），LCD的亮度普遍在200～500 cd/m^2。

⑥ 对比度。对比度实际上就是亮度的比值，即白色画面（最亮时）的亮度除以黑色画面（最暗时）的亮度。在合理的亮度值下，对比度越高，LCD所能显示的色彩层次越丰富。目前，主流LCD的对比度大多集中在400:1～600:1。

⑦ 响应时间。响应时间反映了LCD各像素点对输入信号反应的速度，即每个像素点由暗转亮或由亮转暗所需要的时间。响应时间一般分为上升时间和下降时间两部分。从早期的25 ms到目前的8 ms，LCD的响应时间不断地减小，响应时间越短，LCD的画面效果就越好。

⑧ 色彩数。色彩数是指LCD最多显示多少种颜色。目前高档的LCD基于红、绿、蓝三原色，如每种颜色由8位色彩组成，组合起来就是24位真彩色，这种LCD的颜色一般标称为16.7M。

（4）微机的显示适配器。微机的显示系统由显示器和显示适配器（显卡）构成，显示器和显卡必须配套使用。微机目前有以下两种显示标准。

① TVGA是美国Trident Microsystems公司开发的超级VGA标准，分辨率为640×480、800×600、1024×768、1280×1024等，可显示的颜色数有16色、256色、64K色和16M色等。

② XGA（eXtended Graphics Array）是IBM公司继VGA之后推出的扩展图形阵列显示标准，其配置中有协处理器，属于智能型适配器。XGA可实现VGA的全部功能，而且运行速度比VGA快。

显示器接口常称为显示适配器（显卡），是显示器与计算机的接口电路。通常，显卡是由显示控制器、显示存储器（VRAM，简称显存）、字符发生器和视频BIOS等部件组成的。

显示控制器能够依据设定的显示方式，不断地读取VRAM中的点阵数据（包括图形、字符、文本），将它们转换成R、G、B三色信号并配以同步信号送至显示器。显示控制器还可提供一个专用总线至VRAM总线的通路，以便将主存中已修改好的点阵数据写入VRAM中。

VRAM用来存储将要显示的文字或图形图像数据。在字符显示模式下，VRAM中存储一帧或几帧将要显示的字符ASCII码信息。例如，在IBM PC中，屏幕上可显示80列×25行=2000个字符，即2000个字符窗口。对应于每个字符窗口，所需显示字符的ASCII代码依次存储在VRAM中，以供字符发生器使用。在图形显示模式下，VRAM中存储的是将要显示的图形图像的每个像素信息。

字符发生器的ROM用来存储文本字符的点阵代码。若显卡工作在图形显示模式下时，字符发生器ROM则无效。视频BIOS是一个只读存储器（ROM），用来存储进行视频操作的指令和程序。

通常，微机中的显示器工作时有两种模式：一种是字符显示模式，VRAM中存储的是字符的编码（ASCII码或汉字代码）及其属性（如加亮、闪烁等），其字形信息存储在字符发生器ROM中；另一种是图形显示模式，此时每一字符的点阵信息直接存储在VRAM中，字符在屏幕上的显示位置可以定位到任意点。

显示控制器接收并实现CPU送来的图形命令，并将结果写入VRAM中。同时，显示控制器读出 VRAM 中的内容，经并/串转换和数/模转换后，向显示器发送 R、G、B 三个不同的颜色控制信号，从而在屏幕上显示出彩色图形。显示控制器既可以集成在主板上，也可以独立显卡的形式插在主板的扩展槽中。

目前台式计算机的显卡通过主板扩展槽（独立显卡）或者直接集成在主板上（集成显卡）与主机的系统总线相连，同时通过 9 针 D 形插座与显示器连接。独立显卡上有自己的显示核心芯片（GPU）和显存，不占用 CPU 和主存，其优点是处理数据速度快，缺点是功耗比较高。

集成显卡是指芯片组内集成了显示核心芯片，使用这种芯片组的主板无须独立显卡即可实现普通的显示功能。集成显卡不带显存，使用系统的一部分主存作为显存，具体的容量可以由系统根据需要自动调整。显然，如果使用集成显卡则需要运行占用大量主存的程序，对整个系统的影响会比较明显。此外，由于系统主存的频率通常比独立显卡中显存的频率低很多，因此集成显卡的性能要比独立显卡差。

2. 打印机

打印机是计算机系统中最基本的输出设备之一，目前使用的打印机主要有激光打印机、喷墨打印机和针式打印机。

激光打印机采用将激光技术和电子照相等技术相结合的方式实现打印工作，原理类似于复印机。激光打印机的核心部件是一个可以感光的硒鼓，硒鼓是表面涂覆了有机材料的圆筒，它预先带有电荷，当有光线照射时，受到照射部位的电阻会发生变化。激光发射器所发射的激光照射在一个棱柱形反射镜上，随着反射镜的转动，光线从硒鼓的一端到另一端依次扫过，在硒鼓转动时，继续扫描接下来的一行。计算机所发送来的数据信号则控制着激光的发射，扫描在硒鼓表面的光线不断变化。有的地方受到照射，电阻变小，电荷消失，有的地方没有光线射到，仍保留有电荷，这样就在硒鼓表面形成了由电荷组成的静电潜影。

激光打印机的墨粉是一种带电荷的细微颗粒，它的电荷极性与硒鼓表面的电荷极性相反，当带有电荷的硒鼓表面经过涂墨辊时，有电荷的部位就吸附了墨粉颗粒，由此就完成了显影过程。在硒鼓转动的同时，另一组传动系统将打印纸送进来，经过一组电极之后，打印纸就带上了与硒鼓表面电荷极性相同但比其强得多的电荷。随后打印纸经过带有墨粉的硒鼓，硒鼓表面的墨粉被吸引到打印纸上，从而在打印纸表面形成了图像。此时，墨粉和打印机仅仅是靠电荷的引力结合在一起的，在打印纸送出打印机之前，经过高温加热后墨粉会被熔化，在冷却过程中固定在打印纸表面。硒鼓将墨粉传给打印纸之后，它还会继续旋转，经过一个橡胶制的刮刀，将硒鼓上残留的墨粉刮去，然后进入下一个打印环节。激光打印机的打印过程包括：准备、照相（曝光）、显影、转印和定影五个阶段。

彩色激光打印机一般带有多种颜色的硒鼓，最典型的是 C（青色）、M（品红色）、Y（黄色）、K（黑色）四种颜色。彩色打印过程可先由处理器把彩色图像分解成 C、M、Y、K 四种单色的图像（称为分色过程），再由打印装置分四次套色来完成打印。

打印语言是一组控制打印机工作的命令，打印机按照这些命令打印出复杂的文字与图像。激光打印机具有成熟的技术、很高的稳定性、打印速度快、噪声小和质量高等特点，目前已经得到广泛应用。

喷墨式打印机是一种非击打式打印机，墨水通过很细的喷头喷在打印纸上从而形成字符或图像，墨水喷头排成一个纵列点阵，在打印时，根据要打印的内容使纵列点阵中要打印墨点位置的墨水微粒不带电荷，而不打印墨点的位置的墨水微粒带电荷。这样，当墨水微粒经过电场时，带电荷的墨水微粒被吸附下来；未带电荷的墨水微粒按点阵字的形式凝固在纸上形成字符。在进行彩色打印时，黑、红、黄、品青色墨水一起喷射，则可打印出彩色图形。目前，喷墨打印机按喷头的工作方式可分为压电喷墨打印机和热喷墨打印机两大类。

针式打印机是一种击打式打印机，主要用于银行、税务等部门的票据类打印。针式打印机主要由带动打印头的步进电机、走纸步进电机、色带和接口控制电路组成。针式打印机的打印头是由 1 列或 2 列打印针组成的，打印头有 9 针、24 针等几种形式。在打印时，打印头横向移动，打印机每次一列地按纵向打印点阵字。当一行点阵字打印完毕，走纸到下一行，打印头回到行首准备打印下一行。针式打印机打印成本低，其缺点是打印时的噪声大、打印速度慢等。

衡量打印机性能的主要指标如下：

（1）分辨率。打印机的分辨率用 dpi 表示，即每英寸打印点数，它是衡量打印机质量的重要标志。不同类型的打印机其打印质量也不同。针式打印机的分辨率较低，一般可达 360 dpi。喷墨式打印机和激光打印机的分辨率可达 2400 dpi。

（2）打印速度。针式打印机的速度用每秒打印字符数（cps）来衡量，打印不同的字体和文种时打印速度差别较大。针式打印机的打印速度由于受机械运动的影响，在印刷方式下一般不超过 100 cps，在草稿方式下可以达到 200 cps。

喷墨式打印机和激光式打印机都属于页式打印机，打印速度用每分钟打印页数（ppm）来衡量，一般在几 ppm 到几十 ppm 之间。

7.2.4 其他输入/输出设备

随着科技的发展，具有在更高级视觉、听觉能力上与人交流的计算机系统，即多媒体计算机系统开始出现。多媒体计算机能直接输入文字、图形图像，能听懂人们的讲话，同时能直接用语音合成系统发出声音，播放高质量的音乐，直接用影视画面向人们表达各种信息。

1. 光学字符识别设备

自 20 世纪中期开始进行数字、符号识别技术的研究以来，目前文字识别技术已达到实用化阶段，光学字符识别（Optical Character Recognition，OCR）系统反映了文字识别技术的先进水平。

OCR 系统是多项技术相结合的产物，识别技术是其核心技术，其他技术包括图形文本的扫描输入、光电信号转换、电信号的数字化处理、版面分析与理解、字的切分处理，以及输入信息载体（页）的自动传输技术等。

使用 OCR 技术的扫描仪是一种光机电一体化的高科技产品，是将各种形式的图像信息输入计算机的重要工具之一，是继键盘和鼠标之后的第三代计算机输入设备，也是功能极强的输入设备。无论图片、照片、胶片，还是各类图纸图形以及各类文稿资料，都可以通过扫描仪输入到计算机中，从而实现对这些信息的处理、管理、使用、存储、输出等。配合文字识别软件，还可以将扫描的文稿转换成计算机的文本形式。目前，扫描仪已广泛应用于各类图形图像处理、出版、印刷、广告制作、办公自动化、多媒体、图文数据库、图文通信、工程图纸输入等场合。

扫描仪在工作时会发出强光照射在稿件上，没有被吸收的光线将被反射到光学感应器上。

光学感应器接收到这些信号后将其传输到模/数转换器，模/数转换器将这些信号转换成计算机能够读取的信号，然后通过驱动程序转换成显示器上能看到的图像。扫描仪的光学读取装置相当于人的眼球，其重要性不言而喻。目前，扫描仪最常用的光学读取装置有两种：CCD（Charge Coupled Device，电荷耦合器件）和 CIS（Contact Image Sensor，接触式传感器件）。前者是一种半导体芯片，体积较大，能实现高分辨率的扫描；后者是一种基于 LED 的光电转换器，体积较小，但不适合高分辨率的扫描。

2. 图形图像输入设备

常用的图形图像输入设备有数码相机、画形板、画笔、视频录像机等。近年来，数码相机在色彩质量和图像清晰度等方面不断改进，目前，数码相机已内置了几十 GB 的存储器，并带有 LCD。数码相机最大的特点是可以通过 USB 总线与计算机相连，并在计算机进行修改编辑。

3. 语音识别设备

语音不仅是人类交流信息最自然、最有效的手段，也是人机通信的最有效的一种方法，摆脱了各种传统输入方法的缺点。

语音识别和文字识别都属于模式识别的范畴，但输入技术和工具大不相同。语音识别利用语音的物理模型，通过语音分析手段，预先提取一些语音的特征参数，并存储在计算机中，当进行语音输入时，语音识别系统先对语音进行特征参数的抽取，然后与计算机中存储的特征参数进行比较，通过逻辑判别或距离测量，对输入的语音进行识别。语音识别的流程如图 7-2 所示。

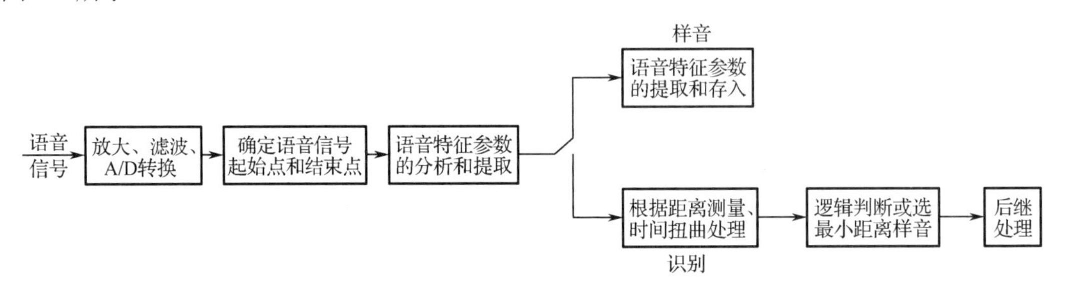

图 7-2　语音识别的流程

语音信号是模拟量，经过放大、滤波和 A/D 转换后，可得到这个语音信号的数字编码，才能送入计算机进行处理。精确地确定一个语音信号的起始点和结束点，是语音参量与样音参量比较的基础。

当进行语音识别时，时间的扭曲处理是极为重要的一步。准确地确定语音信号的起始点和终点，并从中提取了该区间的语音特征参数后，还不能立即与样音进行比较。这是因为即使同一个人重复发同一个音，每次发音也不可能完全一致，即各帧参量不可能完全相同。为了消除各帧由于离散性带来的影响，使被测语音尽可能地与样音对齐就必须对它们中的一个帧进行时间扭曲处理。经过时间扭曲处理后，被测语音强度曲线与样音强度曲线的吻合程度就会得到改进，这时就可以进行识别处理，即选出和特征参数最为接近的样音的语言信号作为最后输出。

此外，还有一种识别方法是按照一定规则对测得的语音特征参数进行计算，译成单词、短语和句子。这种方法较为复杂，但应用极广。

4．3D 打印机

3D 打印机出现在 20 世纪 90 年代中期，是利用光固化和纸层叠等技术的最新快速成型装置。3D 打印机与普通打印机的工作原理基本相同，3D 打印机内装有液体或粉末等“打印材料”，与计算机连接后，通过计算机把“打印材料”层层叠加起来，最终把计算机上的蓝图变成实物，这种打印技术也称为 3D 立体打印技术。

3D 打印机的流程是：首先运用计算机软件进行三维建模，再将建成的三维模型“分区”为逐层的截面数据（即切片数据），并以特定的文件格式存储在计算机中，以便指导 3D 打印机进行逐层打印；在 3D 打印机与计算机连接后，3D 打印机在计算机的控制下，根据模型文件的截面数据，用液体状、粉状或片状的材料将这些截面逐层地打印出来，最后将各层截面以各种方式黏合起来，就可以形成模型实物。

3D 打印机打出的截面的厚度（即 *Z* 方向）以及平面方向（即 *X*、*Y* 方向）的分辨率是以 dpi 或者 μm 为单位来计算的，一般厚度为 100 μm。有时打印出来的实物弯曲表面会比较粗糙（类似计算机图像上的锯齿失真），如要获得更高分辨率的物品，可以先用 3D 打印机打印出稍大一点的实物，再经过表面轻微打磨即可得到表面光滑的实物。

目前，3D 打印机主要的打印材料为塑料、金属等，其他打印材料由于价格昂贵和工艺复杂，使用得比较少。因为受限于可使用的打印材料的种类，所以 3D 打印机还无法应用于高强度的工业产品。3D 打印机及打印材料的成本都非常高，如果未来的打印材料技术突破了目前的限制，那么 3D 打印机将会迅速得到普及。

7.3　I/O 接口

输入/输出接口（I/O 接口）位于主机与外设之间，用来对二者在连接、匹配和缓冲等方面的需求进行协调，完成信息传输和控制任务的逻辑电路。外设通过 I/O 接口把信息传输给 CPU 进行处理，CPU 将处理完的结果通过 I/O 接口传输给外设。I/O 接口是 CPU 与外设进行信息交换的桥梁。

I/O 接口采用的是软件和硬件相结合的方式，其中 I/O 接口电路属于计算机的硬件系统，软件是控制这些电路按要求工作的驱动程序。任何 I/O 接口电路的应用，都离不开软件的驱动与配合。

7.3.1　I/O 接口的基本功能

I/O 接口的种类繁多，既有简单的三态缓冲器或锁存器，也有复杂的可编程大规模集成电路接口芯片或专业接口板。综合各种 I/O 接口，可归纳出以下基本功能。

（1）实现设备的选择。任何一个计算机系统通常都有多个 I/O 设备，并每个设备规定相关的地址码或编号，CPU 在同一时间内只能与一个 I/O 设备交换信息。CPU 发送的选择外设的地址码，需要经过 I/O 接口中的地址译码电路后来选定外设，以便使 CPU 能同选定的外设交换信息。

（2）实现数据缓冲以达到速度匹配的目的。由于CPU和总线十分繁忙，而外设的处理速度相对较慢，所以有必要把要传输的信息在I/O接口中缓存起来，以便解决CPU同外设之间的速度匹配问题。在信息传输的过程中，通常先将信息送入数据缓冲寄存器后，再送到目的设备（输出方式）或者CPU（输入方式）中。

在输入接口中，通常要设置三态缓冲器，仅当CPU选通该输入接口时，才允许选定的输入设备将信息送到系统总线，此时其他输入设备与数据总线是相隔离的。在输出接口中，一般会设置锁存器，将输出的信息锁存起来，这样可以使外设有足够的时间来处理CPU或总线传输过来的信息，同时又不妨碍CPU和总线去处理其他事务。

（3）传输控制命令和状态信息。I/O接口处在CPU与外设之间，在进行信息交换时，既要面向CPU，又要面向外设。I/O接口必须提供完成这一功能所需的控制逻辑与状态信号，这些信号包括状态信号、控制信号和请求信号等。CPU可以通过I/O接口中的命令寄存器向外设发送启动等控制信号，也可以通过状态寄存器了解外设的运行状态，如外设是否“准备好”（Ready）或者是否“忙”（Busy）等状态信息。

（4）信号转换功能。由于外设所需的控制信号和所能提供的状态信息往往同CPU的总线信号不兼容，因而常需要由I/O接口来完成信号的转换。另外，系统总线上传输的信息和外设使用的信息，在格式和位数等方面也存在很大差异。例如，总线上传输的是并行信息，而外设需要的是串行信息，这就需要进行串/并转换。如果外设使用的是模拟信号，则要进行A/D转换或D/A转换。

7.3.2 I/O接口的分类与基本组成

1. I/O接口的分类

I/O接口的分类方式有多种形式，主要有按通用性分类、按可编程性分类、按数据传输格式分类三种形式。

（1）按通用性分类，I/O接口可分为通用接口和专用接口两类。

通用接口是可供多种外设使用的标准接口，目的是使计算机正常工作，同时具有较多功能供灵活选择。通用接口通常制造成集成电路芯片，也称为接口芯片。例如，最初的IBM PC使用的是接口芯片，如Intel 8255、8259、8237、8253等可编程器件，后来的微机将这些芯片集成为大规模集成电路芯片（称为芯片组）。

专用接口是为某种用途或某类外设而专门设计的接口，目的是扩展计算机系统的功能，通常制造成接口卡插在主板总线插槽上，或者直接制作在主板上。

（2）按可编程性分类，I/O接口可分为简单接口和可编程接口两类。

简单接口，如锁存器74LS373、单向缓冲器74LS244、双向缓冲器（数据收发器）74LS245等，仅用于完成数据（信息）的缓冲、驱动或锁存等功能。

若I/O接口能通过指令指定功能并选择运行参数，则称此接口为可编程接口。常用的可编程接口有并行I/O接口（Intel 8255）、定时器/计数器（Intel 8253）、中断控制器（Intel 8259）和DMA控制器（Intel 8237）等，其功能都可以通过编程来控制。

（3）按数据传输格式分类，I/O接口可以分为并行接口和串行接口两种类型。

并行接口是指I/O接口与系统总线、I/O接口与外设均按并行方式传输信息，各位信息同时传输。并行接口适用于要求传输速率高，距CPU较近的外设（2 m之内）。

串行接口是指I/O接口与系统总线并行传输，I/O接口与外设串行传输，信息逐位分时传输。串行接口适用于设备本身传输速率低、距CPU较远，或需减少传输线的场合。

2．I/O接口的基本结构

I/O接口的基本结构如图7-3所示，主要由数据线、状态线、控制线、译码电路、控制逻辑电路，以及主机与I/O接口、I/O接口与外设之间的信号连接线等组成。通常，每个I/O接口内部都包括寄存器或相应的逻辑电路。

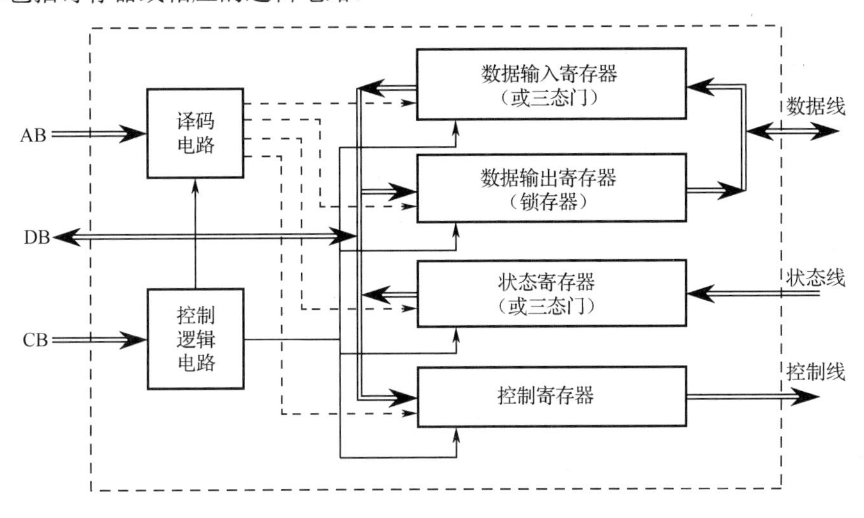

图7-3　I/O接口的基本结构

（1）外设与I/O接口间的信息传输。外设与I/O接口之间通常传输的信息可分为数据信息、状态信息和控制信息三种类型，这些信息都是通过数据总线分时传输的。

① 数据寄存器的信息。外设的数据信息通常包括数字量、模拟量和开关量等。其中，数字量是指由键盘、扫描仪等输入设备输入的信息，或者由打印机、显示器等输出设备输出的信息，是以二进制形式表示的数，或者以ASCII码形成表示的数或字符，其位数有8位、16位和32位等。

模拟量是指在计算机控制系统中，某些现场信号（如压力、位移、流量等）经传感器转换为连续变化的电信号，再通过放大器得到的模拟电压或电流。这些信号需要先经过A/D转换变成数字量后，才能输入到计算机。同样，计算机对外设的控制必须先将数字信号经过D/A转换变成模拟量后，才能对现场设备进行控制。

开关量是指只含两种状态的量，如开关的断开与闭合、电路的通与断等，故只需用一位二进制数即可表示一个开关量。

② 状态寄存器的信息。状态信息主要用来反映外设当前的状态。在输入时，状态信息主要反映输入设备是否准备好，若准备好，则向CPU输入信息，否则CPU等待；在输出时，状态信息主要反映输出设备是否处于忙状态，如为忙CPU则等待，不忙CPU则输出信息。

③ 控制寄存器的信息。控制信息是CPU通过I/O接口传输给外设的，专门用来控制外设的操作，是向外设传输的控制命令。例如，对外设的启动和停止就是常见的控制信息，CPU

通过发送控制信息来控制外设的工作。

（2）CPU 与 I/O 接口的信息传输。CPU 与 I/O 接口传输的信息类型主要有数据信息、状态信息和控制信息。其中地址译码是 I/O 接口的基本功能之一，CPU 在进行 I/O 操作时，首先向地址总线发送外设的接口地址，在接收到与本接口相关的地址后，译码电路产生相应的选通信号，使相关的寄存器/缓冲器进行数据信息、控制信息或状态信息的传输，这样就可完成一次 I/O 操作。

在较复杂的 I/O 接口中，还包括数据总线、地址总线缓冲器、内部控制器、对外联络控制逻辑等部分。由此可见，CPU 与外设间的信息传输、控制、联络等操作都是通过对相应 I/O 接口进行读/写操作来完成的。

7.3.3 I/O 接口的编址方式

为使CPU能选择外设并进行信息传输，I/O接口中通常都具有多个可由CPU进行访问（读或写）的寄存器。这些寄存器大部分都具有相互独立的地址，这样的寄存器被称为输入/输出端口（Port）。CPU 以访问端口的形式来访问 I/O 接口，即 CPU 通过这些端口与该 I/O 接口所连接的外设进行信息交换。

一个 I/O 接口可以包含一个端口，也可以包含多个端口。对 CPU 来说，接口仅是一个笼统的概念，接口中的各个端口才是 CPU 与 I/O 接口打交道的具体对象。所谓的外设地址，实际上是该外设在 I/O 接口中的端口地址。一个外设可以拥有几个相邻的端口地址，CPU 正是通过这些端口与外设进行通信的。对端口进行编址，也就是给每个外设规定一些地址码，这些地址码通常也称为设备号。目前，I/O 接口的编址方式有统一编址和独立编址两种方式。

（1）统一编址方式。统一编址方式把 I/O 接口当成存储单元，该方式也称为存储器映像编址方式。在这种编址方式中，I/O 接口与存储器单元的地址进行统一安排，通常是在整个地址空间中划分出一块连续的地址区域分配给 I/O 接口，已被 I/O 接口占用了的地址，存储器就不能再使用。

采用统一编址方式时，CPU 访问 I/O 接口如同访问存储器单元一样，对存储器进行操作的指令也可用于 I/O 接口。该方式的优点是寻址类型多、编程较方便；其缺点是 I/O 接口会占用存储器空间、速度较慢。

（2）独立编址方式。独立编址方式是指将 I/O 接口和存储器分开编址，即 I/O 地址空间与存储器空间互相独立，I/O 接口不占用存储器的地址空间。例如，Intel 8086/8088 处理器的内存地址的范围是 00000H～FFFFFH，而 I/O 接口的地址范围是 0000H～FFFFH，这两个地址相互独立，互不影响。但是，这种方式需要设置专门的 I/O 指令进行 I/O 操作，如指令“IN”完成输入，指令“OUT”完成输出操作，其指令的地址码字段指出外设的设备号。另外，独立编址方式还需要由相应的控制信号（如 $M/\overline{IO}$）来区分 CPU 执行的是对存储器的操作还是对 I/O 接口的操作。

可见，独立编址方式的优点是 I/O 接口不占内存地址空间、指令执行速度较快；其缺点是需要专用的 I/O 指令和控制信号、寻址方式较少。

7.4 输入/输出信息传输控制方式

I/O 系统用于实现主机与外设之间的信息传输。按照信息传输控制方式的不同，可分为程序直接传输方式、程序中断传输方式、直接存储器访问（DMA）方式、I/O 通道控制方式和外围处理机方式。各种信息传输控制方式在性能、价格、解决问题的侧重点上各不相同，本节将分别进行介绍。

7.4.1 程序直接传输方式

程序直接传输方式是完全通过程序来控制 CPU 和外设之间的信息传输的，用户可编写一段 I/O 程序来直接控制外设。该方式是进行信息传输的最简单的控制方法，可分为无条件传输和程序查询传输方式。

1. 无条件传输方式

无条件传输方式是一种最简便的程序直接传输方式，该方式默认外设始终处于准备就绪状态，CPU 在输入和输出信息前不需要查询外设的工作状态，I/O 接口和程序的设计都比较简单。但采用该方式的前提是程序员能够确保外设在任何时候都处于准备就绪状态，不必查询外设的状态即可进行信息传输。为了保证信息传输的正确性，无条件传输方式仅用于简单的外设。

2. 程序查询传输方式

CPU 通过执行程序不断读取并测试外设的状态，根据外设的状态来控制外设的 I/O 操作。程序查询传输方式在执行 I/O 操作之前，需要通过程序对外设的状态进行查询。当所选定的外设已准备就绪后，才可开始进行 I/O 操作。为了使 CPU 能够查询到外设的状态，外设需要提供一个专门的状态端口用来存储其状态信息。

程序查询传输方式的优点是控制和硬件实现方式简单，但会使 CPU 的工作效率降低。程序查询传输方式适用于信息传输没有规律，且对传输速率和传输效率要求不高的外设。

7.4.2 程序中断传输方式

在程序查询传输方式中，由于 CPU 要不断地查询外设的状态，这会对 CPU 资源造成很大浪费。为弥补这种缺陷，提高 CPU 的使用效率，在信息传输过程中，可采用程序中断传输方式，即 CPU 平时可以执行正常的操作，当外设发出中断请求时，CPU 响应该中断后转去执行中断服务程序。待中断服务程序执行完毕后，CPU 重新返回到原来的程序继续执行原来的任务。在这种情况下，CPU 可以与外设同时工作，可提高 CPU 的工作效率。

程序中断传输方式是 CPU 与中低速外设、小信息量传输或突发事件处理中广泛使用的技术。

1. 中断的概念

中断是指由于某些随机事件的产生而使 CPU 暂时中止当前正在执行的程序，转而处理相应的事件或有意安排的任务，在处理结束后能自动继续执行原来的程序。

中断源是引起中断产生的事件或发生中断请求的来源，主要包括硬件中断（如外设中断、内部硬件故障中断等强迫中断）和软件中断（如程序调试中断、程序故障等）。

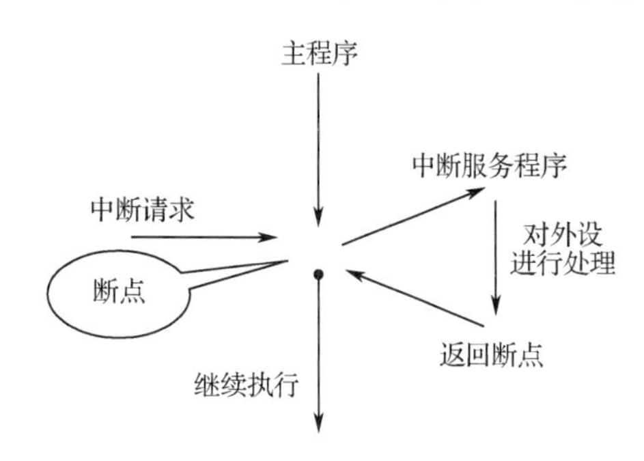

图 7-4　中断响应和中断处理过程的示意图

中断服务程序是为处理意外情况或有意安排的任务而编写的程序。中断服务程序事先存储在主存中的某个区域，其起始地址称为中断服务程序的入口地址。执行完中断服务程序后返回到原来程序的地址称为断点，中断响应与中断处理过程的示意图如图 7-4 所示。

中断系统是实现中断功能的软、硬件系统的总称。在 CPU 内部配置了中断机构，在设备中配置了中断控制接口，在软件上设计了相应的中断服务程序。采用中断方式能够使 CPU 和外设并行工作，可完成实时处理故障、人机对话、多进程等功能。

单级中断是指在执行中断服务程序的过程中，只能为本次中断服务，不允许打断该中断服务程序。只有在中断服务程序完成后，才能响应新的中断请求。

多重中断（中断嵌套）是指在执行中断服务程序过程中，允许优先级高的中断可以中止优先级低的中断的中断服务程序。在保存断点和保存现场后，转去响应优先级更高的中断请求，并执行新的中断服务程序。

中断过程类似于调用子程序的过程，但是它们之间有多方面的区别，例如在随机性、与现行程序的关系、嵌套问题、入口地址来源、优先级和屏蔽等方面都存在着不同。

2. 中断方式的接口电路

在中断方式下传输信息，外设要具有能向 CPU 发出中断请求信号的电路，同时也要有接收从 CPU 来的应答信号的电路。图 7-5 所示为中断方式下的一种输入接口电路，图中采用 Intel 8086 处理器作为 CPU。

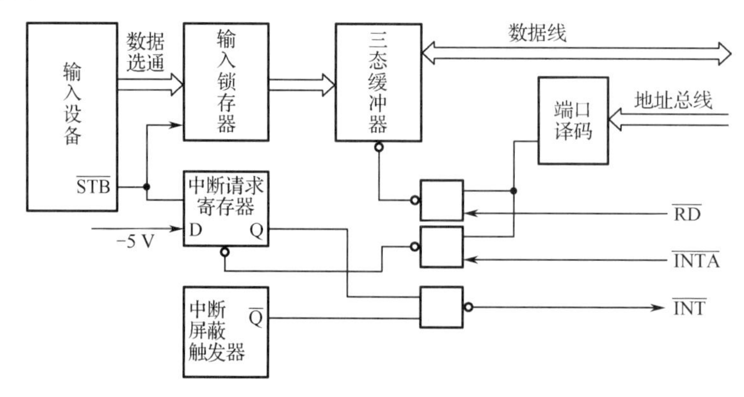

图 7-5　中断方式下的一种输入接口电路

在图 7-5 中，输入锁存器与三态缓冲器构成数据端口。当输入设备准备就绪后，发出选通信号 $\overline{STB}$，该信号分别控制输入锁存器控制端和中断请求寄存器。若此时系统允许中断（开中断），且中断屏蔽触发器已置为 1，则可通过与非门向 CPU 发送中断请求信号 $\overline{INT}$。CPU 响应该外设的中断请求，执行中断响应总线周期，发出中断应答信号 $\overline{INTA}$，继而执行相应的中断服务程序。在中断服务程序中完成信息的输入操作，同时复位中断请求触发器，撤销中断请求信号 $\overline{INT}$，最后返回被中断的原程序。

在中断方式中，CPU 与外设的关系是主动请求，CPU 被动接收。中断服务程序必须是预先设计好的，且其程序入口地址已知，调用时间则由外部信号决定。中断方式的显著特点是能实现 CPU 与外设并行工作，提高 CPU 的使用效率，并使外设的服务请求得到及时处理。

例如，某外设的传输速率为 100 B/s，若采用程序查询传输方式，则 CPU 传输 100 个字节的信息需要用 1 s。如果采用程序中断传输方式，假若 CPU 执行一次中断服务程序需要 100 μs，每次中断传输 1 个字节的信息，那么 CPU 传输 100 B 的信息所需的时间为 100 μs×100=10 ms，只占 1 s 的 1%，其余 99%的时间 CPU 可用于执行其他任务，CPU 的工作效率可得到显著提高。

3．中断方式的工作流程

中断方式的工作流程具体分为中断请求阶段、中断响应阶段以及中断处理与中断返回三个阶段。

（1）中断请求阶段。中断源发出中断请求信号，并将其中断请求信号保持在中断请求寄存器中，以保持请求状态。

（2）中断响应阶段。中断响应阶段的主要工作是确认中断响应的条件，当响应条件全部具备时，CPU 就会停止现行程序的运行进入中断处理阶段。中断响应条件如下：

① 中断源请求中断。例如，外部中断请求信号 IREQ、内部中断请求信号 INT*n* 等。

② CPU 允许中断（开中断）。例如，Intel 8086 处理器中是采用软件编程的方法，使标志寄存器的中断标志位 IF=1（即开中断）。

③ 必须完成当前的指令，即在每一条指令结束时，自动检测外设是否有中断请求。当然，停机指令除外。

④ 机器无故障和无 DMA 等优先级更高的中断请求。

（3）中断处理与中断返回阶段。如果存在有多级中断源的情况下，当上述中断条件全部满足后，处理一次中断通常需经过以下步骤：

① 关中断。关中断一般由硬件自动实现，因为接下去要保存断点、保存现场。在保存现场的过程中，即使有更高优先级的中断请求，CPU 也不会响应该中断，否则会使现场保存不完整，从而导致在中断服务程序结束之后无法恢复现场并继续执行原程序。

② 保存断点、保存程序状态字（PSW）。为了在中断处理结束后能正确返回断点，在响应中断时，必须把当前的程序计数器（PC）中的内容（即断点）保存起来，同时还要保护 PSW，以上工作由系统通过硬件自动完成。

③ 判断中断的优先级，获取中断服务程序入口地址。在多个中断源同时请求中断的情况下，响应的是优先级最高的那个中断，其他的中断请求将被存储，待后续处理。确定中断后，就转入相应的中断服务程序。

④ 保护现场，更新中断屏蔽字，开中断。因为接下去就要执行中断服务程序，所以此时

将要保存部分寄存器的内容和更新中断屏蔽字，开中断将允许更高优先级的中断请求能够得到响应。

⑤ 执行中断服务程序。这是中断处理的主体部分，不同中断的中断服务程序是不同的，中断处理工作是在中断服务程序中完成的。

⑥ 关中断，恢复现场、断点和原中断屏蔽字。这一步的关中断是防止在恢复现场过程中有新的更高优先级中断被响应，避免现场恢复不完整。此过程根据后进先出的原则一一对应恢复保护的现场和断点，以及恢复原中断屏蔽字。

⑦ 开中断。在恢复现场之后，还可以允许更高优先级中断请求得到响应。

⑧ 中断返回。执行中断返回指令，根据中断断点地址返回原程序。

在以上步骤中，进入中断时要执行关中断、保存断点、保存 PSW 和将中断服务程序的入口地址装入 PC 等操作，在中断返回时要执行关中断、恢复 PSW、恢复断点等操作，这些操作通常是由硬件实现的，类似于一条指令，但没有操作码、不能供编程使用，因此也称为中断隐指令。单级中断和多级中断的中断处理操作比较如表 7-1 所示。

表 7-1　单级中断和多级中断的中断处理操作比较

	多级中断	单级中断
中断响应 （中断隐指令由硬件自动完成）	关中断，保存断点地址及 PSW 判别中断源和优先级 获取中断服务程序入口地址及新的 PSW	关中断，保存断点地址及 PSW 获取中断服务程序入口地址及新 PSW
中断服务程序	保护现场，送新的中断屏蔽字 开中断 执行中断服务程序 关中断 恢复现场及原中断屏蔽字，恢复断点 开中断 中断返回	保护现场 执行中断服务程序 恢复现场，恢复断点 开中断 中断返回

4. 中断服务程序入口地址的获取方式

CPU 响应中断的请求后，会通过执行中断服务程序来处理中断。中断服务程序预先存储在主存中，关键是如何获取中断服务程序的入口地址。在计算机中，可以通过向量中断方式（硬件方式）或非向量中断方式（软件查询方式）来获取中断服务程序的入口地址。

（1）向量中断方式。在向量中断方式中，中断服务程序的入口地址称为中断向量，存储所有中断向量的一段主存区域称为中断向量表，访问中断向量表的地址称为中断向量地址。

向量中断方式通常将中断服务程序的入口地址（中断向量）保存在中断向量表中，在 CPU 响应中断时，由硬件直接产生相应的中断向量地址，按该地址查询中断向量表可得到中断服务程序的入口地址，从而转入相应的中断服务程序。例如，在 IBM PC 中，中断向量表保存在主存最开始的 1 KB 的存储单元中，每个中断服务程序的入口地址占 4 个字节，前 2 个字节用于保存段地址，后 2 个字节用于保存偏移量，因此整个中断向量表可以存储 256 个中断服务程序的入口地址，与中断的优先级 0～255 相对应。

（2）非向量中断方式。在某些计算机系统中，CPU 响应中断时只产生一个固定的地址，由此读取中断查询程序（也称为中断服务总程序）的入口地址，通过软件查询程序方式确定中断服务程序入口地址，然后转向并执行相应的中断服务程序。

现代计算机大多具备向量中断功能，可以将非向量中断方式作为一种补充手段。

5．中断优先级的设定原则、判别及优先级的调整

（1）中断优先级的设定原则。中断的优先级一般是按照中断的紧迫性来设定的，通常机器故障的优先级高于一般中断；在高速数据传输中，DMA 中断的优先级高于中、低速外设的中断；在外设中断中，输入中断的优先级高于输出中断。当然，也可以根据具体的实际情况和需要来具体安排。

（2）优先级的判别。当多个中断源向 CPU 发出中断请求时，CPU 在任何一个时刻只能接受一个中断请求，所以 CPU 必须对各个中断请求进行优先级排队，且只能接受优先级最高的中断请求。在中断服务程序执行过程中，同级别和低级别的中断请求得不到响应。

CPU 对这些中断请求进行排队，也称为中断判优或优先级判别。目前常采用硬件构成一个串行链式（菊花链）优先级排队逻辑来确定中断请求的优先级，称为排队链。例如，图 7-6 所示为串行排队判别中断请求优先级电路，INTRn 表示中断请求，INTPn 为 1 时表示该中断请求被响应，为 0 表示未被响应。该电路结构简单，在逻辑上，离 CPU 最近的外设中断请求的优先级最高。

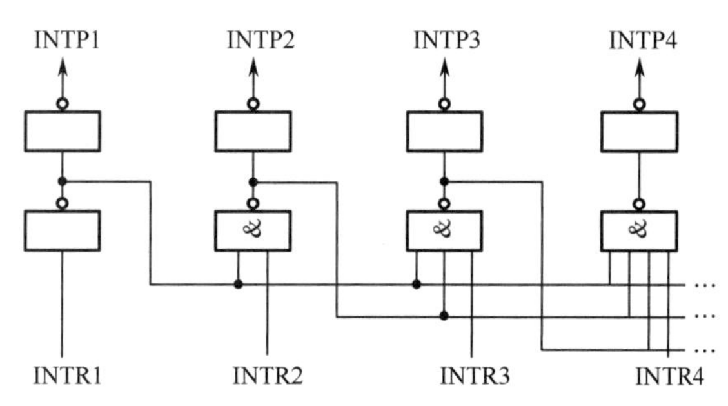

图 7-6　串行排队判别中断请求优先级电路

另外，某些计算机中还采用具有中断控制器集成芯片的优先级逻辑电路，如微机中的中断控制器 Intel 8259A，其内部就包含中断请求寄存器、优先级排队寄存器、中断服务寄存器、中断屏蔽寄存器等相关逻辑电路。

（3）中断优先级的调整。计算机中断系统的优先级执行过程，一般可以分为响应优先级和处理优先级两个步骤。

① 响应优先级：在中断系统中，当有多个中断源同时提出中断请求并满足中断条件时，在中断响应阶段中，由硬件优先级排队逻辑决定 CPU 响应各中断请求的先后次序。

② 处理优先级：在具有多级中断系统的中断服务程序处理阶段，通常采用中断屏蔽技术，根据中断屏蔽字来对中断优先级的执行顺序重新进行级优先级排队确认，经确认后可以执行未被屏蔽的中断请求对应的中断服务程序。

由硬件优先级排队逻辑决定中断优先级响应次序的方案，在设计完成以后，其系统内各中断的优先级就确定了，缺乏临时改变中断优先级的灵活性。通常，在多级中断系统中还需要加入中断屏蔽技术，在不改变中断系统硬件优先级排队逻辑的前提下，该技术可以通过临时设置中断屏蔽字来改变中断服务程序的执行次序，即临时改变中断的优先级。

中断系统中的中断屏蔽寄存器为每个中断都配置一个中断屏蔽位，置 1 表示阻止该中断请求；置 0 表示允许该中断请求。通过编程方式来暂时改变中断服务程序执行的优先级，也可以看成中断处理过程中的优先级软排队器，中断屏蔽字的设置也称为优先级软排队器。

在实际中，通过中断屏蔽字设置的优先级可以和通过硬件优先级排队逻辑设置的优先级相同，也可以人为地设置新的中断屏蔽字来临时改变某个中断服务程序的执行次序。

例 7.1 某计算机系统有 A、B、C 和 D 共 4 个外设，每个外设的中断分别具有不同的优先级，即 1、2、3、4 级优先级。假设中断的响应优先级别是 1 级（最高）→2 级→3 级→4 级（最低）的顺序。表 7-2 列出了各级中断在中断响应优先级与中断处理优先级相同情况下的中断屏蔽字。

表 7-2 各级中断在中断响应优先级与中断处理优先级相同情况下时的中断屏蔽字

优 先 级	中断屏蔽字				说 明
	A	B	C	D	
1 级	1	1	1	1	0 为开放，1 为屏蔽，同级被屏蔽
2 级	0	1	1	1	
3 级	0	0	1	1	
4 级	0	0	0	1	

多级中断响应及中断处理过程如图 7-7 所示时，外设 B 和 C 同时发出两个中断请求，根据其优先级先响应外设 B 的中断请求，执行外设 B 的中断服务程序并保护现场后，把 2 级中断服务程序的中断屏蔽字置入中断屏蔽寄存器，将会屏蔽 3 级中断请求。执行完 2 级中断服务程序返回原程序后，再响应 3 级中断请求。若在此过程中，外设 D 又发出中断请求，则 CPU 根据中断屏蔽字的设置暂不予理睬外设 D 的中断请求，在 3 级中断服务程序执行后再响应 4 级中断请求。

若 CPU 再次执行 2 级中断服务程序时，出现了 1 级中断请求，由于在响应 2 级中断服务程序时已经把其中断屏蔽字置入中断屏蔽寄存器，这样根据中断屏蔽字对 1 级中断请求是开放的，则 CPU 会暂停对 2 级中断服务程序的执行，转去执行 1 级中断服务程序。待 1 级中断服务程序执行完后，再继续去执行 2 级中断服务程序。在本例中，中断响应次序为 2 级→3 级→ 4 级→2 级→1 级；而中断服务程序的执行次序为 2 级→3 级→4 级→1 级→2 级。

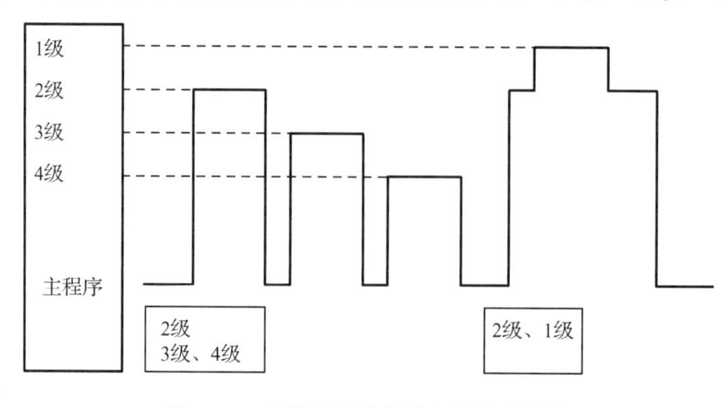

图 7-7 多级中断响应及中断处理过程

例 7.2 在例 7.1 不改变硬件优先级排队逻辑次序下，欲临时将执行中断服务程序执行次序改变为 1 级→4 级→3 级→2 级，可以采用更改中断屏蔽字的方式来实现。这样，更改后的新中断屏蔽字如表 7-3 所示。

表 7-3 更改后的新中断屏蔽字

优先级别	中断屏蔽字				说明
	A	B	C	D	
1 级	1	1	1	1	0 为开放，1 为屏蔽，同级被屏蔽
2 级	0	1	0	0	
3 级	0	1	1	0	
4 级	0	1	1	1	

例 7.2 中的多级中断响应及中断处理过程如图 7-8 所示时，在 CPU 执行程序过程中的某一时刻，外设 A、B 和 D 同时发出中断请求，首先根据硬件优先级排队逻辑先响应 1 级中断请求，并根据更改后的新中断屏蔽字确认执行对应的中断服务程序；当返回原程序后，由硬件优先级排队逻辑决定再响应 2 级中断请求。但由于 2 级新中断屏蔽字对 4 级是开放的且屏蔽了本身级别的中断，这样当 2 级中断服务程序执行到开中断指令时就会被 4 级中断；当 4 级中断服务程序执行完后会返回到 2 级中断服务程序，并在执行完 2 级中断服务程序后返回原程序。由此可知，它临时改变了硬件优先级排队逻辑所决定的中断响应次序。

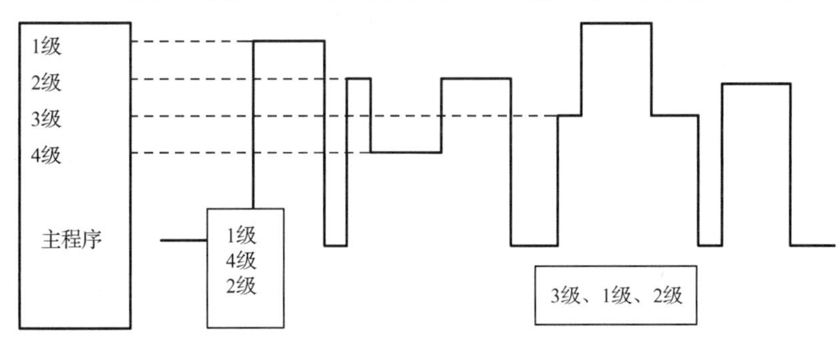

图 7-8 例 7.2 中的中断响应及中断处理过程图

当外设 C 发出中断请求后，系统响应 3 级中断请求。在执行 3 级中断服务程序的过程中，由于外设 A 发出中断请求，在中断屏蔽字中因 3 级对 1 级是开放的，所以会立即停止 3 级中断服务程序的执行，转而执行 1 级中断服务程序。当 1 级中断服务程序执行完后会返回并执行 3 级中断服务程序，这时外设 B 发出中断请求，由于 3 级中断屏蔽字是对 2 级中断请求是屏蔽的，故当 3 级中断服务程序执行完返回原程序后才会响应 2 级中断请求，并在执行完 2 级中断服务程序后返回原程序。

图 7-8 显示的中断响应次序与中断服务程序的执行次序不一致，CPU 的中断响应次序为 1 级→ 2 级→4 级→3 级→1 级→2 级，执行中断服务程序的执行次序为 1 级→4 级→2 级→1 级→ 3 级→2 级。

例 7.3 某中断系统响应中断需要 50 ns，中断服务程序至少需要 150 ns，其中 60 ns 用于软件的额外开销。

（1）该中断系统最大的中断频率为多少？中断额外开销时间占中断时间的比例为多少？

（2）假设有一个外设，其数据传输速率为 10 MB/s，如果以中断方式传输数据且每次中断只传输一个数据，那么该系统能实现这个传输要求吗？

解：

（1）计算过程如下：

因为最短的中断间隔时间=50+150=200 ns，中断额外开销时间=中断系统响应时间+软件额外开销=50+60=110 ns，所以最大的中断频率=1/200 ns=5 MHz，中断额外开销时间占中断时间的比例=110/200=55%。

（2）由于外设的数据传输速率为 10 MB/s，即传输数据的间隔时间=1÷10 MB/s=100 ns＜最短的中断间隔时间 200 ns，所以该中断系统不能实现这个传输要求。

7.4.3 直接存储器访问方式

直接存储器访问（Direct Memory Access，DMA）是一种完全由硬件执行信息交换的工作方式。在这种方式中，DMA 控制器完全接管 CPU 对总线的控制，信息交换不经过 CPU，而直接在主存（内存）和外设之间进行。

DMA 方式的主要优点是传输速率快，其原因是在 DMA 方式下 CPU 基本不参加传输操作，因此就省去了 CPU 取指、取数、送数等操作；在信息传输过程中，没有保护现场、恢复现场之类的工作；其内存地址修改、传输字个数的计数等也不是由软件实现的，而是用硬件线路直接实现的。DMA 方式能满足高速外设和数据块批量传输的需求，也有利于 CPU 效率的发挥，在计算机中被广泛采用。

由于大规模集成电路工艺的发展，很多厂商直接在 CPU 芯片中集成了 DMA 控制器。由于 DMA 方式要增设 DMA 控制器，所以硬件电路要比程序查询传输方式和程序中断传输方式更为复杂。

1. DMA 控制器的基本组成

DMA 控制器（DMAC）是 DMA 方式下外设与系统总线之间的接口，该接口是在中断接口的基础上再加上 DMA 控制器构成的。最简单的 DMA 控制器组成示意图如图 7-9 所示，它由以下逻辑部件组成。

（1）内存地址计数器。内存地址计数器用于存储内存中要访问的内存单元的地址。在 DMA 传输前，CPU 需通过程序将数据在内存中的起始位置（首地址）送到内存地址计数器。而当 DMA 传输时，每交换一次数据，将内存地址计数器加 1，从而以增量方式给出内存中要交换的一批数据的地址。

（2）字计数器。字计数器用于记录传输数据块的长度（多少字数），其内容也是在数据传输之前由 CPU 通过程序预置的。当 DMA 传输时，每传输一个字的数据，字计数器就减 1，当字计数器减至 0 时，表示这批数据传输完毕，于是 DMA 控制器向 CPU 发中断信号。

（3）数据缓冲寄存器。数据缓冲寄存器用于暂存每次传输的数据（一个字）。当输入时，由外设（如磁盘）送往数据缓冲寄存器，再由数据缓冲寄存器通过数据总线送到内存。反之，输出时，由内存通过数据总线送到数据缓冲寄存器，再送到外设。

（4）DMA 请求标志。每当设备准备好一个字的数据后给出一个控制信号，将 DMA 请求标志置 1。该标志置 1 后向控制/状态逻辑发出 DMA 请求，后者又向 CPU 发出总线使用权的请求（HOLD），CPU 响应此请求后发回响应信号 HLDA，控制/状态逻辑接收此信号后发出

DMA 响应信号，使 DMA 请求标志复位，为交换下一个字的数据做好准备。

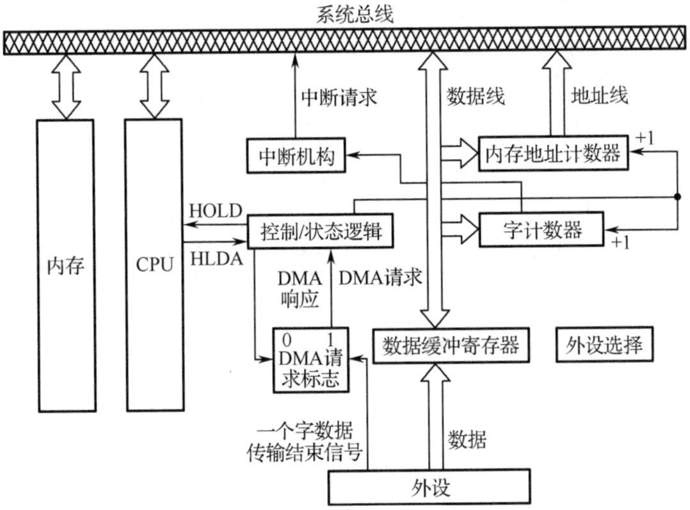

图 7-9　最简单的 DMA 控制器组成示意图

（5）控制/状态逻辑。控制/状态逻辑由控制和时序电路以及状态标志等组成，用于修改内存地址计数器和字计数器，指定传输类型（输入或输出），对 DMA 请求信号和 CPU 响应信号进行协调与同步。

（6）中断机构。当字计数器减为 0 时，意味着一批数据交换完毕，由字计数器结束信号触发中断机构，向 CPU 提出中断请求。这里的中断与前面介绍的 I/O 中断所采用的技术相同，但中断的目的不同，前文的中断是为了输入或输出数据，而这里是为了报告一批数据传输结束，因此，它们是 I/O 系统中不同的中断事件。

2．DMA 的工作原理

DMA 方式与中断 I/O 方式一样，也是采用请求-响应方式，只是中断 I/O 方式请求的是处理器的时间，而 DMA 方式请求的是总线控制权。不过，在采用 DMA 方式进行硬盘存储器等高速外设的数据传输过程中，也会用到程序查询传输方式（查询方式）和程序中断传输方式（中断方式）。图 7-10 给出了采用 DMA 方式在硬盘存储器和内存之间传输数据的过程。

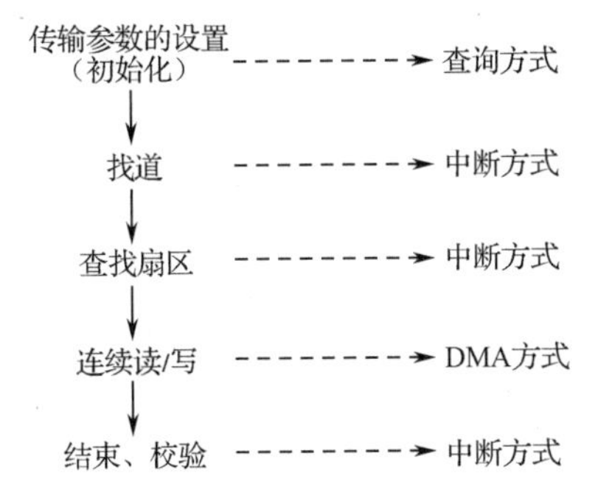

图 7-10　采用 DMA 方式在硬盘存储器和内存之间传输数据的过程

采用 DMA 方式的数据传输过程可分为传输前预处理、数据传输和传输后处理三个阶段。

（1）传输前预处理。在采用 DMA 方式进行数据传输之前，需要用编写程序做一些必要的准备工作。例如，由 CPU 执行几条输入/输出指令，测试设备状态，向 DMA 控制器的设备地址寄存器中送入设备地址并启动设备，CPU 通过程序对 DMA 控制器中的内存地址计数器及字计数器进行初始化，分别送入交换数据的内存起始地址和交换的数据字数。在完成这些工作之后，CPU 继续执行原来的程序。

（2）数据传输。当外设把数据准备好以后，就可通过外设接口向 DMA 控制器发出一个 DMA 请求信号 DRQ。DMA 控制器收到此信号后，便向 CPU 发出总线请求信号 HOLD。CPU 在当前总线周期结束后，发出总线应答信号 HLDA 来响应 DMA 控制器的请求，交出总线控制权。此时地址总线、数据总线和控制总线处于高阻状态，CPU 中止程序的执行，只监视 HOLD 的状态。DMA 控制器收到 HLDA 信号后便接管总线的控制权，向外设发出 DMA 请求响应信号 DACK，完成外设与存储器（内存）的直接连接。DMA 控制器按事先设置的初始地址和需传输的字数，在存储器和外设间直接传输数据，并循环检查传输是否结束。当数据全部传输完毕后，DMA 控制器撤销 HOLD 信号，CPU 检测到 HOLD 失效后就撤销 HLDA 信号。在下一时钟周期开始收回系统总线控制权，继续执行原来的程序。图 7-11 所示为采用 DMA 方式传输数据的流程。

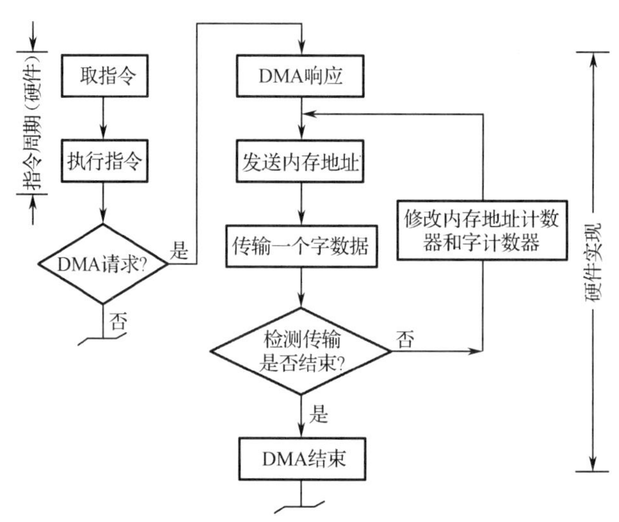

图 7-11　采用 DMA 方式传输数据的流程

采用 DMA 方式的数据传输是以数据块为基本单位进行的，因此每次 DMA 控制器占用总线后，无论数据输入操作，还是数据输出操作，都是通过循环来实现的。当进行数据输入操作时，外设的数据（一次一个字或一个字节）传向内存。当进行数据输出操作时，内存的数据传向外设。

（3）传输后处理。传输后处理包括校验送入内存的数据是否正确；决定继续采用 DMA 方式进行数据传输下去，还是结束数据传输；测试在数据传输过程中是否发生了错误等。

3．DMA 的数据传输方式

DMA 技术的出现，使得外设可以通过 DMA 控制器直接访问内存。与此同时，CPU 可以继续执行程序。那么 DMA 控制器与 CPU 是怎样分时访问内存的呢？DMA 控制器通常采用停止 CPU 访问内存、周期挪用、DMA 与 CPU 交替访问内存三种方式。

（1）停止 CPU 访问内存。当外设要求传输一批数据时，由 DMA 控制器发一个请求信号给 CPU，要求 CPU 放弃对地址总线、数据总线和有关控制总线的控制权，DMA 控制器获得总线的控制权以后，开始进行数据传输。在一批数据传输完毕后，DMA 控制器通知 CPU 继续使用内存，并把总线的控制权交还给 CPU，如图 7-12（a）所示。在这种 DMA 传输过程中，CPU 基本处于不工作状态或者保持状态。

这种传输方式的优点是控制简单，它适用于数据传输速率很高的外设进行成批数据的传输。缺点是在 DMA 控制器访问内存阶段，内存的效能没有充分发挥，相当一部分内存存储周期是空闲的。这是因为外设传输两个数据之间的间隔一般总是大于内存存储周期，即使高速外设也是如此。

（2）周期挪用。在这种方式中，当外设没有 DMA 请求时，CPU 按程序要求访问内存。一旦外设有 DMA 请求，则由外设挪用一个或几个内存存储周期。外设要求 DMA 传输时可能遇到两种情况：一种是此时 CPU 不需要访问内存，如 CPU 正在执行乘法指令，由于乘法指令执行时间较长，此时外设内存与 CPU 访问内存没有冲突，即外设挪用一两个内存存储周期，对 CPU 执行程序没有任何影响，另一种情况是外设要求访问内存时，CPU 也要求访问内存，这就产生了访问内存冲突，在这种情况下外设访问内存优先，因为外设访问内存有时间限制，前一个 I/O 数据必须在下一个访问内存请求到来之前存取完毕。显然，在这种情况下外设挪用一两个内存存储周期，意味着 CPU 延缓了对指令的执行，或者说，在 CPU 执行访问内存指令的过程中插入 DMA 请求，占用了一两个内存存储周期。周期挪用如图 7-12（b）所示。

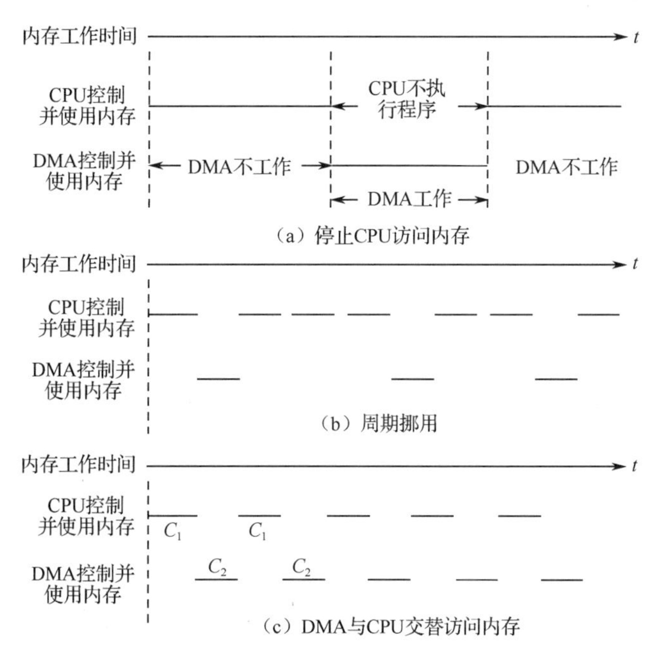

图 7-12 DMA 的传输方式

与停止 CPU 访问内存的方式比较，周期挪用的方法既实现了 I/O 传输，又较好地发挥了内存和 CPU 的效率，是一种广泛采用的方法。但是外设每次进行周期挪用时都要经过申请总线控制权、建立总线控制权和归还总线控制权的过程，所以传输一个字的数据对内存来说要占用一个存储周期，但对DMA控制器来说一般需要若干个内存存储周期，因此，周期挪用适用于外设读/写周期大于内存存储周期的情况。

（3）DMA与CPU交替访问内存。如果CPU的工作周期比内存存储周期大很多，此时采用交替访问内存的方式可以使DMA传输和CPU同时发挥最高的效率，如图7-12（c）所示。一个CPU周期可分为 C_1 和 C_2 两个分周期，其中 C_1 专供CPU访问内存，C_2 专供DMA控制器访问内存。

DMA与CPU交替访问内存不需要总线使用权的申请、建立和归还过程，总线使用权是通过 C_1 和 C_2 来区分的。CPU和DMA控制器各自有自己的内存地址计数器、数据寄存器和读/写信号等控制寄存器。在 C_2 周期中，如果DMA控制器有访问内存请求，可将地址、数据等信息送到总线上。在 C_1 周期中，如CPU有访问内存请求，同样可传输地址、数据等信息。这种总线控制权的转移几乎不需要什么时间，所以对DMA传输来讲效率是很高的。

DMA和CPU交替访问内存是标准的DMA工作方式。如果传输数据时CPU正好不占用总线，则对CPU不产生任何影响；如果CPU同时需要访问总线，则DMA的优先级高于CPU。当然，相应的硬件逻辑也就更加复杂。

例7.4 假设一个DMA控制器可采用周期挪用的方式把数据传输到存储器（内存），它支持的最大数据量为400 B。若存储周期为0.2 μs，每处理一次中断需5 μs。外设的数据传输速率为9600 b/s。假设数据之间的传输是无间隙的，DMA方式每秒因数据传输占用处理器的时间为多少？如果完全采用程序中断传输方式（忽略预处理所需的时间），需占处理器时间为多少？

解：

（1）计算过程如下：

该外设的数据传输速率为9600 b/s÷8 b=1200 B/s，采用DMA方式传输1200个字共需1200个存储周期。考虑到每传输400 B的数据需中断处理一次，因此DMA方式每秒因数据传输占用CPU处理器的时间是：

$$0.2\times1200+5\times(1200/400)=255\ \mu s$$

（2）如果完全采用程序中断传输方式，需占处理器时间的计算过程如下：

每秒因数据传输占用处理器的时间是5×1200=6000 μs=6 ms。

7.4.4 I/O通道控制方式和外围处理机方式

在大中型计算机中，由于外设配置较多，数据传输频繁，如果仍采用DMA方式传输数据，则存在下述问题：

① 要为外设配置较多的专用DMA控制器，将增加较大的硬件成本。

② 要解决多个DMA控制器同时访问内存的冲突，使控制更加复杂化。

③ 采用DMA方式的众多外设均直接由CPU进行初始化和后期管理控制，会占用更多的CPU时间，而且频繁地进行周期挪用会降低CPU的效率。

针对以上问题，在大中型机器中通常采用I/O通道控制方式或者外围处理机方式来传输数据。

1. I/O 通道控制方式

I/O 通道是计算机系统中代替 CPU 管理、控制外设的独立部件，是一种能执行有限 I/O 指令集合（即通道命令）的 I/O 处理机。

在 I/O 通道控制方式下，一个主机可以连接多条通道，每条通道又可连接多个外设，这些外设可具有不同速度，可以是不同种类。这种 I/O 系统增强了 CPU 与 I/O 通道操作的并行能力，以及各通道之间、同一通道的各外设之间的并行操作能力，同时也为用户提供了增减外设的灵活性。

采用 I/O 通道控制方式组织 I/O 系统，使用主机、I/O 通道、设备控制器、外设四级连接方式。I/O 通道通过执行通道程序实施对 I/O 系统的统一管理和控制，因此，它是完成 I/O 操作的主要部件。在 CPU 启动 I/O 通道后，I/O 通道自动去内存取出通道指令并执行指令，直到数据交换过程结束向 CPU 发出中断请求，进行通道结束处理工作。

（1）I/O 通道的种类。根据外设共享 I/O 通道的不同情况，可将 I/O 通道分为三类：字节多路通道、选择通道和数组多路通道。

① 字节多路通道（低速、分时）。字节多路通道是一种简单的共享通道，各个外设分时轮询输出一个字节，可服务于多个低速和中速面向字符的外设。

字节多路通道包括多个子通道，每个子通道都有一个设备控制器，可以独立地执行通道指令。每个子通道都需要有字符缓冲寄存器、I/O 请求标志/控制寄存器、内存地址计数器和字节计数器。而所有子通道的控制部分是公共的，由所有子通道所共享。通常，每个通道的有关指令和参量存储在内存固定单元中。当 I/O 通道在逻辑上与某一外设连通时，即可将这些指令和参量取出来送入公共控制部分的寄存器中使用。

字节多路通道要求每种外设分时占用一个很短的时间片，不同的外设在各自分得的时间片内与通道建立传输连接，实现数据的传输。

② 选择通道（高速、独占）。选择通道又称高速通道，在物理上它可以连接多个外设，但外设不能同时工作，在某一段时间内通道只能选择一个外设，每次只能从所连接的外设中选择一个外设的通道程序，此时该通道程序独占整个 I/O 通道。当它与内存交换完数据后，才能转去执行另一个外设的通道程序，为另一个外设服务。因此，连接在选择通道上的若干外设，只能依次使用 I/O 通道与内存传输数据。数据传输是以成批（数据块）方式进行的，每次传输一个数据块，因此数据传输速率很高。选择通道多适合于高速外设，这些外设相邻字之间的传输空闲时间极短。

③ 数组多路通道（综合）。数组多路通道把字节多路通道和选择通道的特点结合了起来，它有多个子通道，既可以执行多路通道程序，像字节多路通道那样所有子通道分时共享总的 I/O 通道，又可以采用选择通道那样的方式传输数据。

数组多路通道具有多路并行操作能力，又具有很高的数据传输速率，使吞吐率得到了的较大的提高。它的缺点是增加了控制的复杂性。

（2）I/O 通道的功能。I/O 通道具有以下主要功能：

① 接收 CPU 的指令。CPU 通过执行 I/O 指令以及处理来自 I/O 通道的中断请求，实现对 I/O 通道的管理。

② 读取并执行通道程序，通过使用通道指令控制设备控制器进行数据传输操作。

③ 读取外设的状态信息，将外设的状态信息提供给 CPU。

④ 发出中断请求。来自I/O通道的中断有两种：数据传输结束中断和故障中断。

I/O通道除了承担DMA的全部功能外，还承担了设备控制器的初始化工作，并包括了低速外设单个字符传输的程序中断功能，因此它分担了计算机系统中全部或大部分I/O功能，提高了计算机系统功能的分散化程度。

（3）I/O通道的工作过程。I/O通道的工作过程包括启动I/O通道、数据传输和结束处理。这样每完成一次I/O操作，CPU只需要调用管理程序两次，大大减少了对用户程序的干扰。

2. 外围处理机方式

采用I/O通道控制方式也存在一定的不足，比如要在CPU的I/O指令控制下工作，某些操作仍然必须由CPU来完成码制转换、数据检/纠错，因此随着通道技术进一步发展，出现了独立性与功能更强的输入/输出处理机（IOP）和外围处理机（PPU）。

（1）输入/输出处理机（IOP）。IOP不独立于CPU工作，而是计算机系统中的一个部件。IOP可以和CPU并行工作，提供高速的DMA处理能力，实现数据的高速传输。有些IOP还提供数据的转换、搜索和字装配/分拆等能力，有较多的I/O指令集。IOP方式是I/O通道控制方式的进一步的发展，大多应用在中大型计算机中。

（2）外围处理机（PPU）。外围处理机基本上独立于CPU工作，结构更接近于通用处理器，或者选用已有的通用处理器，有自己的指令系统，可完成算术/逻辑运算、读/写内存、与外设交换数据等。在大型计算机和巨型计算机中，常采用多个外围处理机。

思考题和习题7

一、名词概念

I/O接口、独立编址、统一编址、键盘扫描码、字符显示方式、图形显示方式、显示适配器、单级中断、多级中断、向量中断、可屏蔽中断、不可屏蔽中断、程序查询传输方式、程序中断传输方式、软件中断、硬件中断、中断响应优先级、中断处理优先级、中断隐指令操作、DMA方式、周期挪用、DMA控制器、外围处理机

二、单项选择题

（1）主机与键盘之间的信息流以________通信方式进行传输。

（A）并行　（B）串行　（C）先串行后并行　（D）先并行后串行

（2）能够把设备的移动距离和方向变为脉冲信息传输给计算机，并转换成屏幕光标的坐标数据的设备是________。

（A）键盘　（B）鼠标　（C）扫描仪　（D）数字化仪

（3）配备标准键盘的PC，键盘向主机发送的代码是________。

（A）扫描码　（B）BCD码　（C）ASCII码　（D）二进制码

（4）某CRT显示器的分辨率为1024×768像素，像素的颜色数为256色，则VRAM的容量至少应配置为________。

（A）1 MB　（B）512 KB　（C）2 MB　（D）256 KB

（5）显示器的主要参数之一是分辨率，其含义是________。

（A）屏幕上光栅的列数与行数　　（B）屏幕的水平与垂直扫描频率
（C）屏幕可显示不同颜色的总数　　（D）同一画面允许显示不同颜色的最大数目

（6）计算机的显卡上若配置有 1 MB 的 VRAM，则当采用 800×600 像素的分辨率时，每个像素最多可以有________。

（A）256 种颜色　　（B）65536 种颜色
（C）4096 种颜色　　（D）16M 种颜色

（7）显示汉字也采用汉字点阵原理，若每个汉字用 16×16 的点阵表示，则 7500 个汉字的字库容量是________。

（A）16 KB　　（B）240 KB　　（C）320 KB　　（D）1 MB

（8）假定一台计算机的显存用 DRAM 芯片实现，若要求显示分辨率为 1600×1200 像素，颜色深度为 24 位，帧频为 85 Hz，显示总带宽的 50%用来刷新屏幕，则需要的显存总带宽至少约为________。

（A）245 Mb/s　　（B）979 Mb/s　　（C）1958 Mb/s　　（D）7834 Mb/s

（9）下列关于外设的叙述中，说法不正确的是________。

（A）外设除了 I/O 设备，还应包括外存储设备、多媒体设备和网络通信设备等

（B）I/O 设备属于外设

（C）外设属于 I/O 设备

（D）外设是相对于计算机主机来说的，因此，可以认为在计算机硬件系统中，主机以外的设备都可以称为外设

（10）在下列设备中，________能把连续的视频图像数字化，并以字节为单位存入计算机。

（A）鼠标　　（B）摄像头　　（C）键盘　　（D）扫描仪

（11）字符显示器中的 VRAM 用来存储显示字符的________。

（A）ASCII 码　　（B）BCD 码　　（C）字模　　（D）汉字内码

（12）计算机系统的 I/O 接口通常是________的交界面。

（A）CPU 与存储器之间　　（B）存储器与打印机之间
（C）主机与外设之间　　（D）CPU 与系统总线之间

（13）在具有中断向量表的计算机中，中断向量地址是________。

（A）子程序入口地址　　（B）中断服务程序的入口地址
（C）中断服务程序入口地址的地址　　（D）例行程序入口地址

（14）下列选项中能够引起外部中断的事件是________。

（A）键盘输入　　（B）除数为零
（C）浮点运算下溢　　（D）访存缺页

（15）单级中断系统中，中断服务程序的执行顺序是________。

① 保护现场
② 开中断
③ 关中断
④ 保存断点
⑤ 中断事件处理
⑥ 恢复现场
⑦ 中断返回

（A）①、⑤、⑥、②、⑦　　（B）③、①、⑤、⑦

（C）③、④、⑤、⑥、⑦　　（D）④、①、⑤、⑥、⑦

（16）如果同时发生多个中断，中断系统将根据优先级来响应优先级最高的中断请求。若要调整中断事件的处理次序，可以利用________。

（A）中断嵌套　　（B）中断向量

（C）中断响应　　（D）中断屏蔽

（17）某计算机有 4 级中断，优先级从高到低为 1 级→2 级→3 级→4 级。修改优先级，修改后的 1 级中断屏蔽字为 1011，2 级中断屏蔽字为 1111，3 级中断屏蔽字为 0011，4 级中断屏蔽字为 0001，则修改后的优先级从高到低为________。

（A）3 级→2 级→1 级→4 级　　（B）1 级→3 级→4 级→2 级

（C）2 级→1 级→3 级→4 级　　（D）2 级→3 级→1 级→4 级

（18）中断系统中的断点是指________。

（A）子程序入口地址　　（B）中断服务程序入口地址

（C）中断服务程序入口地址表　　（D）中断返回地址

（19）在独立编址方式下，CPU 对存储单元和 I/O 设备的访问是靠________来区分的。

（A）不同的地址代码　　（B）不同的地址总线

（C）不同的指令和不同的控制信号　　（D）上述都不对

（20）中断隐指令是指________。

（A）操作数隐含在操作码中的指令

（B）指令系统中没有的指令

（C）在一个机器周期里完成全部操作的指令

（D）隐含地址码的指令

（21）下列叙述中正确的是________。

（A）中断响应过程是由硬件和中断服务程序共同完成的

（B）每条指令的执行过程中，每个总线周期要检查一次有无中断请求

（C）检验有无 DMA 请求，一般安排在一条指令执行过程的末尾

（D）中断服务程序的最后一条指令是无条件转移指令

（22）采用 DMA 方式高速传输数据时，数据传输是________。

（A）在总线控制器发出的控制信号控制下完成的

（B）由 CPU 执行的程序完成的

（C）在 DMA 控制器本身发出的控制信号控制下完成的

（D）由 CPU 响应硬中断处理完成的

（23）下列有关 DMA 方式进行输入/输出的叙述中，正确的是________。

（A）一个完整的 DMA 过程，部分由 DMAC 控制，部分由 CPU 控制

（B）一个完整的 DMA 过程，完全由 CPU 控制

（C）一个完整的 DMA 过程，完全由 CPU 采用周期窃取方式控制

（D）一个完整的 DMA 过程，完全由 DMAC 控制，CPU 不介入任何控制

（24）在 DMA 方式中，发出 DMA 请求的是________。

（A）内存　　（B）DMA 控制器

（C）CPU　　（D）外设

（25）在采用 DMA 方式访问内存时让 CPU 进入等待状态，等 DMA 的一批数据传输结束后再恢复工作，这种情况称为________。

（A）停止 CPU 访问内存　　（B）存储器分时方式

（C）周期挪用方式　　（D）透明的 DMA

（26）DMA 方式的接口电路中有程序中断部件，其作用是________。

（A）实现数据传输　　（B）向 CPU 提出总线使用权

（C）发中断请求　　（D）向 CPU 提出传输结束

（27）下列关于 DMA 方式的正确说法是________。

（A）DMA 方式利用软件实现数据传输

（B）DMA 方式能完全取代中断方式

（C）DMA 方式在传输过程中需要 CPU 程序的干预

（D）DMA 方式一般用于高速、批量数据的简单传输

（28）在主机与外设进行传输数据时，采用________对 CPU 干扰最少。

（A）程序中断传输方式　　（B）DMA 方式

（C）程序查询传输方式　　（D）I/O 通道控制方式

（29）对于低速外设，应当选用的 I/O 通道是________。

（A）数组多路通道　　（B）字节多路通道

（C）选择通道　　（D）DMA 专用通道

（30）下列选项中，在 I/O 总线的数据线上传输的信息包括________。

① I/O 接口中的命令字

② I/O 接口中的状态字

③ 中断类型号

（A）①和②　　（B）①和③　　（C）②和③　　（D）①、②和③

（31）某计算机有五级中断 $L_4 \sim L_0$，中断屏蔽字为 $M_4M_3M_2M_1M_0$，M_i=1（0<i<4）表示对 L_i 级中断进行屏蔽。若中断响应优先级从高到低的顺序是 $L_4 \rightarrow L_0 \rightarrow L_2 \rightarrow L_1 \rightarrow L_3$，则 L_i 的中断服务程序中设置的中断屏蔽字是________。

（A）11110　　（B）01101　　（C）00011　　（D）01010

（32）某计算机处理器的主频为 50 MHz，采用定时查询方式控制外设 A 的 I/O，查询程序运行一次所用的时钟周期数至少为 5000。在外设 A 工作期间，为保证数据不丢失，每秒需对其查询至少 200 次，则 CPU 用于外设 A 的 I/O 的时间占整个 CPU 时间的百分比至少是________。

（A）0.02%　　（B）0.05%　　（C）0.20%　　（D）0.50%

（33）若某计算机中断请求的响应和处理时间为 100 ns，每 400 ns 发出一次中断请求，中断响应所允许的最长延迟时间为 50 ns，则在外设持续工作过程中，CPU 用于该外设的 I/O 时间占整个 CPU 时间的百分比至少是________。

（A）12.5%　　（B）25%　　（C）37.5%　　（D）50%

（34）响应外部中断的过程中，中断隐指令完成的操作，除保护断点外，还包括________。

① 关中断

② 保存通用寄存器的内容

③ 形成中断服务程序入口地址并送 PC

（A）①和②　　（B）①和③　　（C）②和③　　（D）①、②和③

（35）下列关于中断 I/O 方式和 DMA 方式比较的叙述中，错误的是________。

（A）中断 I/O 方式请求的是 CPU 处理时间，DMA 方式请求的是总线使用权

（B）中断响应发生在一条指令执行结束后，DMA 响应发生在一个总线事务完成后

（C）在中断 I/O 方式下数据传输通过软件完成，DMA 方式下数据传输由硬件完成

（D）中断 I/O 方式适用于所有外设，DMA 方式仅适用于快速外设

（36）在采用中断 I/O 方式控制打印输出的情况下，CPU 和打印控制接口中的 I/O 接口之间交换的信息不可能是________。

（A）打印字符　　（B）内存地址

（C）设备状态　　（D）控制命令

三、综合应用题

（1）什么是计算机的外设？试列出三种常用的输入设备和输出设备并简要说明其用途。

（2）简述 LCD 的分类方式。

（3）除了键盘、鼠标、显示器和打印机，常用的 I/O 设备还有哪些？

（4）常用的打印机有哪几种？它们各有什么特点？

（5）I/O 接口的基本结构包括哪几个部分？各部分的作用是什么？

（6）计算机对 I/O 接口编址时通常采用哪两种方法？

（7）CPU 与外设有哪几种数据传输方式？它们各有什么特点？

（8）简述程序中断传输方式的特点和过程。

（9）简述 DMA 的工作原理及 DMA 控制器的几种基本操作方式。

（10）有 6 个中断源 D1、D2、D3、D4、D5、D6，它们的响应中断优先级从高到低分别是 1 级、2 级、3 级、4 级、5 级和 6 级。这些中断源正常情况下的中断屏蔽字设置与响应优先级次序相同，而中断服务程序的执行次序需要改变为 4 级→5 级→3 级→2 级→6 级→1 级。已知每个中断源有 6 位中断屏蔽字，请分别写出正常的中断屏蔽字和修改后的中断屏蔽字。

（11）某中断系统可以实现 5 重中断，中断响应和中断处理优先级的次序同样是 1 级→2 级→3 级→4 级→5 级（其中 1 级最高）。若现行程序运行到 T_1 时刻，出现 4 级中断请求；在此中断处理尚未结束的 T_2 时刻，又出现了 3 级中断请求；当中断处理结束的 T_3 时刻，又出现了 2 级中断请求；待 2 级中断处理完毕刚一返回的 T_4 时刻，又被 1 级中断请求中断。请从实时角度画出 CPU 的操作（从现行程序被中断直至返回现行程序为止），并在图中标出中断请求和断点，并加以简单说明。

（12）假定磁盘传输数据以 32 位的字为单位，数据传输速率为 1 MB/s。CPU 的时钟频率为 50 MHz。

① 在程序查询传输方式中，一个查询操作需要 100 个时钟周期，求 CPU 为 I/O 查询所花费的时间比率。假定需要进行足够的查询以避免数据丢失。

② 用程序中断传输方式，每次传输的开销（包括中断处理）为 100 个时间周期。求 CPU 为传输磁盘数据花费的时间比率。

③ 采用 DMA 方式时，假定 DMA 的启动操作需要 1000 个时钟周期，DMA 完成处理中断需要 500 个时钟周期，如果平均传输的数据长度为 4 KB，问在磁盘工作时 CPU 将用多少时间比率进行 I/O 操作，可忽略 DMA 申请使用总线的影响。

（13）在程序查询传输方式中，假设不考虑处理时间，每一个查询操作需要 100 个时钟周期，CPU 的时钟频率为 50 MHz。现有鼠标和硬盘两个设备，而且 CPU 必须每秒对鼠标进行 30 次查询，硬盘以 32 位字长为单位传输数据，即每 32 位被 CPU 查询一次，数据传输速率为 2 MB/s。求 CPU 对这两个外设查询所花费的时间比率，由此可得出什么结论？

（14）某计算机的 CPU 主频为 500 MHz，CPI 为 5（即执行每条指令平均需 5 个时钟周期）。假定某外设的数据传输速率为 0.5 MB/s，采用程序中断传输方式与 CPU 进行数据传输，以 32 位为传输单位，对应的中断服务程序包含 18 条指令，中断服务的其他开销相当于 2 条指令的执行时间。请回答下列问题，要求给出计算过程。

① 在中断方式下，CPU 用于该外设 I/O 的时间占整个 CPU 时间的百分比是多少？

② 当该外设的数据传输速率达到 5 MB/s 时，改用 DMA 方式传输数据，假定每次 DMA 传输块大小为 5000 B，且 DMA 预处理和后处理的总开销为 500 个时钟周期，则 CPU 用于该外设 I/O 的时间占整个 CPU 时间的百分比是多少（假设 DMA 与 CPU 之间没有访问冲突）？

参 考 文 献

[1] 袁春风. 计算机组成与系统结构[M]. 2 版. 北京：清华大学出版社，2015.

[2] 纪禄平，罗克露，刘辉，等. 计算机组成原理——面向实践能力培养[M]. 4 版. 北京：电子工业出版社，2017.

[3] 马洪连. 计算机组成原理[M]. 北京：机械工业出版社，2011.

[4] 李东. 计算机组成与操作系统[M]. 北京：机械工业出版社，2015.

[5] 艾伦·克莱门茨. 计算机组成原理[M]. 沈立，王苏峰，肖晓强，译. 北京：机械工业出版社，2017.

[6] 刘智珺. 计算机组成原理[M]. 武汉：华中科技大学出版社，2019.

[7] 桂盛霖. 计算机组成与结构[M]. 北京：电子工业出版社，2017.

[8] 唐朔飞. 计算机组成原理[M]. 北京：高等教育出版社，2008.

[9] 尹艳辉. 计算机组成原理教程[M]. 武汉：华中科技大学出版社，2013.